深层碳酸盐岩缝洞型油藏开发中的人工智能技术

康志江　张冬梅　郑松青　朱桂良　著

中国石化出版社
·北京·

图书在版编目(CIP)数据

深层碳酸盐岩缝洞型油藏开发中的人工智能技术 / 康志江等著. — 北京 : 中国石化出版社, 2023.5
ISBN 978-7-5114-7054-6

Ⅰ. ①深… Ⅱ. ①康… Ⅲ. ①人工智能-应用-碳酸盐岩油气藏-油气田开发 Ⅳ. ①TE344-39

中国国家版本馆 CIP 数据核字(2023)第 067676 号

中国石化出版社出版发行
地址:北京市东城区安定门外大街 58 号
邮编:100011 电话:(010)57512500
发行部电话:(010)57512575
http://www. sinopec-press. com
E-mail:press@ sinopec. com
北京柏力行彩印有限公司印刷
全国各地新华书店经销
*
787 毫米×1092 毫米 16 开本 13. 75 印张 329 千字
2023 年 12 月第 1 版 2023 年 12 月第 1 次印刷
定价:108. 00 元

序

INTRODUCTION

康志江正高级工程师等撰写的《深层碳酸盐岩缝洞型油藏开发中人工智能技术》是作者们在深层–超深层碳酸盐岩油藏开发领域多年积累的科研成果和应用经验基础上总结提炼而成的专业著作，集中体现了该领域的人工智能技术与方法的最新研究成果和发展趋势，具有鲜明的原创性和实用性。

1. 创新性强。本书首次建立了深层串珠状缝洞储集体地震反射特征样本标注集，基于深度学习与目标检测自动识别“串珠状”缝洞体，有效预测缝洞体结构特征，提高了储集体预测精度。基于多参数智能反演算法，建立了地球物理模型、地质模型和油藏动态模型的智能化耦合方法，实现了油藏静动态资料的系统耦合，提高了油藏生产全过程的表征精度。形成了多源静动态特征的定量井间连通评价技术、基于缝洞体结构的数据驱动智能生产优化技术、基于集合经验模态分解的支持向量机含水率实时预测以及见水风险分级预警技术等。

2. 系统性强。全书以人工智能技术为基础，结合深层碳酸盐岩缝洞体结构复杂的特征，从基于地球物理串珠状缝洞体精细识别、三模型合一地质模型建立，到生产过程中井间连通程度定量评价、油井见水风险分级预警、非线性自回归生产指标实时动态预测，直至基于缝洞体结构的生产参数优化，全面系统化地形成了基于人工智能的深层碳酸盐岩油藏关键开发技术。

3. 实用性强。本书阐述的各项技术已在中国新疆塔河油田生产现场中成功应用，效果十分显著。

人工智能的突破与进步为油气田技术提供了更多创新

源泉，随着油气田剩余的资源开采难度越来越大，大数据及人工智能技术有望在油气田开发等多个环节发挥更重要作用。全书内容新颖、图文并茂、内容翔实，不仅具有较高的学术价值，而且应用意义重大，具有广阔的应用前景，是石油勘探开发领域科技人员、工程技术人员以及高等院校师生的重要参考书籍。

郭尚平

前言

PREFACE

进入21世纪以来，全球科技创新进入空前密集活跃的时期，新一轮科技革命和油气产业变革正在重构全球创新结构。以大数据、人工智能、物联网为代表的新一代信息技术加速突破应用，融合数字化、智能化、绿色化转型，以清洁高效可持续为目标的能源技术加速发展将引发全球能源变革，科学和技术之间、技术之间、学科之间日益呈现交叉融合趋势，科学技术从来没有像今天这样深刻影响着油气发展变革，从来没有像今天这样深刻影响着油气产业革命。人工智能的突破与应用为前沿技术、颠覆性技术提供了更多创新源泉，随着油气优质资源的不断开发，剩余的资源开采难度越来越大，存在石油资源品位劣质化、老油田高含水、低油价、环境保护和国家能源安全等问题的挑战。大数据及人工智能技术有望在油气田勘探、开发等多个环节发挥重要作用。

中国碳酸盐岩油气资源量丰富，累计探明石油地质储量达 40.66×10^8t，已成为中国油气勘探开发和油气增储上产的重要领域。由于埋深在6500m以下的碳酸盐岩缝洞体描述精度低、流动模式多样、模拟预测难度大，注水窜流易造成油井暴性水淹，此类油藏开发是世界级难题。经过多年人工智能技术的研究，在缝洞储集体地球物理识别、复杂介质建模数模一体化、井间缝洞连通性评价、注采参数优化、暴性水淹预警等方面探索性形成了智能化技术，提高了深层缝洞储集体的预测精度与有效性，系统性减小了开发方案预测不确定性，推动了人工智能技术在油气田开发中的高效应用，有效指导了深层复杂油田的科学开发。

本书共分7个部分：第一章介绍人工智能技术发展现状，分述了人工智能发展历程及其关键技术现状；第二章介绍了串珠状缝洞储集体地球物理智能识别技术，建立地震反射特征样本标注集，基于深度学习与目标检测自动识别“串珠状”缝洞体，提高了缝洞储集体的预测精度；第三章基于多参数智能反演算法，建立了地球物理模型、地质模型和油藏动态模型的智能化耦合方法，实现了油藏静动态资料的全面耦合，系统性提高油藏描述的精度；第四章介绍了压力趋势下降、曲线相似性、补偿电容模型、机器学习等多种井间缝洞连通性预测方法，实现从手工到自动、从单一到综合的多源静动态特征的定量井间连通评价技术；第五章建立基于缝洞体结构的生产优化数学模型，形成了基于连通性的数据驱动智能生产优化方法，将复杂油藏等效成一系列井点、溶洞、连通线等基本连通单元，通过历史拟合反演传导率和连通体积参数，预测最优注采量参数，研制生产优化配套软件；第六章介绍了生产指标预测与水淹预警技术，采用集合经验模态与信息熵量方法，通过非线性自回归各生产指标实时动态预测，基于集合经验模态分解的支持向量机含水率实时预测方法对见水风险进行分级预警，实现暴性水淹预警；第七章介绍了人工智能技术发展趋势，包括数字孪生油田、智能优化理论及技术攻关方向。

本书研究成果得到了国家自然科学联合基金项目(U19B6003)、中国石化《断溶体油藏产能变化规律及优化》等科技项目支助，在此表示感谢。

本书在编写过程中，得到了中国石化科技发展部、石油勘探开发研究院领导与专家的大力支持和帮助；特别得到李阳院士、计秉玉、郭齐军、孙冬胜、中国石油大学(华东)姚军和中国石油大学(北京)刘慧卿等教授的鼎力指导与帮助，在此一并感谢。

本书由康志江、张冬梅、张慧、吴明涛统一设计和定稿，第一章由张慧、吴明涛执笔；第二章由康志江、张冬梅执笔；第三章由康志江、郑松青执笔；第四章由康志江、张慧、程倩执笔；第五章由康志江、朱桂良、马翠玉、袁诺执笔；第六章由程倩、吴明涛执笔；第七章由康志江、张慧执笔。

由于编者水平有限，文中如有不妥之处，敬请批评指正。

目录

CONTENTS

1 人工智能技术发展现状

进入 21 世纪以来，以大数据、人工智能、物联网为代表的新一代信息技术加速突破应用，全球科技创新进入空前密集活跃的时期，新一轮科技革命和油气产业变革正在重构全球创新结构。以清洁高效可持续为目标的能源技术加速发展将引发全球能源变革，科学和技术之间、技术之间、学科之间日益呈现交叉融合趋势。本章节介绍人工智能技术发展概况与油气田开发领域的人工智能技术进展。

1.1 人工智能技术发展概况

1.1.1 技术发展概况

人类的智能反映在两个方面：一方面是关于信息和知识的描述与存储，即智能的记忆能力；另一方面是关于信息和知识的处理与更新，即智能的思维能力、学习能力和适应能力等。人工智能就是试图用人工的方法在机器上模拟、实现和扩展人类智能两方面的能力，即知识表示与知识运用的能力，是综合计算机科学、控制论、信息论、神经生理学等多种学科的一门交叉学科。人工智能(Artificial Intelligence)简称 AI，最早由计算机科学家约翰·麦卡锡于 1956 年提出，其作为一门交叉和前沿学科已走过了 60 多年的发展历程。1969 年，国际人工智能联合会议成立，次年，国际性的人工智能杂志 *Artificial Intelligence* 创刊。1956~1976 年，人工智能技术发展较为缓慢，且由于科研人员对人工智能项目难度预估不够，使得人工智能应用前景蒙上了一层阴影。1976~2006 年，BP 算法的出现推动了人工智能的快速发展，但该阶段机器无法制定规则，需要研究者把规则事先制定好，因此只能处理简单的问题。2006 年，Hinton 等提出了深度学习的技术，并在图像、语音识别及其他领域得到广泛应用。

人工智能研究学派大致分为三类：符号主义、联结主义和行为主义。符号主义又称逻辑主义、心理学派或计算机学派，着眼于程序的逻辑结构、符号操作系统以及编程语言，主要研究领域包括专家系统和知识工程；联结主义又称仿生学派或生理学派，着眼于对大脑神经系统工作方式的探索和模拟，主要研究领域包括机器学习和深度学习；行为主义又称进化主义或控制论学派，着眼于控制论及感知-动作型控制系统研究，主要研究领域包括智能控制和智能机器人。

近年来，人工智能的快速发展带来了社会和产业的颠覆性变化。中国在人工智能相关方面的论文发表总数和高引论文数量实现对美国的超越，但在人工智能理论发展和技术方向的引领方面美国仍占据支配地位。为了加快中国大数据和人工智能产业的发展，国务院于 2015 年和 2017 年分别发布了《促进大数据发展行动纲要》和《新一代人工智能发展规划》，在国家层面明确促进大数据和人工智能发展。习近平总书记在致信第三届世界智能大会时指出：在移动互联网、大数据、超级计算、传感网、脑科学等新理论新技术驱动下，人工智能正在对经济发展、社会进步、全球治理等方面产生重大而深远的影响。

1.1.2 人工智能核心技术

1）数据挖掘与机器学习

数据挖掘是指从大量数据中挖掘出有价值的知识，然后对知识进行比较，总结出原理和法则。数据挖掘的主要方法概括为预测模型方法、数据分割方法、关联分析法和偏离分析法，其中预测模型方法最为复杂，涉及机器学习的大量算法。与机器学习自动地从过往经验中学习新知识不同，数据挖掘是有目的地从现有大数据中提取数据的模式和模型，得到重要信息。数据挖掘的主要应用领域包括多媒体、计算机网络、计算机视觉和自然语言处理等。

当面对大量的数据需要进行深度数据挖掘、明晰数据之间的联系时，通常采用的方法是人工智能的一个重要分支——机器学习。机器学习是研究如何使用计算机模拟或实现人类的学习活动。基于人工神经网络的深度学习目前已经得到广泛应用。正是由于神经网络具有多神经元、分布式计算性能、多层深度反馈调整等优势，才能够针对海量数据进行计算和分析，通过数据训练形成模型，其自主学习的特性，非常适用于基于智能关联的海量搜索。机器学习是人工智能的核心，是用计算机来模拟人类的学习活动，获取知识和技能，对真实世界中的事件做出决策和预测。机器学习主要包括机械学习、示教学习、类比学习和实例学习 4 种策略，机器学习常见算法包括决策树，随机森林算法、逻辑回归、SVM 分类器、Adaboost 算法、神经网络、分类及回归树、ID3、多元自适应回归样条以及梯度推进机、朴素贝叶斯算法等。机器学习的应用领域包括专家系统、自然语言理解、模式识别、计算机视觉、数据挖掘、智能机器人等。

2）深度学习

深度学习是机器学习研究中的一个新领域，是当今人工智能大爆炸的核心驱动。深度学习模拟人脑多层神经网络，是一种特殊的机器学习。相比于其他机器学习方法，深度学习具有强大的特征提取、良好的迁移和多层学习能力，在图像、语音、文本识别和推理、分析、判断方面都有显著优势。深度学习的主要应用领域包括图像识别、语音识别、自然语言处理、自动驾驶汽车、医疗和各种决策预测等。

深度神经网络有很多种类型，如多层感知机、卷积神经网络、深度自动编码器、深度玻尔兹曼机等。卷积神经网络(convolutional neural network，CNN)是一种常用的带有卷积结构的深度神经网络，它的权值共享网络结构使之更类似于生物神经网络，降低网络模型的复杂度，减少权值的数量。使用反向传播算法进行训练后，通过卷积层和池化层的特征提取，得到多源时空数据复杂关联。这个优点在网络的输入是多维图像时表现得更为明显，图像直接作为网络的输入，避免传统识别算法中复杂的特征提取和数据重建过程。卷积结构可以减少深层网络占用的内存量，减少网络的参数个数，缓解模型的过拟合问题。深度学习模型层数多，常常十几层到几十层，多则几百层甚至上千层。通过逐层的特征提取，逐渐使分类和检测结果更加精准。开始几层通常是卷积层和下采样层的交替，在靠近输出层的最后几层网络通常是全连接网络。卷积神经网络的训练过程主要是学习卷积层的卷积核和层间连接权重等网络参数，预测过程主要是基于输入图像和网络参数计算类别标签。除此之外，还有深度置信网络、循环神经网络、LSTM 长短期记忆网络、时空残差网络、编码器(Encoder)、多尺度卷积神经网络、Time Le-Net 网络、U-Net 网络、多通道深度卷积神经网络及时间卷积神经网络、图卷积神经网络等深度学习模型。

3) 知识和数据智能处理

知识处理时使用最多的技术是专家系统。它将探讨一般的思维方法转入到运用专门知识求解专门问题，实现人工智能从理论研究向实际应用的重大突破。专家系统可视为具有专门知识的计算机智能程序系统，运用特定领域中专家提供的专门知识和经验，并采用人工智能中的推理技术来求解和模拟通常由专家才能解决的各种复杂问题。

1.2 油田开发领域人工智能技术进展

石油天然气工业是集地质勘探、钻完井、采油气工艺、集输储运、炼油化工及油气销售于一体的上下游全链条产业，每一个环节都蕴含着海量数据，是大数据和人工智能技术的重要试验田。近年来，我国油气对外依存度逐年攀升，石油企业在保障国家能源安全方面的任务更加紧迫。此外，受国际油价持续走低的影响，油气企业需要大幅提高效率、降低成本，而智能化建设则是实现降本增效的最优途径。

当前，智慧油田建设的步伐逐步推进，人工智能技术在油气勘探开发领域得到广泛应用。国内外学者在地质分析、测井解释、地震解释、甜点预测、地质建模、储层评价、油藏模拟等方面开展了相关研究，并取得了较好的效果。例如，在岩心分析领域，传统的岩石薄片分析鉴定以肉眼观察和描述为主，存在试验周期偏长、定量困难、效率低、受主观因素影响较大等一系列问题。深度学习算法可对岩石薄片进行矿物识别、信息提取、岩心重构、特征标注、孔隙识别等处理，不仅大大缩短了薄片鉴定周期，还提高了鉴定的精确度。再如，在油气藏生产动态预测领域，可以在已知产气量、产油量、井口温度及压力数据、油嘴参数等各类井数据的前提下，创建井数据与油气产量之间的映射关系，对单井乃至整个井场的生产情况进行合理预测，以此得到的预测指标不仅有助于明确配产需求，而且避免了因地质参数(渗透率、孔隙度、饱和度、有效厚度)的非均质性和不确定性导致的预测误差。

然而，从研究热点来看，人工智能技术主要应用于非常规油气藏的勘探开发中，在缝洞型油藏开发中的应用则相对较少。本书以人工智能技术在缝洞型油藏开发领域中的应用为主线，主要介绍缝洞储集体地球物理智能识别、三模合一智能耦合、油藏数值模拟及自动历史拟合、井间连通程度智能评术、注采参数智能优化、生产指标与水淹智能预测 6 个方面，涵盖了缝洞型碳酸盐岩油藏地质建模、数值模拟及生产动态分析，为进一步指导缝洞型油藏高效开发奠定了理论基础。

2 深层缝洞储集体地球物理智能识别技术

深层、超深层大型缝洞储集体地震剖面上呈“串珠状”反射特征，串珠储集体形态复杂多样，精准识别及内部结构识别难度大。本章首次提出切片式串珠识别方法，建立了串球“样本”标注集，创新形成基于深度学习和目标检测技术的串珠储集体智能识别方法，自主研发自动识别及前后处理软件平台，提高了缝洞储集体的预测精度，为高效井位部署奠定了基础。

2.1 “串珠状”储集体识别方法

在系统分析塔河油田储集层地震识别模式、大型缝洞体地震反射数据特征基础上，基于地震勘探数据，结合地质构造开展典型“串珠状”反射特征识别。针对串珠缝洞体目标检测问题，需要在切片图上对特定模式目标的特征进行准确判别和圈定。基于深度学习技术的目标检测是一种较为智能、运用灵活的方法，这种方法以人工神经网络为基础，运用了卷积运算并增加网络层数形成深度神经网络后进一步特化的目标检测方法。本节详细介绍基于深度学习技术的串珠缝洞体检测技术的基本原理、流程。

2.1.1 神经网络与深度学习

1）人工神经网络

人工神经网络（Artificial Neural Network，ANN）是将描述生物神经网络运行机理、工作过程抽象和简化了的数学、物理模型，使用路径权值的有向图来表示模型中的人工神经元节点和神经元之间的连接关系，之后通过硬件或软件程序来实现上述有向图的运行，即人工神经网络是用神经元之间的连接关系、输入输出来进行建模的，或是研究数据之间的关系。人工神经网络的起源是单层感知器，改进后的多层感知器是人工神经网络更为常见的形式。

（1）单层感知器。

1957 年，Rosenblatt 将单个神经元应用在模式识别领域，以此提出了感知器的概念。感知器的功能是将两类属性事物分类识别。虽然感知器单元结构简单，但是其具有了人工神经网络的全部要素。感知器由输入部分和输出部分组成，输入和输出直接相连，如图 2-1 所示。

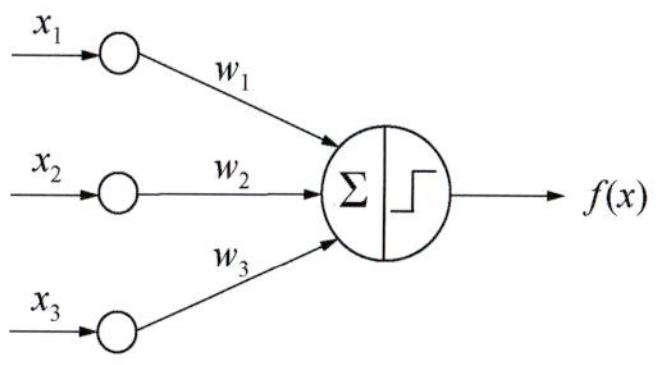

图 2-1 单层感知器示意图

感知器能够将输入值 x，通过映射得到一个输出值 $f(x)$：

$$f(x)=\begin{cases}1 & w\cdot x+b>0\\ 0 & \text{其他}\end{cases} \tag{2-1}$$

式中，w 为权重值；$w\cdot x$ 为 $\sum_{i=0}^{m} w_i x_i$，其中 m 为输入值的个数(神经元个数)；b 为偏差。偏差的作用就是改变决策边界，而且偏差不依赖任何输入值。

$f(x)$ 的值(0 或 1)用来划分正向距离和反向距离。如果 b 为负数，则输入值的加权乘积必须得到一个大于 b 的值从而使神经元分类器的阈值向 0 趋近。广义上说，偏差的作用是修正决策边界的位置(其中决策边界为标量)。感知器算法不区分输入数据是否线性可分，假如输入的数据为线性不可分，那么感知器的学习永远不能将所有的向量进行分类。因此就产生了多层感知器——将多个单层感知器以某种方式连接起来，从而处理更加复杂的分类问题。

(2) 多层感知器。

多层感知器(Multi-Layer Perceptron MLP)，又称为多层感知网络，即由多个单层感知器组成的神经网络。

多层感知器由输入层、输出层以及隐藏层组成，和单层感知器相似，不同层的神经元之间用偏差和权值来连接。多层感知器同一层中的所有神经元互相不连接，但与相邻层的神经元全连接。所有神经元中都有线性激活函数。线性激活函数是将神经元的加权输入映射为输出的函数。输入层L_1的神经元接受输入值，将这些输入值通过激活函数的计算得出输出值发送到第一个隐藏层L_2。接下来每一层中，首先将上一层的输出值作为输入，计算出激活值，作为下一层的输入(见图 2-2)。

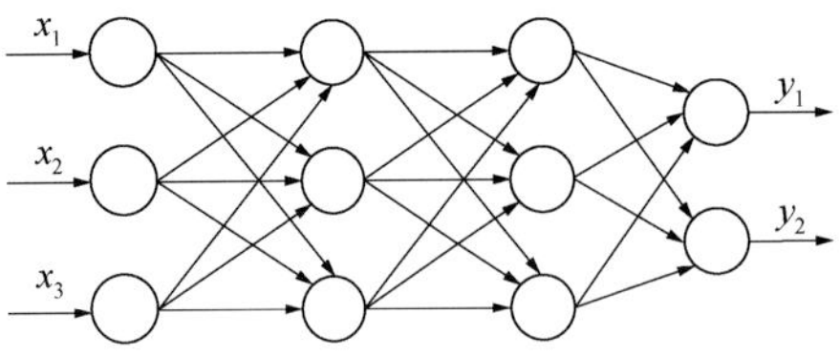

图 2-2　多层感知器示意图

多层感知器是前向传播，没有环回的计算，又称为前馈神经网络。多层感知神经网络较单层感知神经网络有更多输出，能够对更加复杂的数据进行预测，从而解决较为复杂的问题。

2) 卷积神经网络

卷积神经网络是一种特化的多层感知器，被广泛用于图像处理等领域。卷积神经网络的特殊之处在于使用了权值共享，这一结构类似于生物神经网络，因此使网络的复杂程度明显降低，并且权值的数量也有大幅度减少。这些特点尤其是在图像处理的领域具有更为突出的表现，能够将图像作为输入，且不需要繁杂的预处理过程。

一般意义上，使用多层的反向传播网络来训练数据能够得到较好效果。传统多层反向传播网络通过手动输入来收集数据中的有效信息，需要经过复杂的预处理过程得到特征变量，通过定义的可训练的分类器对上述处理过的特征变量进行分类、识别。

若不对原始数据进行特征提取而作为直接输入时，模型的性能与精确度易受影响。当输入的数据包含大量的变量时，多层网络使用的全连接结构导致隐藏层包含过多的隐藏单元。若训练样本过少，传统的神经网络极易产生过拟合现象。

相比传统的浅层神经网络，卷积神经网络的结构层次要复杂得多，每两层神经元使用局部连接方式进行连接，神经元共享连接权重，使用降采样充分利用数据本身的特征。上述几个特征决定了卷积神经网络与传统神经网络相比维度大幅降低，降低了计算时的复杂度。卷积神经网络主要包含两种运算，分别为卷积（Convolution）和池化（Pooling），如图 2-3 所示。其中，卷积主要是对上层数据进行提取抽象操作，池化则是对数据进行降维操作。

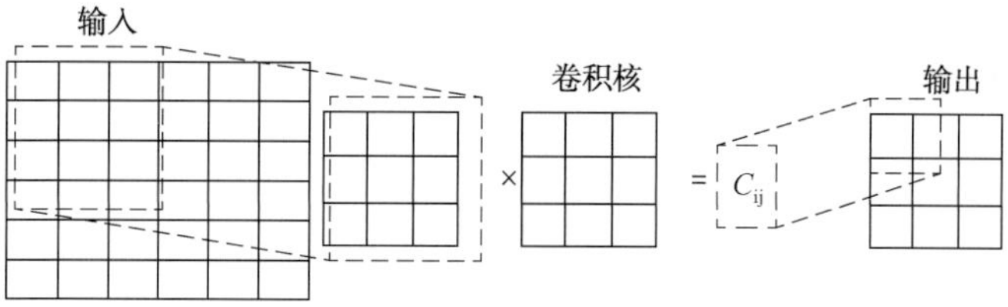

(a)卷积运算

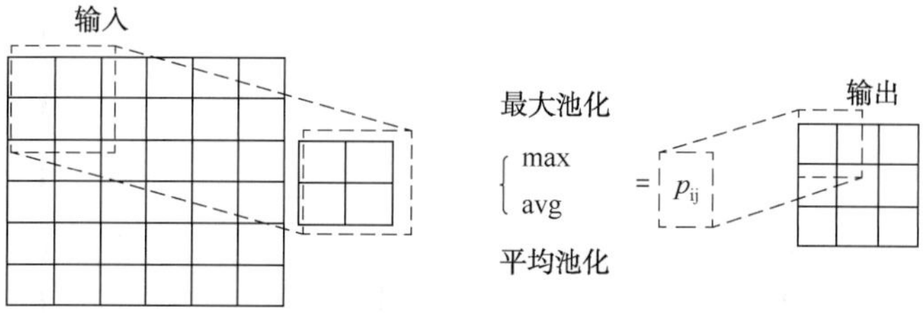

(b)池化运算

图 2-3 卷积与池化运算

在图 2-3 中，各部分的统计特征是一致的，即学习得到的特征也可用于图像中的其他部分，因此图中的各个位置均可使用相同的特征来进行学习。如在一个 32×32 的图像中随机选取一小块，以 7×7 的小块作为样本，通过小块的样本学习到一些特征，并将 7×7 的小块样本学习得到的特征作为探测器，应用到整个图像的其他部分中去。因此可以使用 7×7 的样本学习特征跟原本的 32×32 的图像作卷积，对原图像上的任何一个位置获得不同特征的激活值。

假设给定 $m\times n$ 大小的图像，用 k 个 $a\times b$（$a\leq m$，$b\leq n$）大小的卷积核与原图像逐次作卷积，就可以得到 $k\times(m-a+1)\times(n-b+1)$ 个卷积后的特征矩阵，生成矩阵的元素值是图像和特征核对应元素的乘积之和。在通过卷积得到了卷积特征后，可以用所有得到的特征去训练分类器，但根据上述计算过程可知，此过程包含巨大的计算量，且易出现过拟合。

通过池化对不同位置的特征进行集合统计，具体过程为：把卷积特征划分为数个大小为 $m \times n$ 的不重合的区域，用这些区域的平均或最大特征来获取池化后的卷积特征。池化后的特征可用于分类，相比于使用所有提取到的特征，不仅仅维度更低，还能改善结果，不易出现过拟合的情况。另外，在图像中将连续的范围作为池化的区域，并且只是池化相同或者重复的隐含层单元产生的特征，池化单元就具有平移不变性。所以在图像经历了一个小的平移之后，依然会产生相同的池化特征。

如图 2-4 所示，对于一个通用的图像识别流程而言，首先输入层将统一分辨率的图像作为输入，之后每一层的输出作为下一层的输入。每一层神经元的排列与传统的神经网络不同，卷积神经网络中的神经元只和相邻的上一层与下一层相连。从而形成局部感知。神经元在这样的结构中可以从原始图像中提取一些传统图像处理的特征，比如边角、结束点，然而这些特征又不仅仅包括类似于传统的手动特征，还可以为更高层的神经元所用。局部特征提取器不仅仅提取局部特征，提取的局部特征能够表征整体图像，这种特征提取的方法和位置无关。具有相同权值，但位置不同的小块组成了特征图(Feature Map)。

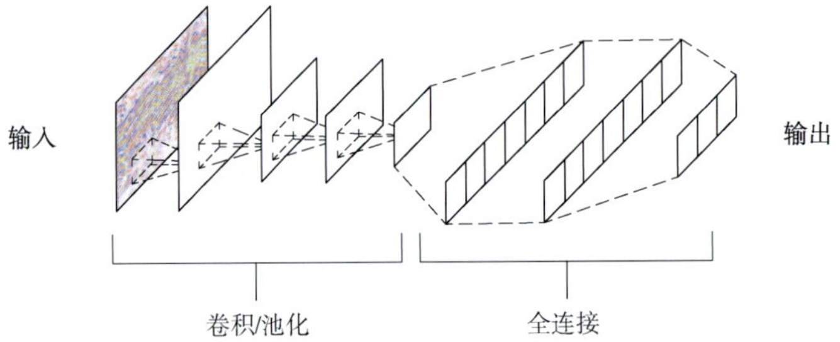

图 2-4　卷积神经网络结构示意图

卷积神经网络的权重训练与传统的 BP 网络相似，也使用了误差反向传播的方法。由于这一特点，卷积神经网络能够直接处理输入的图像，由此可以说明，卷积神经网络能够自己提取特征，共享权重可以有效减少参数的数目，从而提高网络的效率。

3) 深度学习技术

人工神经网络为表示更加复杂的关系，通常需要增加网络层数与单层神经元个数。虽然卷积神经网络的出现通过局部感知的方式大大降低了参数数量，但更为精确的模型仍需要足够多层次的网络结构。随着计算机硬件的不断发展，芯片的处理能力大幅提高，同时硬件成本也在不断下降，随着图形处理单元(GPU)的出现，为高并行化的卷积运算提供了更高效的硬件支持。随着模型结构不断加深，深度学习(Deep Learning)的概念应运而生。

深度学习是神经网络、人工智能、图形化建模、优化、模式识别、信号处理等研究的交叉领域。深度学习是机器学习的子领域，试图通过一系列多层的非线性的变换对数据进行抽象处理。深度学习方法可以有效利用复杂的、集成的非线性函数来学习分布式和分层的特征表示，并有效利用有标签和无标签的数据。

深度学习是一种为模拟数据之间的复杂关系、基于表征学习(Learning Representations)的深层次机器学习算法。一个观测值可以通过多种方式来表示，如用强度值矩阵表示像素，某些表示方式可以让算法更容易完成学习任务。表征学习的目标是寻求更好的表示方式并建立更好的模型来学习这些表示方式。

深度学习通过模拟具有丰富层次结构的脑神经系统，建立类似于人脑的分层模型结构，对输入数据逐级提取，形成更加抽象的高层表示(属性类别或特征)。深度学习利用多层非线性信息处理来实现有监督或者无监督的特征提取和转换、模式分析和分类，用来解释如图像、声音、文本的数据。高层次的特征和概念，根据较低层次的特征和概念来定义，相同低层次的概念可用来定义很多高层次的概念。这样一个分层次的结构称为深层结构。

深度学习的特点主要表现为两点：(1)模型由多层次或阶段的非线性信息处理组成；(2)特征表示的有监督或无监督学习，随着层数的提高，而更加抽象。深度学习使用了分层抽象的思想，高层的概念通过低层的概念学习得到。这一分层结构通常使用贪婪逐层训练算法构建而成，并从中选取有助于机器学习的有效特征。很多深度学习算法都是以无监督学习的形式出现的，因此这些算法能被应用于其他算法无法企及的无标签数据，这一类数据比有标签的数据更为丰富，也更易于获得。

2.1.2　目标检测技术

目标检测是指在图像或视频中识别出特定类别物体。对于这类问题的通用解决思路是，提取图像的特征，依照目标所具有的特征模式在图像范围内进行匹配，选取模式相符区域作为检测结果。常用的方法分为基于特征提取与机器学习的方法、基于深度学习的方法。基于特征提取与机器学习的目标检测方法首先需要特定的算法进行特征提取，如尺度不变特征转换(Scale-Invariant Feature Transform, SIFT)、方向梯度直方图(Histogram of Oriented Gradient, HOG)等，再使用分类器进行分类；基于深度学习的目标检测方法则是将特征提取的步骤包含在了深度神经网络中，可直接进行端到端的目标检测而无须另行指定特征提取方法。常用的基于深度学习的目标检测方法有区域候选(Region Proposal, 如 R-CNN、SPPNet、Fast R-CNN、Faster R-CNN)、单次多盒检测(Single Shot MultiBox Detector, SSD)等。

1) R-CNN 算法

R-CNN 算法的核心思想是先对每个区域通过 CNN 提取特征，然后连接一个分类器预测这个区域包含一个感兴趣对象的置信度，即转换成一个图像分类问题。再对所有区域的分类结果进行筛选，得到合适的目标区域。

通过在区域识别操作的方法来解决 CNN 的定位问题，这个方法在目标检测和语义分割等应用场景中有着广泛的应用。该方法对每一个输入的图片产生约 2000 个不分种类的区域候选框，使用仿射图像变形的方法对每个不同形状的区域候选框产生一个固定长度的 CNN 输出的特征向量，然后对每个区域候选框提取的特征向量使用特定种类的分类器进行分类(见图 2-5)。

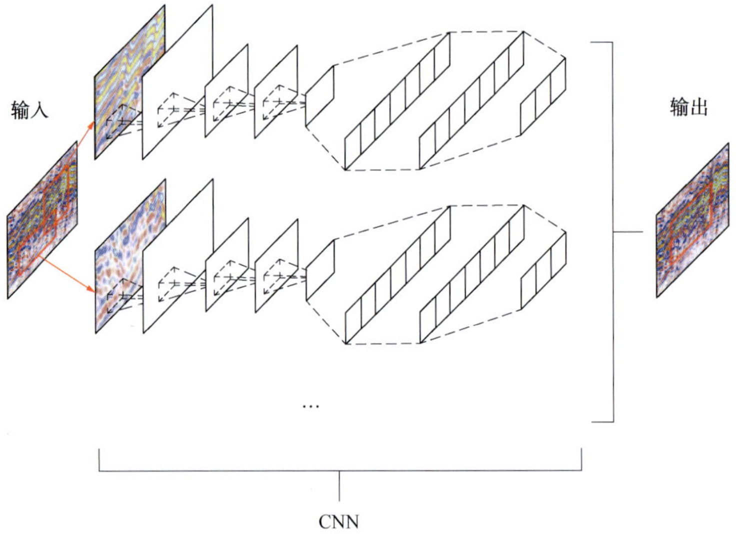

图 2-5　R-CNN 原理示意图

R-CNN 利用显著性检测的方法来划分区域。显著性检测是一种语义分割的方法，它通过在像素级的标注，把颜色、边界、纹理等信息作为合并条件，通过多尺度的综合采样方法，划分出一系列的区域，这些区域远远少于传统基于滑动窗口的穷举法产生的候选区域。

由于物体存在不同的层级，显著性检测用到了多尺度的思想。这里的多尺度不是通过缩放图片或者使用多尺度的窗口。显著性检测通过图像分割的方式将图片分成很多个区域，并用合并的方法将区域聚合成大的区域，重复这样的过程直到整张图片变成一个最大的区域，即可生成多尺度的区域。

2) SPPNet 算法

在卷积神经网络中，卷积部分不需要固定图像的大小(其输出大小跟输入图像的大小相关)，有固定输入图像大小需求的是全连接部分。由定义可知，全连接部分的参数的个数是需要固定的。在 SPPNet 中，笔者利用空间金字塔池化(Spatial Pyramid Pooling，SPP)层去除网络固定大小的限制，将 SPP 层接到最后一个卷积层后面，SPP 层池化特征并产生固定大小的输出，传入至第一个全连接层。

如图 2-6 所示，在卷积层和全连接层之间，导入一个新的 SPP 层，可以接受不同大小的输入但是产生相同大小的输出，以使其具有可接受任意输入尺度的能力，在网络的输入端对尺寸不做要求。SPP 或者空间金字塔匹配把一张图片划分为不同的分辨率级别，然后聚合这些不同分辨率的图像。SPP 方法优点如下：

（1）不论输入数据的大小，产生相同大小的输出。

（2）使用多级别的空间块，使提取特征具有分辨率无关性。

（3）可以池化不同尺度图像提取的特征。

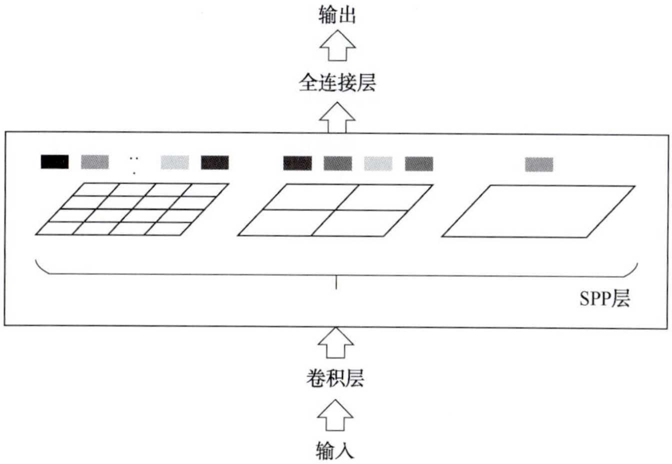

图 2-6　SPPNet 示意图

3）Fast R-CNN 算法

借鉴 SPPNet 的思想，Fast R-CNN 提出一个可视为单层 SPPNet 的网络层，通常称为感兴趣区域（Region of Interest，ROI）。该网络层将不同尺寸的输入映射到一个固定尺度的特征向量，通过 Softmax 类型识别与窗口回归算法定位。在 R-CNN 处理流程中，首先提取区域候选框，使用 CNN 提取特征，最后进行分类与窗口回归。而 Fast R-CNN 把窗口回归放进了神经网络内部，与区域分类合并组成一个多任务模型，二者可共享卷积特征，并相互促进（见图 2-7）。

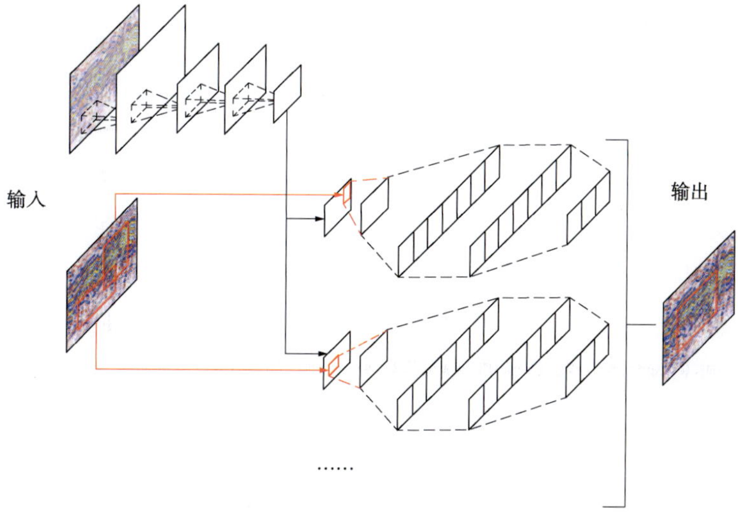

图 2-7　Fast R-CNN 示意图

算法具体步骤如下所示：

算法：Fast R-CNN

输入：待检测图片

输出：检测目标分类及位置

步骤 1：使用显著性检测在一张图片中得到约 2000 个候选区域(ROI)。

步骤 2：缩放图片的尺寸得到图片金字塔，通过前向传播得到最后一个卷积层的特征金字塔。

步骤 3：对于每个尺度的每个感兴趣区域，求取图像在特征图中的映射，在特征金字塔中截取对应的特征小块，并统一尺度。

步骤 4：经过全连接层得到特征，使用 Softmax 分类、L1Loss 函数修正窗口位置。

4）Faster R-CNN 算法

Faster R-CNN 最大贡献是将区域候选框提取的部分从网络外嵌入网络内部，从而一个网络模型即可完成端到端的检测识别任务，而无须先执行候选区域提取的搜索算法，卷积所得特征图也可用于生成区域候选框。该嵌入的区域候选提取部分称为区域候选网络(Region Proposal Network，RPN)，与 Fast R-CNN 共同组成了 Faster R-CNN 网络。

RPN 和 Fast R-CNN 共享卷积层，为生成区域建议框，在最后一个共享的卷积层输出的卷积特征映射上滑动小网络，这个网络全连接到输入卷积特征映射的 $n \times n$ 的空间窗口上。每个滑动窗口映射到一个低维向量上(每个特征映射的一个滑动窗口对应一个数值)。这个向量输出给两个同级的全连接的层：包围盒回归层(reg)和包围盒分类层(cls)。由于小网络是滑动窗口的形式，所以全连接的层($n \times n$ 的)被所有空间位置共享(指所有位置用来计算内积的 $n \times n$ 的层参数相同)。这种结构实现为 $n \times n$ 的卷积层，后接两个同级的 1×1 的卷积层(分别对应 reg 和 cls)，$n \times n$ 的卷积层使用非线性激活单元(Rectified Linear Unit，ReLU)作为激活函数。

在每一个滑动窗口的位置，同时预测 k 个区域建议，所以 reg 层有 $4k$ 个输出，即 k 个目标包围盒的坐标编码。cls 层输出 $2k$ 个得分，即对每个建议框是目标/非目标估计概率，k 个建议框被相应的 k 个称为锚(anchor)的盒(box)参数化。每个锚以当前滑动窗口中心为中心，并对应一种尺度和长宽比，如使用 3 种尺度和 3 种长宽比，这样在每一个滑动位置有 $k=9$ 个锚。对于大小为 $W \times H$(典型值约 2400)的卷积特征映射，总共有 $W \times H \times k$ 个锚。该方法有一个重要特性，就是平移不变性，对锚和对计算锚相应的建议框的函数而言都具有这样的特性。

RPN 遵循 Fast R-CNN 中的多任务损失，最小化目标函数。对一个图像的损失函数定义如下：

$$L(\{p_i\}, \{t_i\}) = \frac{1}{N_{cls}} \sum_i L_{cls}(p_i, p_i^*) + \lambda \frac{1}{N_{reg}} \sum_i p_i^* L_{reg}(t_i, t_i^*) \qquad (2-2)$$

式中，i 为 anchor 的索引；p_i 为目标的预测概率，如果 anchor 为正，标签 p_i^* 为 1，如果 anchor 为负，标签p_i^* 就是 0；t_i为一个向量，表示预测的包围盒的 4 个参数化坐标；t_i^* 为与正 anchor 对应的正标注的包围盒的坐标向量；分类损失L_{cls}为两个类别（目标/非目标）的对数损失$L_{cls}(p_i, p_i^*) = -\log[p_i^* p_i + (1-p_i^*)(1-p_i)]$，回归损失$L_{reg}(t_i, t_i^*) = R(t_i - t_i^*)$。R 的定义如下：

$$smooth_{L_1}(x) = \begin{cases} 110.5x^2 & |x|<1 \\ |x|-0.5 & \text{其他} \end{cases} \tag{2-3}$$

用于回归的特征在特征映射中具有相同的空间大小($n \times n$)。考虑到各种不同的大小，需要学习一系列 k 个窗口回归量。每一个回归量对应一个尺度和长宽比，k 个回归量之间不共享权重。因此，即使特征具有固定的尺寸/尺度，预测的窗口可以是各种尺寸。

Faster R-CNN 是 RPN 与 Fast R-CNN 的结合，同时共享了 RPN 和 Fast R-CNN 卷积层的参数，支持端到端的训练。在分类的准确率上，Faster R-CNN 相比 Fast R-CNN 没有大的变化。而使用 RPN 在 GPU 上提取候选区域，则大大提高了区域提取的速度。

2.1.3 串珠状特征目标检测

目前，人们查找碳酸盐岩缝洞型储集层的方法是人工在地层切面上识别“串珠状”反射特征，与图像处理中常见的目标检测问题在数据特性与目的性上有着较大的相似性。“串珠状”反射特征自动识别技术就是通过对该区域中“串珠状”反射的切片图像作为目标检测的输入数据，结合深度学习目标检测技术，制作“串珠状”反射特征样本标记数据，训练“串珠状”反射特征自动识别模型，对勘探区“串珠状”反射特征进行识别，实现高效准确的储层识别。

基于三维剖切方法生成地震剖面，结合目标检测数据集制作方法，对多个地震剖面上的“串珠状”反射特征进行标注，制作样本集。包含生产井周围的“串珠状”反射特征，以此作为训练集进行训练。训练好的模型以整个勘探区的地震剖面为输入，实现勘探区“串珠状”反射特征自动识别，对自动识别结果进行三维映射，生成三维体数据，实现对“串珠状”反射特征的三维刻画(见图 2-8)。

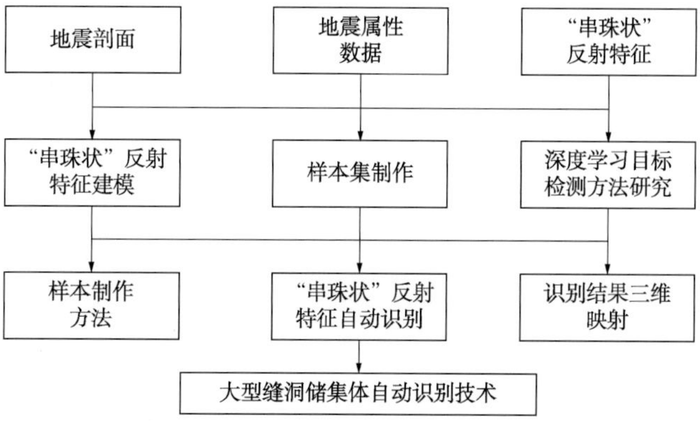

图 2-8　大型缝洞储集体自动识别技术路线图

主要研究工作如下：(1)映射地震数值数据到图像数据；(2)基于米字剖切技术获取地震数据切片；(3)标注串珠状反射特征样本；(4)构建串珠状反射特征识别模型；(5)模型训练与预测。

1）数据接入

目前，广泛使用的目标检测网络多运用在图像识别中(见图 2-9)，因此多以灰度图像或 RGB 图像作为输入。由于原始的地震勘探一手数据为地震波机械振动数据，不同于常规图像数据多以 0~255 的整数取值进行表示，而地震数据取值范围更大，取值精度更高。但理论上神经网络的结构是允许使用任意类型(不局限于 0~255 的整数)的数据作为输入，因此在深度学习网络的数据接入方式上有两种方式：

(1) 测量数据直接接入。

将地震数据不经处理，直接以矩阵的形式传入卷积神经网络，可以保留地震数据的精度、避免切片上特征细节的丢失。但在实现上需要修改现有的卷积神经网络，以适应数据形式。

(2) 映射图像接入。

以色标对切片着色形成切面图，这种方法以图片的方式进行目标检测，避免了修改现有的卷积神经网络实现，但在着色过程中会丢失一定的数据精度。

-32.6281	-18.3415	-93.1842	……
122.6945	166.4531	86.17406	……
393.0923	438.4233	395.9268	……
696.7354	777.7461	711.4507	……
944.9075	1030.096	997.3748	……
1054.678	1150.305	1222.993	……
1110.733	1188.641	1329.681	……
1095.04	1213.224	1336.611	……
971.1858	1111.572	1274.55	……
707.3381	825.699	1020.294	……
297.9648	439.2825	637.5574	……
-190.402	-63.4632	152.0077	……
-720.318	-613.299	-398.334	……
-1242.01	-1145.05	-995.541	……
-1705.26	-1632.36	-1507.53	……
……	……	……	……

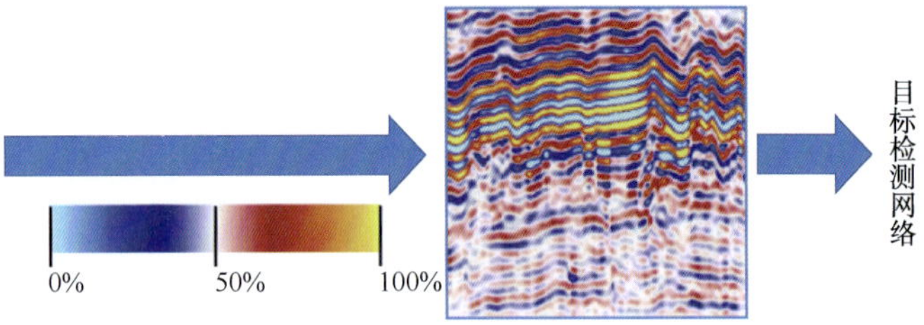

图 2-9　接入方式示意图

2）数据切片

为了实现对“串珠状”反射特征的识别，需要生成地震反射剖面，研究拟使用三维可视化模块中的三维剖切方法切割三维地震数据生成多角度的地震剖面。

数据切片的制作方式与通常人工分析方法一致，分别在 N-S、W-E、NW-SE、NE-SW 四个方向上进行“米”字形切割。由于地震勘探是以固定的间距进行的，故所得地震数据在水平的两个正交维度(inline、xline)上的取值具有离散化的特性。以地震数据的各道为中心进行“米”字形切割，可获得覆盖整个研究区块的连续切片数据。

以地震数据为例，水平覆盖 $m \times n$ 道，每道样点数为 h，则该数据共包含 $m \times n \times h$

个独立数据点。令 inline、xline 递增方向为 x、y 轴正向，数据道采样点序号递增方向为 z 轴正向，可知 x、y、z 两两垂直，如图 2-10 所示。

3）样本标注

切片制作完成后，进入地震模式特征识别阶段。考虑到储集体基础类别的种类较少，因此使用有监督的学习方法，基于少量人工标定的样本训练深度学习模型，再推广应用到整个研究区块进行识别。

首先需要对识别的各类不同储集体切面反射特征进行类别编号，对应为目标检测网络的目标类型，如将“串珠状”反射标记为 1 类，将弱振幅反射类型标记为 2 类等。然后在一定数量的典型切面上，按照对应关系标注出每一处特征的包围框与类别编号。对于切面的选取，应当尽量保证每一类特征都有足够多的数量，满足深度学习对于正样本学习的要求。同时，要求每一个切面上的标注尽可能正确且无遗漏，避免正样本相悖或被误作为负样本学习。以“串珠状”反射特征为例，某标注样本切片的局部示例如图 2-11 所示。

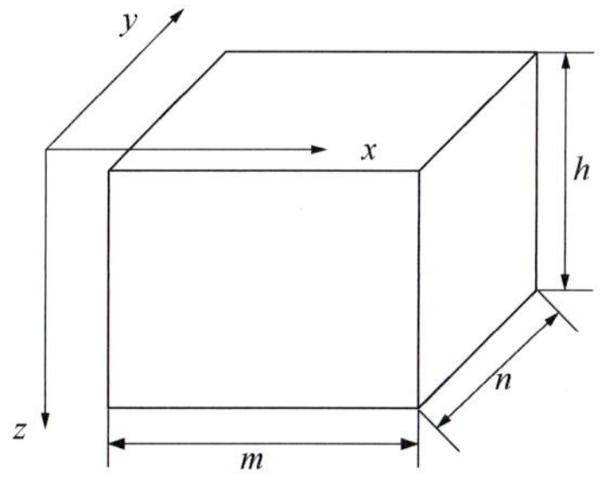

图 2-10　三维坐标系示意图

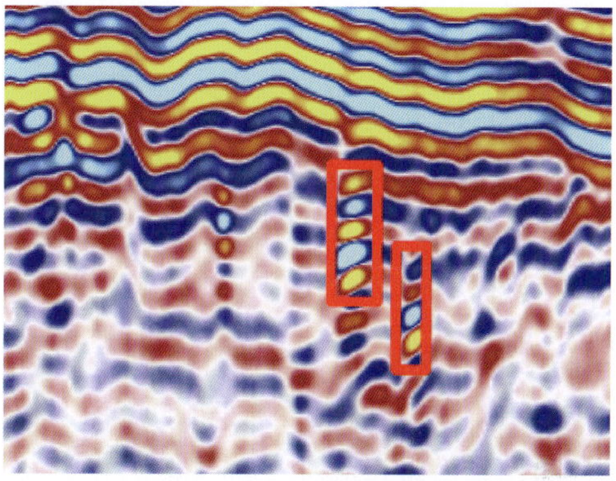
图 2-11　标注样本切片局部示例图

目标的标记需要确定切片上的位置与大小，按照不同的数据接入方式，以二维数据或图片的左上角为起点，记录下目标包围矩形的左上角相对起点的坐标、目标包围矩形的宽度和高度，由这 4 个数值可以确定切片上矩形的位置。

4）模型构建

为了实现“串珠状”反射特征的自动识别，在人工标志“串珠状”反射特征区域制作样本后，研究拟使用训练样本，使用深度学习目标检测方法训练深度学习目标检测网络模型，基于候选区域的卷积神经网络和目标检测技术，通过共享卷积运算，划分候选区域等工作，迭代训练得到“串珠状”地震反射特征识别模型。调整模型参数，使其有效拟合样本数据，生成“串珠状”反射而调整自动识别模型，实现“串珠状”反射特征的自动识别。本文在对“串珠状”储集体目标识别算法选择时，需要优先考虑识别精度，对识别与训练的速度、样本数量无特殊要求，故 Faster R-CNN 是一种较为合适的算法。

“串珠状”储集体识别的过程可分为训练和识别两个过程，训练与识别流程如图 2-12所示。

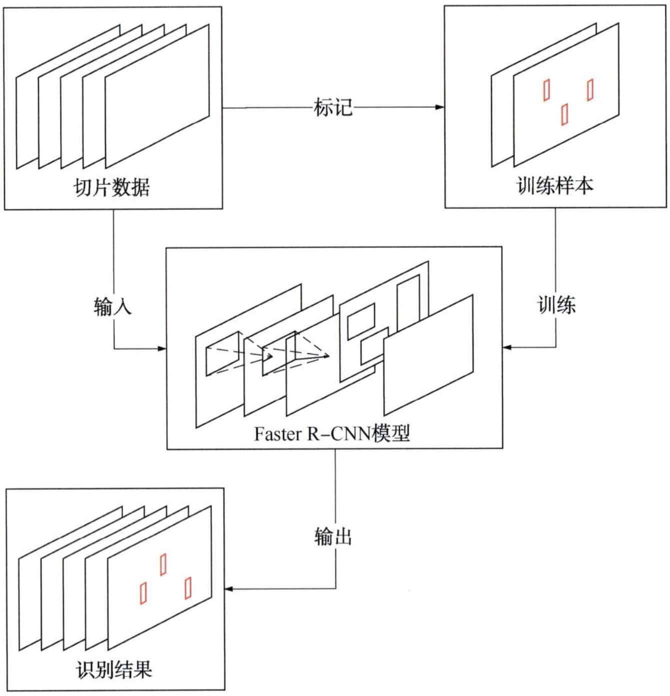

图 2-12　训练与识别关系图

5. 模型训练

在训练阶段，将标定的训练切片样本传入目标检测网络进行迭代训练，经过一定代数的训练后进行验证，确认模型达到足够的识别准确率，即可认为模型训练完毕。一个训练完成的模型包含了对应神经网络各神经层的权值，具体到目标检测卷积神经网络中则主要包括各卷积层的卷积核、RPN 参数、全连接层间的权值以及其他层的相关参数等。训练得到的模型将用于后一阶段的识别中。训练算法流程如下：

算法：Faster R-CNN 训练

输入：地震剖面训练样本

输出：网络模型

步骤 1：读取标定地震反射特征训练样本，同一输入上未标记区域默认为背景样本。

步骤 2：初始化 RPN、Fast R-CNN 的网络结构，包括各层各节点权值等。

步骤 3：将每一输入样本经卷积层、池化层特征提取，并传入 RPN 网络正向传递。

步骤 4：对比 RPN 网络输出结果与样本标记的标签值，计算误差及损失函数值，反向传播误差更新权值。

步骤 5：迭代步骤 4 训练 RPN 网络。

步骤 6：迭代步骤 3 训练 Fast R-CNN 网络。

6）特征识别

识别阶段是将模型训练所学习到的内容加以应用，在整个研究区块范围内对内含的储集体进行特征检测。具体而言，由于在数据接入部分已经对整个区块进行了切片，获得了$(3m+3n-2)$个切片数据，我们可以将训练中的模型应用在这些切片上，对每一层切片进行特征检测（见图2-13）。经识别后，可得到每个切片上所具有的各类特征模式的目标检测结果。这些检测结果同样是以训练样本标记方式表示的，每个切片上有着一定数量（没有则为0）的识别包围矩形，每个矩形同样以左上角相对位置、矩形宽高表示位置。识别算法流程如下：

算法：Faster R-CNN 识别
输入：地震剖面待测样本
输出：目标类别、包围盒

步骤1：输入地震剖面。
步骤2：经卷积层特征提取，获得特征图。
步骤3：RPN网络依据特征图生成候选区域。
步骤4：候选区域类别判断、置信度计算。
步骤5：按照置信度从大到小排序，对候选区域两两计算重叠率，重叠率过高的仅保留置信度最大的区域。
步骤6：输出置信度超过阈值的区域。

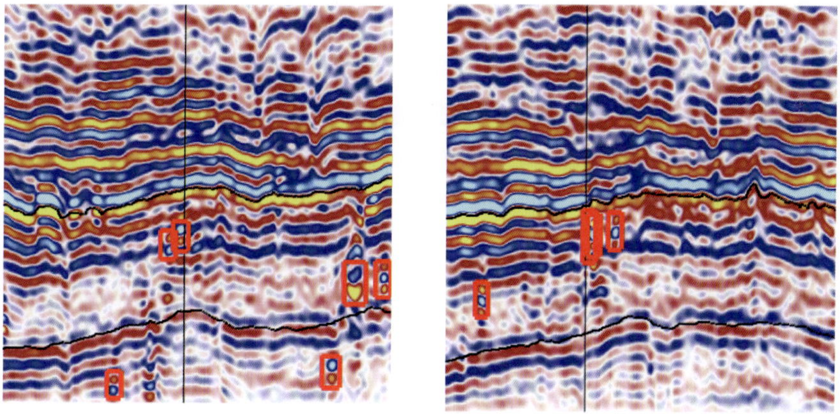

图2-13　串珠状储集体检测图

2.1.4　串珠储集体与高产井关系

高产井与识别串珠有较好的相关性。塔河油田主体区42口累积产量大于10×10^4t的高产井，有20口高产井直接打在串珠上，占比48%；有15口高产井打在串珠附近5道15~75m范围内，占比31%（通过酸压投产）；有6口高产井打在串珠附近7道75～105m范围内(通过酸压投产)，占比16%。TK7-639井累积产量20.4×10^4t，直接打在串珠储集体上。米字剖面如图2-14所示。

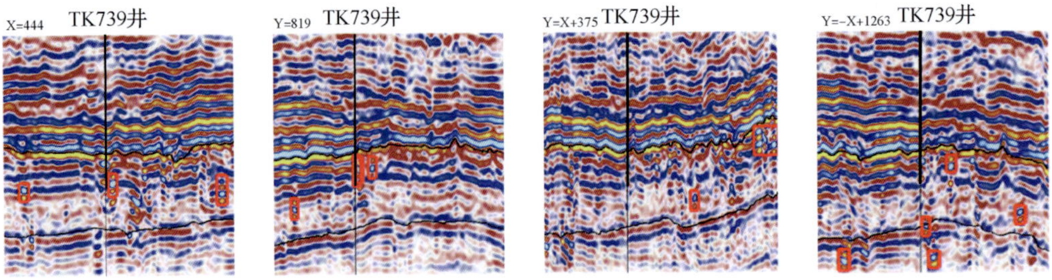

图2-14 TK739井钻遇串珠储集体的米字剖面图

2.2 串珠特征属性自动提取

串珠缝洞体属性特征是指串珠体积、发育方向、形态、空间位置、与周围串珠关系、串珠T74相对深度等，采用信息熵等技术识别特征参数，分别描述储集体、构造、油水分布和裂缝沟通情况。

2.2.1 串珠缝洞体三维表征

三维缝洞体立体雕刻是智能识别的重要基础，主要体现在两个方面：一是岩溶地质现象的立体解释，在三维空间中将侵蚀沟、古梁、落水洞等各种岩溶地质现象更加直观地展示出来。同时可将地震属性叠加在地貌上进行研究，有利于了解地貌对储层的影响。二是通过三维可视化雕刻，即对目标地质体之外的数据透明化，只将感兴趣的地质体如裂缝、溶洞等，单独表示出来，或是进行融合显示，研究缝洞连通关系，形成一套针对多源数据的三维可视化技术，显示三维体数据，实现三维体雕刻和三维数据体切片。

将二维图像上识别到的目标映射回三维空间，主要研究工作包括：(1)将二维切片上的串珠映射到三维空间；(2)标记三维空间中串珠目标上的特征点；(3)采用种子填充算法关联相邻特征点；(4)实现识别串珠的三维雕刻。

1）三维空间映射

地震剖面识别结果为图片上的二维区域信息，无法有效直观地在三维条件下对大型缝洞集合体进行评价。为了实现在三维空间中的大型缝洞集合体刻画，研究拟通过结合多张多角度地震剖面，串珠状储层识别结果，对多角度结果进行组织，在三维空间中进行映射，实现缝洞型储层的三维刻画。根据切片所在二维平面的解析方程，建立切片上点到三维空间的映射关系。

在图形学上，二维图像的坐标多以图形的左上角为原点，以水平向右为x正向，以竖直向下为y正向。因此，在目标检测网络的输出结果中，也多以这种方式表示。

为区分三维坐标系，这里记水平轴为 x'，竖直轴为 y'（见图 2-15）。

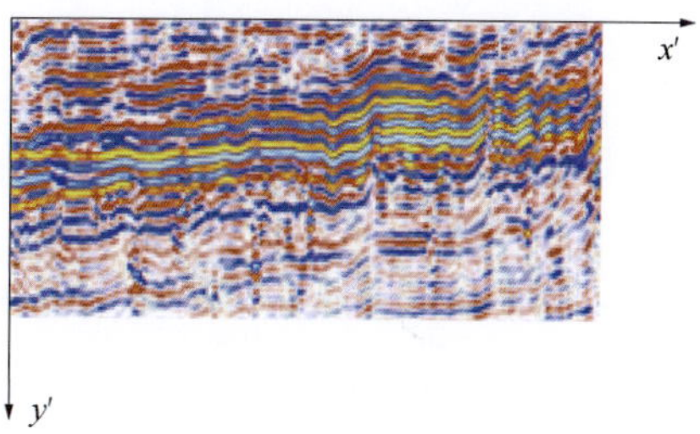

图 2-15　切片坐标系示意图

4 类以该点为原点的切片上任意一点（x'_0，y'_0）在三维空间坐标系中的坐标为：

$$(i,\ j+x'_0,\ y'_0+k) \quad ①$$

$$(i+x'_0,\ j,\ y'_0+k) \quad ②$$

$$(i+\sqrt{2}x'_0/2,\ j+\sqrt{2}x'_0/2,\ y'_0+k) \quad ③$$

$$(i+\sqrt{2}x'_0/2,\ j-\sqrt{2}x'_0/2,\ y'_0+k) \quad ④$$

（2-4）

由此建立切片上坐标到三维空间坐标的映射关系。

2）栅格化

将识别目标映射回三维空间，标记各点是否为串珠特征点关联串珠状反射的三维特征点，结合识别区域边界，采用种子填充算法自动追踪串珠状反射体的轮廓，实现三维雕刻体。将识别目标映射回三维空间，标记三维空间各点是否为串珠特征点（见图 2-16）。

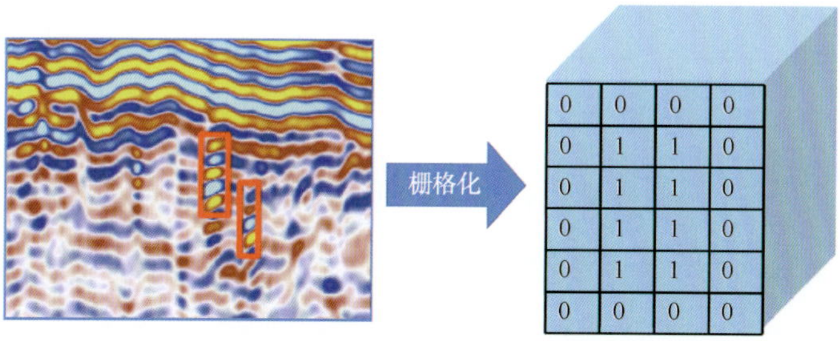

图 2-16　识别目标栅格化

3）三维成体

把栅格化数据处理成特征体数据的核心是建立数据点之间的联系，常用的方法是种子填充算法。种子填充算法是一类用于对具有封闭边界图形进行填充的方法，常用于计算机图形学等领域。种子填充算法的核心思想是以某一点为起点（种子），向其相邻的方向递归扩充直至边界。其流程如下：

算法：种子填充算法

输入：栅格化体数据，每个数据点指示是否为特征点

输出：每个独立特征体及其相关参数

步骤 1：选取数据体第一个特征点为种子，标记为新的特征体。

步骤 2：标记当前种子为已遍历，更新特征体参数，检查相邻的特征点是否为特征点。是则进入步骤 3，否则跳过该点。

续表

步骤 3：以当前的检查点为种子，递归进入步骤 2。 步骤 4：当递归回到最初的种子时，当前特征体遍历完成，结束递归。寻找下一未遍历的特征点作为种子，回到步骤 1。

4）三维雕刻

基于 VTK 的三维可视化技术生成缝洞体，实现缝洞体的三维空间精细刻画。进一步综合井轨迹、T74 层面等值线、串珠识别结果确定储层位置、形态及边界。

传统大型缝洞储集体识别方法用于识别地震剖面上的地震反射特征，地震剖面展示地震反射特征的方法直观，且便于后续的深度学习神经网络进行处理。研究拟通过对地震体的空间信息进行组织，按照符合空间面函数定义的方法获取经过的块体编号，构造要读取的数据表，获取其中符合要求的数据，结合三维可视化方法对数据在平面上进行显示，并导出为图片。流程如图 2-17 所示。

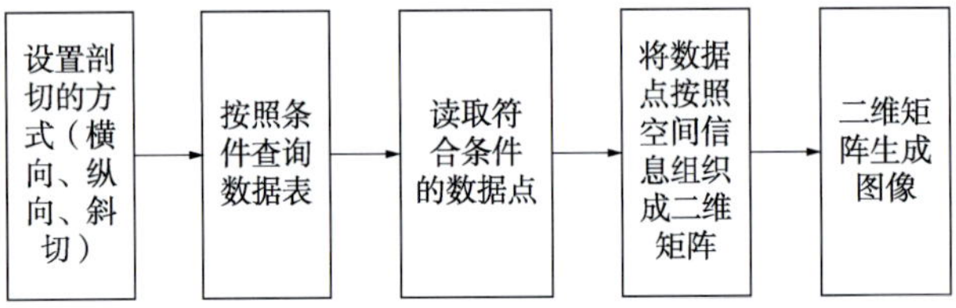

图 2-17　三维可视化流程图

综合井轨迹、T74 层面等高线，确定识别串珠储集体的相对深度、厚度、大小、体积等形态及边界特征属性(见图 2-18)。

图 2-18　识别串珠储集体三维特征

2.2.2 串珠储集体属性提取

属性特征是指串珠本身、所处的构造背景、含油气性、串珠周围裂缝发育等。串珠本身的特征参数包括串珠个数、串珠类型、串珠体积、串珠绝对深度、串珠T74相对深度；串珠所处的构造特征参数包括T74表层高度、T74层表层熵。采用信息熵等技术识别得到以下特征参数，分别描述储集体、构造、油水分布和裂缝沟通情况。

1）识别出的串珠储集体相关特征

（1）串珠个数：计算坐标点周围30道范围内单位体积内自动识别出的串珠个数。

（2）串珠类型：计算坐标点距离最近的串珠类型，根据米字剖切面识别出的串珠，分为0、1、2、3、4等5类，0代表没有识别出串珠，1代表有1面识别出串珠（条状），2代表有2面识别出串珠（交叉状），3代表有3面识别出串珠（交叉状），4代表所有面均识别出串珠（体状）。

（3）串珠体积：计算串珠占据网格的总体积。

（4）串珠绝对深度：识别出的串珠顶点、中心点的深度。

（5）串珠T74相对深度：识别出的串珠顶点、中心点相对T74层面的深度。

串珠属性计算流程如图2-19所示。

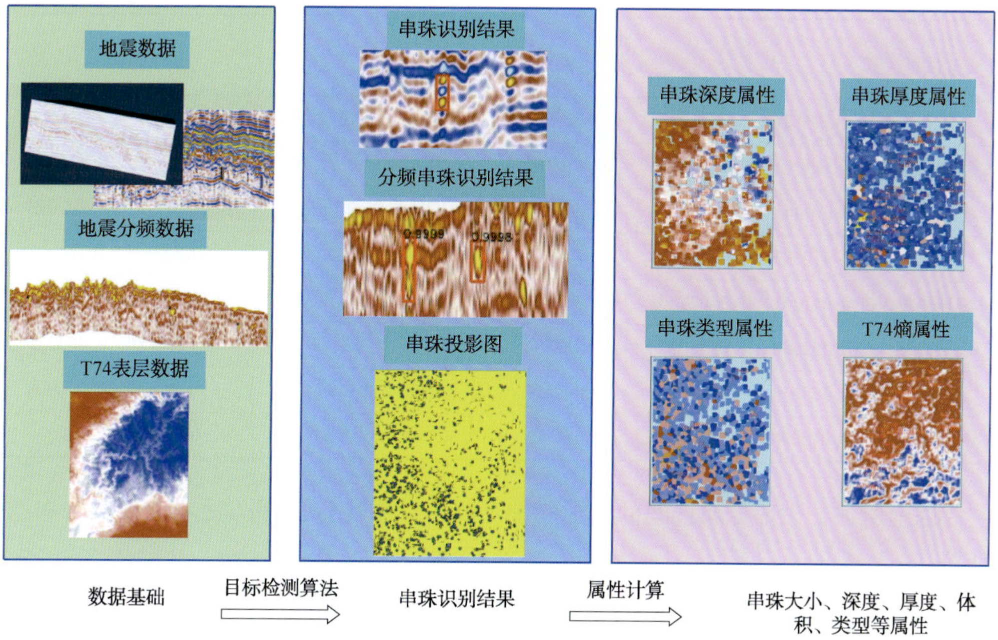

图2-19 串珠属性计算流程图

2）串珠所处的构造相关特征

（1）T74表层高度：串珠所处的T74层面的高程值。

（2）T74 层表层熵：采用信息熵计算的坐标点周围 30 道范围 450m 高程的变化率，反映地形的变化程度。

（3）特征相关性分析：基于塔河 67 区原始地震数据，得到研究区域内各地震道单位网格周围 30×30 道范围内的串珠个数、串珠类型、串珠体积、串珠高度、表层高度、表层熵等属性。各属性值以及相关性如表 2-1、表 2-2 所示。

表 2-1 特征数据实例

X	Y	串珠个数	串珠类型	串珠体积	串珠绝对深度	表层高度	表层熵
302	643	0	0	0	0	0	0
302	644	0	0	0	0	0	0
302	645	0	0	0	0	0	0
302	646	0	0	0	0	0	0
……	……	……	……	……	……	……	……
986	658	2	4	7387	357	263	1. 549037
986	659	2	4	7387	357	263	1. 563861
986	660	2	4	7387	357	262	1. 574142
986	661	2	4	7387	357	262	1. 580077
986	662	2	4	7387	357	261	1. 579992
……	……	……	……	……	……	……	……

表 2-2 属性相关性矩阵

属性	串珠个数	串珠类型	串珠体积	串珠高度	表层高度	表层熵	油水
串珠个数	1	0. 927443	0. 470389	0. 641741	0. 352698	0. 179545	0. 215096
串珠类型	0. 927443	1	0. 482754	0. 625861	0. 350258	0. 146873	0. 203033
串珠体积	0. 470389	0. 482754	1	0. 387792	0. 228884	0. 002523	0. 09981
串珠高度	0. 641741	0. 625861	0. 387792	1	0. 543257	0. 212628	0. 307596
表层高度	0. 352698	0. 350258	0. 228884	0. 543257	1	0. 494285	0. 403339
表层熵	0. 179545	0. 146873	0. 002523	0. 212628	0. 494285	1	0. 500908
油水	0. 215096	0. 203033	0. 09981	0. 307596	0. 403339	0. 500908	1

综上所述，大部分属性间的相关性都不高，从中优选出相关性不大的属性参与计算。

塔河 67 区共自动识别出 992 个强反射串珠、77 个杂乱反射串珠（见图 2-20）。

识别串珠在二维投影图上分条状、交叉状、体状、带状，分别反映不同的地质结构、发育主控因素和分布规律。条状或交叉状为断溶体型缝洞体（见图 2-21），溶蚀受断裂控制作用强，以单方向溶蚀为主，呈条状或交叉状分布，主体区多发育在 T74 不整合面下 0~150m 范围内；体状为厅堂型缝洞体，图中不同颜色代表串珠发展方向，其中蓝色指单方向，白色指双方向，红色指三个方向，黄色指四个方向。厅堂型缝洞体为四个方向发展呈圆形，主体区多发育在 T74 顶面下 60~200m 范围内；带状为暗河型缝洞体，由多个连续厅堂洞组成。

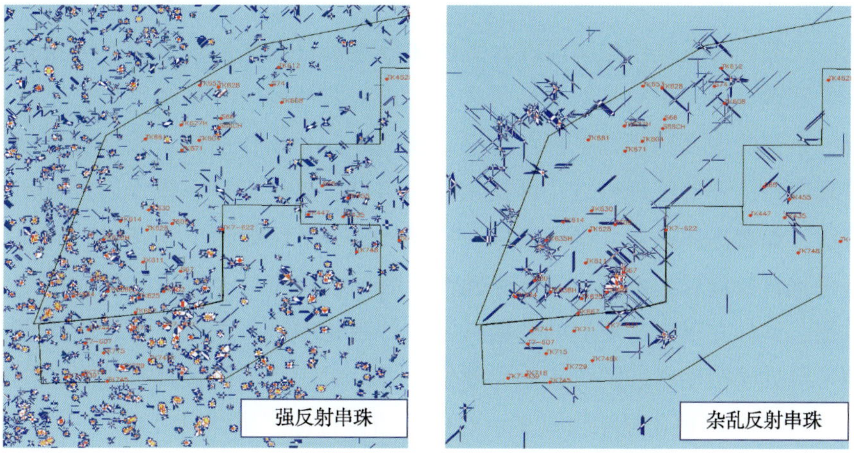

图 2-20　强反射串珠与杂乱反射串珠平面投影

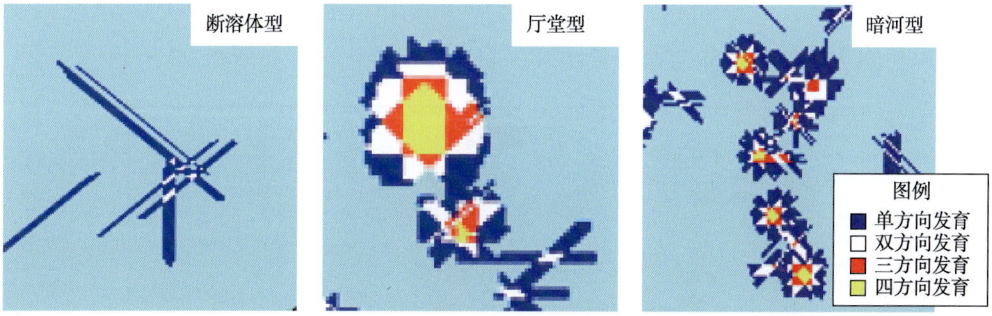

图 2-21　断溶体型串珠、厅堂型串珠与暗河型串珠平面投影图

2.3　串珠状缝洞体自动识别软件

整体软件初始界面如图 2-22 所示，并通过该界面调用其他模块。

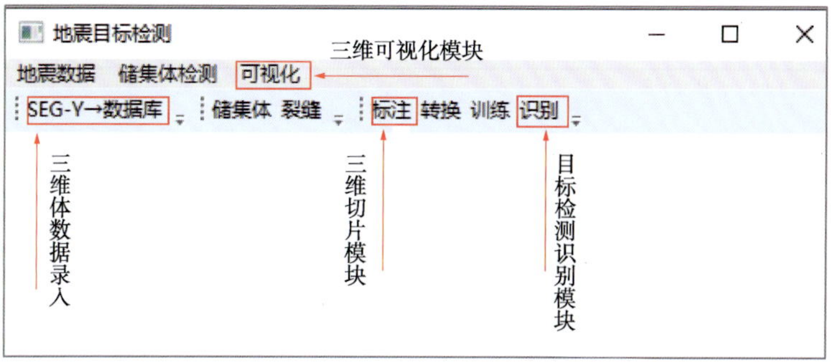

图 2-22　整体软件初始界面

平台主界面提供了所有功能的接口按钮，包含数据导入、三维切片(数据导入)、目标检测模块、三维可视化等功能。

2.3.1 三维体可视化主界面

窗口顶部是各类操作控制面板，主体部分左侧是数据管理窗口、可视化管理窗口、评价管理窗口，中间是图形显示区，右边是属性窗口。系统窗口是系统的一个主窗口，系统的主要功能几乎都在这里。软件界面分操作面板、数据管理窗口、可视化管理窗口、评价管理窗口、可视化显示窗口、属性窗口。操作面板显示常用的快捷按钮，如数据库连接、坐标拾取、体积计算、串珠刻画、裂缝(相干、曲率)刻画、可视化背景设置、可视化复位等操作。数据管理窗口显示所有入库的地震多源油藏数据，鼠标左键双击对应的数据可以在可视化中进行刻画。可视化管理窗口显示当前平台处于活动状态的可视化和图像，可以对相应的图像目标进行镂空和显示(隐藏)等操作。可视化显示窗口显示对应的图像目标。属性窗口显示对应图像目标的属性，在可视化显示窗口中双击目标即可。

2.3.2 二维切片串珠识别可视化主界面

本功能主体部分左侧为操作控制区，右侧为可视化区，如图 2-23 所示。

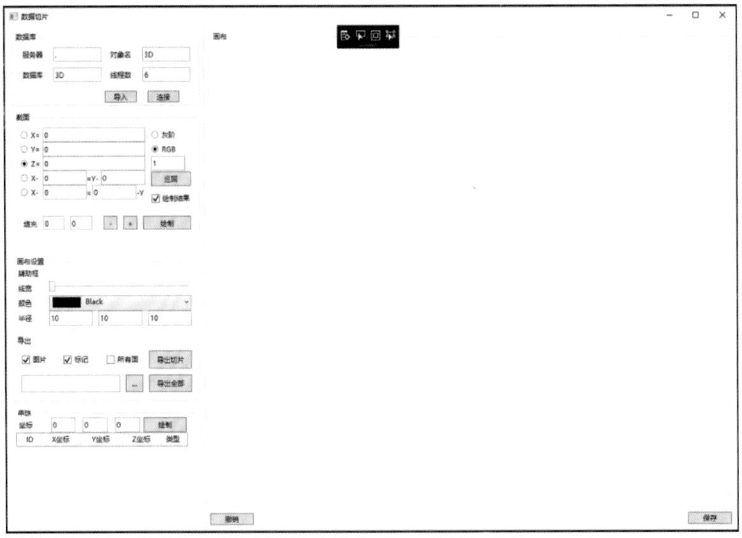

图 2-23　二维可视化平台界面

操作控制区中主要分为 6 个部分。(1)数据库：导入按钮将数据切片导入到数据库中，连接按钮会从数据库中读出串珠信息并显示到串珠区。(2)截面：提供刻画二维地震原始数据的剖面，输入对应的 X、Y、Z 等坐标值，点击绘制按钮即可，还可以看该剖面前后的面。(3)画布设置：主要对右侧可视化的属性进行设置，如线条宽度、颜色等属性。(4)导出：将可视化中的图像内容导出到本地，还提供是否导出标记、剖面选项。(5)串珠：在连接数据库后，串珠信息将会显示到该区域，可以选择对应的串珠绘制其 4 个方向的剖面图。(6)可视化区：主要用于显示对应的二维图像，以及对样本进行标记。

2.3.3 数据管理模块

三维体数据导入模块主要将属性体数据导入到数据库中，为其他模块提供数据支持。

该模块主界面如图 2-24 所示，分为文本数据源路径区、数据库参数设置区以及分块参数设置区和输出区。

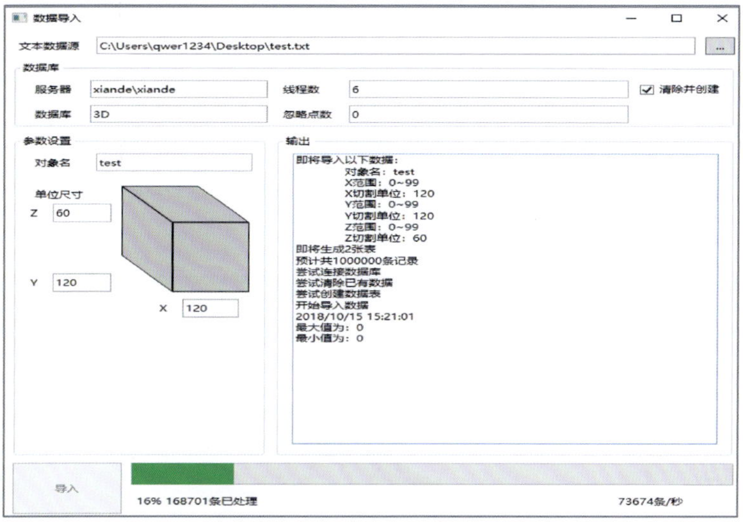

图 2-24　数据导入过程图

导入完成，即成功执行一次从块体数据导入到数据库中。

2.3.4 二维剖面的串珠标注模块

串珠标注模块主要分为 4 个区域，数据库设置和截面参数设置、导出设置以及可视化区域。填写所有设置项，点击绘制按钮即可在可视化区域绘制图像，如图 2-25 所示。

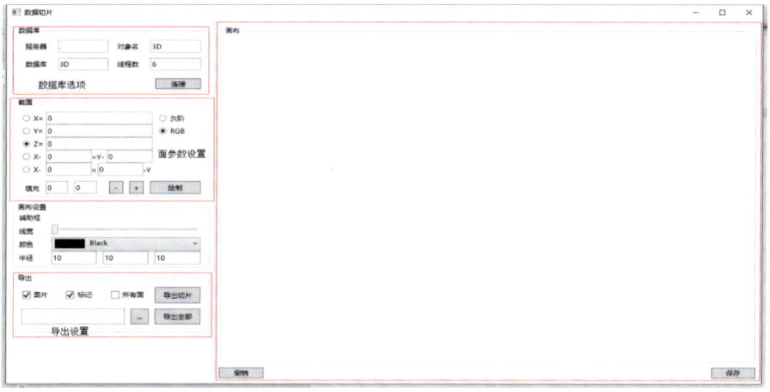

图 2-25　二维可视化主界面

标记样本区域：其中红色框体是识别的数据框和标记的数据框，在可视化区域按住鼠标左键进行绘制即可形成标记框数据(见图 2-26)。

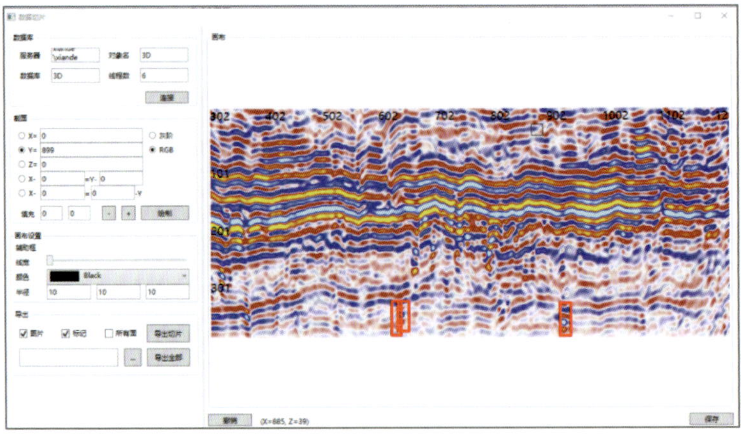

图 2-26　样本标记操作

(1) 地震原始数据。在数据视图中，双击地震数据这一项，即可绘制地震原始数据的三维体(见图 2-27、图 2-28)。

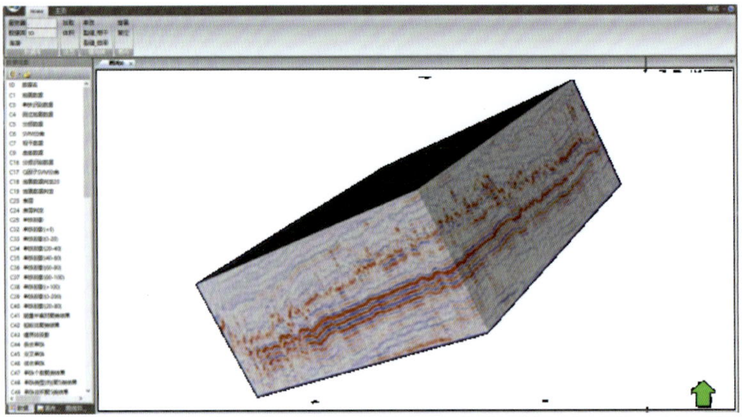

图 2-27　地震原始数据体

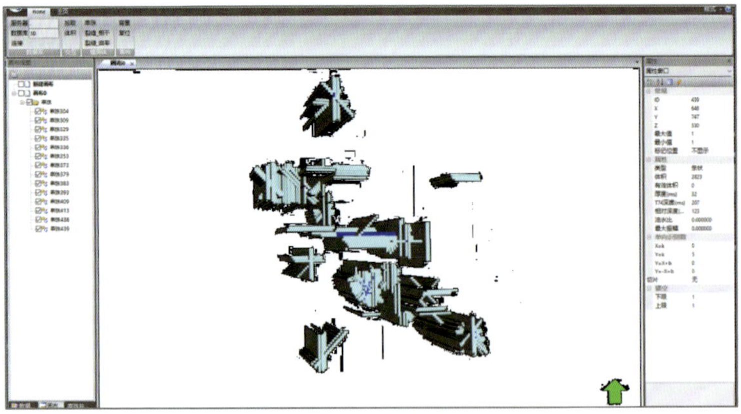

图 2-28　串珠三维体

（2）串珠投影。在平台高效井位评价视图中，找到串珠投影，双击全部这一项，即可绘制识别串珠的投影图(见图 2-29)。

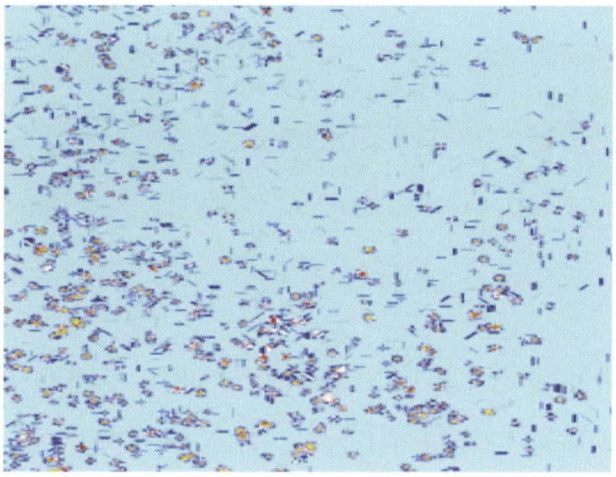

图 2-29　串珠投影

2.3.5　控制面板

1）拾取功能

在平台交互窗口中，点击拾取按钮，再在可视化窗口中点击想要查看的三维体，就会在主窗口右侧弹出对应三维体的属性窗口。

2）镂空功能

以相干数据为例，首先绘制相干数据的三维体，然后在可视化视图中，找到相干数据对应项，鼠标右键选择镂空，设置镂空值的范围，点击确定，即可在可视化窗口中看到镂空后的相干数据三维体(见图 2-30)。

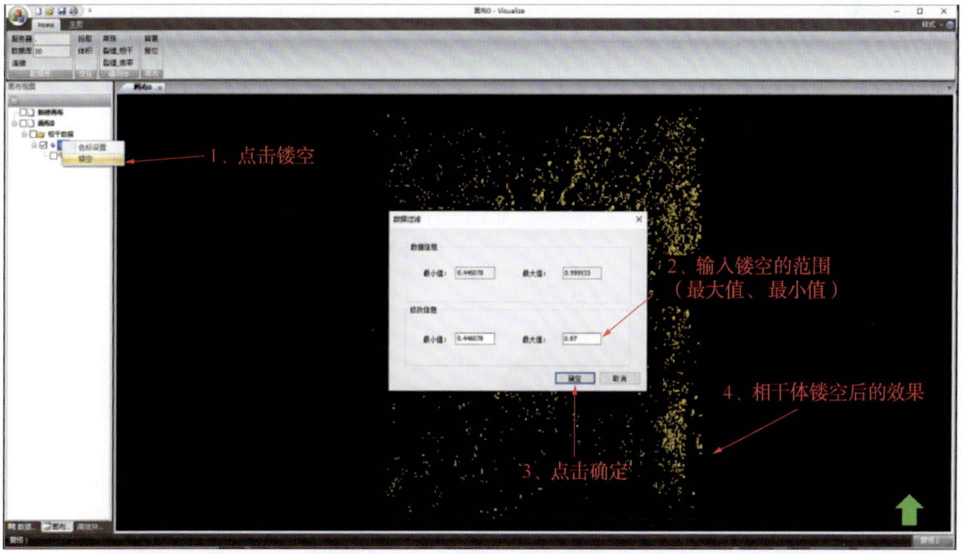

图 2-30　镂空功能操作

3 缝洞型油藏建模数模一体化智能耦合技术

与国外碳酸盐岩油气藏相比，中国碳酸盐岩油气藏埋藏深、储层时代老、地质条件复杂，缝洞体精细描述与表征难度大。本章在分类精细地质建模的基础之上，结合测试与生产动态数据，基于多参数智能反演算法，建立了地球物理模型、地质模型和油藏动态模型的智能化耦合方法，实现了油藏静动态资料的全面耦合，系统性提高油藏描述的精度。

3.1 “三模合一”多参数智能反演技术

“三模合一”是指基于多参数智能反演算法，融合地球物理模型、地质模型和油藏动态模型信息的方法，实现油藏静动态精细化描述。“三模合一”算法的目标是解决缝洞型油藏反演分析的多解性，建立“三模合一”的缝洞体精细描述方法，具有整体性、系统性、协调性和智能性。

3.1.1 缝洞油藏地震模型约束反演方法

常规建模数模一体化方法有两种：一种是直接修正油藏流动模型，使实测生产数据与模型预测一致；另一种是分析地质规律，再通过修正地质模型及油藏流动模型，使实测生产数据与模型预测一致。第一种方法的地质模型相对准确，通过修正油水界面、相对渗透率等流动参数达到拟合效果；第二种方法的地质模型不确定性强，需要重新认识地质规律，重新建模来达到拟合效果(见图 3-1)。

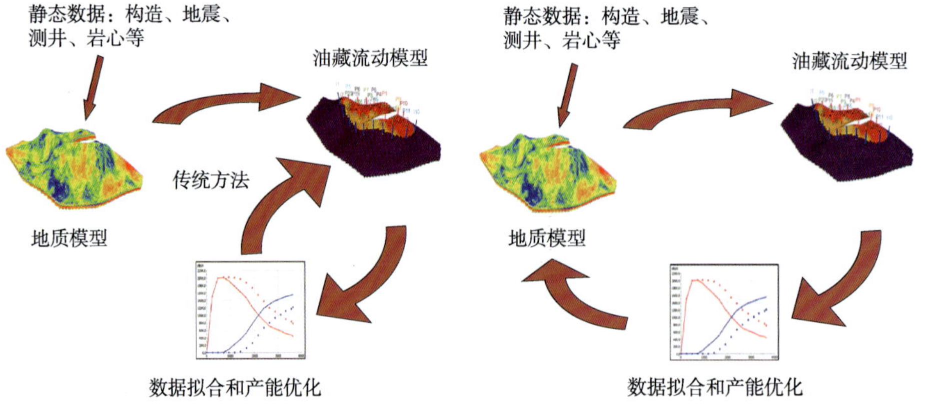

图 3-1　常规建模数模一体化方法

“三模合一”是结合地球物理模型、地质模型和油藏动态模型联合模拟的方法。由于地球物理预测是井间缝洞体的重要手段，修正地质模型需要重新通过地震预测来实现。“三模合一”算法的目标是减小地质模型的不确定性与多解性，通过整体性、系统性、协调性来提高油藏预测系统的准确性(见图 3-2)。

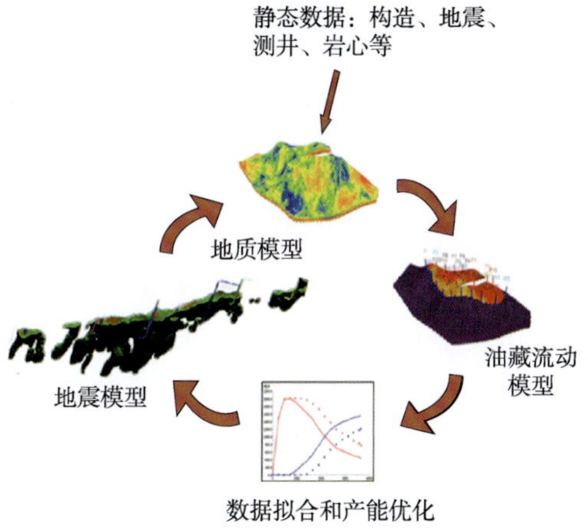

图 3-2　三模合一耦合描述方法

“三模合一”反演算法技术路线(见图 3-3)分为输入文件读取模块、KIMODELS 软件自动运行调用模块、目标函数计算模块、雅可比矩阵构建模块、地震和地质约束的协方差矩阵构建模块。

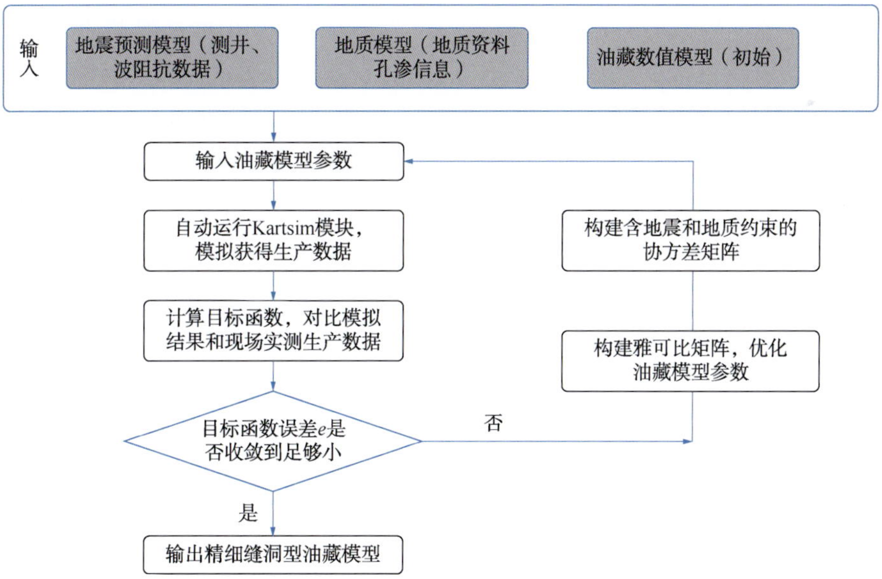

图 3-3　“三模合一”反演算法技术路线

提出基于图像处理技术的缝洞型油藏地震、地质约束协方差矩阵构建方法，以波阻抗、结构张量等信息作为拟合的“强”约束条件，使油藏模型参数调整更符合地震测量及地质规律。传统目标函数如下所示：

$$L(m)=\underbrace{[f(m)-d_{\text{obs}}]^{T}C_{\text{D}}^{-1}[f(m)-d_{\text{obs}}]}_{\text{动态数据拟合}}+\underbrace{\beta[m-m\ \text{prior}]^{T}C_{\text{M}}^{-1}[m-m_{\text{prior}}]}_{\text{模型约束}}$$

新目标函数：

$$L(m)=\left(\frac{df}{dm}\right)'C_{\text{D}}^{-1}[f(m)-d_{\text{obs}}]+\overbrace{\left(H-\left(\frac{df}{dm}\right)'C_{\text{M}}^{-1}\frac{df}{dm}\right)}^{\text{地震、地质约束协方差矩阵}}[m-m_{\text{prior}}]$$

$$C_{\text{M}}=C_{Tx}W_{Tx}W_{x}C_{x}+C_{zT}W_{zT}W_{z}C_{z}+C_{dT_1}W_{dT_1}W_{d_1}C_{d_1}+C_{dT_2}W_{dT_2}W_{d_2}C_{d_2}$$

反演迭代中重要问题：“三模合一”迭代反演维度高，传统牛顿迭代的雅可比矩阵计算量大、反演时间长。如未知数量 m、生产数据数量 n，传统有限差分方法计算一次雅可比矩阵需运行正模型 m^2n 次。解决方案如下：

层级矩阵组装技术：层级矩阵的主要思想是将一个给定的矩阵分解成一个矩形块的层次结构，并用一个低秩的矩阵来近似每个块。研发有针对此类矩阵的快速算法，多次正模型计算可在多台计算机上并行计算，计算完毕后组装矩阵即可。采用多重网格模型可以捕获渗透率分布的多尺度非均质性，并且可以大幅度降低运算时间。

主元素低秩矩阵(principle component low-rank matrix)构造技术：高斯-牛顿迭代算法中雅可比矩阵的求解占用了很大的计算量。采用主元素低秩矩阵构造(PCGA)算法，可以在不损失精度的情况下大大减少计算量。未知数 900 个、生产数据量 3648 个，1 次正模型计算时间 6min。牛顿迭代：每次迭代需运行正模型 m^2n 次，耗费机时 12312000 天。PCGA 算法：若特征值有 25 个，每次迭代的机时降低为 15.6 小时。

地震数据灰度值提取：地球物理勘探(地震、探地雷达、电阻率成像等)通过探测地层异常信号刻画大尺度地层结构。解释后的地球物理数据通常以灰度图形式呈现，大尺度构造体现为强烈的临近像素灰度强差异。通过使用多种图像处理技术，图像中的结构便可被定量地提取出来，用以约束动态数据拟合。

图 3-4 展示了基于图像灰度梯度的结构张量场计算方法。在每一个计算网格里都根据该网格和附近网格灰度梯度计算结构张量[见图 3-4(a)]。为更灵活地表征结构形态，结构张量可由 4 个方向的向量确定。张量椭圆的长轴平行于图像线性结构，指示灰度梯度最小方向；张量椭圆的短轴垂直于图像线性结构，指示灰度梯度最大方向[见图 3-4(b)]。图 3-4(c)和图 3-4(d)展示应用该方法提取探地雷达剖面中结构信息的过程。

通过偏移地震(migrated seismic)手段可以得到地球物理勘探图像数据，这些数据能提取出有利于数据反演的地层结构信息(如向斜、背斜、断层的位置等)。这些图像需要进行转换。首先，我们必须移动或裁剪地震/地质雷达(GPR)剖面，以使其起点和终点与电阻率层析成像法(ERT)剖面重合；其次，我们必须将图像像素索引和位置转换为(x, z)坐标；最后，利用面向结构的相似度方法提取图像中的不连续性和贯通性信息。

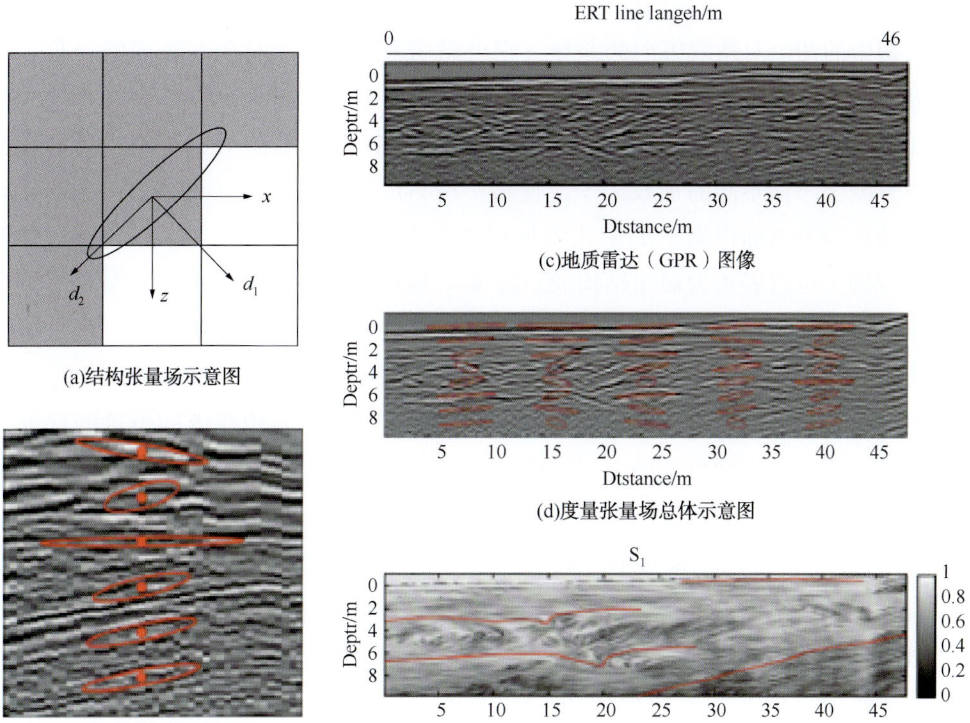

(a)结构张量场示意图

(b)GPR图像上的6个像素点上的特征向量

(c)地质雷达（GPR）图像

(d)度量张量场总体示意图

(e)最终外观表征

图 3-4　基于地球物理图像提取结构矩阵的方法

由于数值模拟的多解性，建模的每一个步骤或环节的处理方法都会影响到地质模型的质量，因此，必须采用模型质量全程控制的方法。地质建模和数值模拟用到的基础数据往往来源于不同的技术专业，数据的精度和可靠性也不同。在地质建模和数值模拟的过程中，不同数据之间、不同专业技术之间和不同模型之间存在着 3 级约束关系。约束原则是小尺度数据约束大尺度数据，动态数据约束静态数据，可靠性高的数据约束可靠性低的数据，层层控制，环环相扣，从而提高地质模型的质量和精度。

地震约束施加步骤：

步骤一：利用图像处理技术，将结构张量、波阻抗、地震相干等地震数据转换生成灰度值空间分布。

步骤二：研发了转移概率随机场构建算法，构造包含地球物理信息的协方差矩阵。

在两个方向的平滑矩阵 C_M 在以往的反演方法中通常定义为：

$$C_M = C_{Tx}C_x + C_{zT}C_z \tag{3-1}$$

式中 C_x 和 C_z 分别代表 x 和 z 方向的光滑矩阵。为了更好地考虑到复杂结构特征的方向，我们可以将光滑矩阵拓展到 4 个方向，得：

$$C_M = C_{Tx}C_x + C_{zT}C_z + C_{dT_1}C_{d_1} + C_{dT_2}C_{d_2} \tag{3-2}$$

式中，d_1 和 d_2 为模型网格中两个对角方向[见图 3-4(a)]，这种平滑矩阵包括模型结构中的两个对角线方向的差异。它可以用来描述一个材质在表面的分布。与两个方向的光滑矩阵相比，四个方向光滑矩阵不仅可以比较 4 个面的模型参数，还可以比较对角线上的参数，能更好地表征图形的结构。如图 3-4(a)所示，可以通过在平滑方向上添加不同的加权因子，使得平滑只应沿 d_2 方向，而不应沿 x、z 和 d_1 方向。结构约束以加权因子的形式添加到 4 个平滑矩阵 C_x、C_z、C_{d_1}、C_{d_2} 中，且不同的加权因子可以表示为对角结构的矩阵 W_i，应用于每个模型参数中。引入的权重矩阵 W_i，下标 i 表示光滑的方向，在没有可观察到的结构特征的情况下，权重等于 1。在图 3-4(a)的例子中，4 个方向的权重矩阵分别标记为 W_x、W_z、W_{d_1}、W_{d_2}。定性地看，具有更大的连贯性的方向上权重的值更大，反之，边缘上的位置的权重则较小。可以看出，中间单元的 d_2 方向应赋予更大的权重，而 x、z、d_1 方向应赋予较小的权重。所以，光滑矩阵的定义拓展为：

$$C_{\mathrm{M}}=C_{Tx}W_{Tx}W_xC_x+C_{zT}W_{zT}C_z+C_{dT_1}W_{dT_1}W_{d_1}C_{d_1}+C_{dT_2}W_{dT_2}W_{d_2}C_{d_2} \tag{3-3}$$

地质图可以提供这些结构信息(包括向斜、背斜、断层和通道的位置)，用于油藏参数的反演。此外，如果有地震或地质雷达(GPR)的图像，我们可以使用图像处理技术来提取出材质信息。迁移的地震剖面或地质雷达剖面都包含结构信息，这些信息对于提高渗透率场的分辨率非常有用。

图 3-4(b)中表征了 6 个像素上度量张量场 $D(x)$ 及其 GPR 图像的特征向量。特征向量 v 表示 6 个椭圆的长轴，并且与图像的线性特征平行，表示强度为 I 的最小图像梯度。特征向量 u 对应于椭圆的短轴，与图像结构正交。椭圆两轴的长度由相应的特征值确定。

第一步是从图像中计算出所谓的结构张量，例如用灰度表示的图像。每个像素根据强度场 $I(x)$ 编码，白色为 0，黑色为 1。下面的 $x(x, z)$ 表示图像上的位置。我们认为，y 方向是垂直于图像的方向。有各种有效的方法来描述指定图像的纹理方向。这些方法通常是在图像处理的背景下开发的。梯度测量图像如何从一个像素变化到另一个像素？梯度的大小表示图像随位置变化的速度，而梯度的方向告诉我们图像变化最快的方向。在 x 方向和 z 方向。通过获取渐变和描述运动的向量之间的内积，可以发现相邻两个像素的强度变化。内积的定义是：

$$u,\ v=uv\cos\theta \tag{3-4}$$

式中，θ 表示 u 和 v 两个向量之间的夹角。

考虑离散情况，其中图像 I 的强度在样本 $I[p]$ 的离散数组中给定，其中 p 表示一对整数指数。因此，值 $I_x[p]$ 和 $I_y[p]$ 将表示像素 p 处的偏导数样本，并使用有限差分公式计算。重要的是要认识到，给定窗口内强度梯度的平均值不是该窗口各向同性或各向异性的良好指标。实际上，对齐但方向相反的梯度向量会在这个平均值中抵消掉。因此，这个张量总结了像素特定邻域中梯度的主要方向，以及这些方向的相干程度。对于每个像素，结构张量被计算为局部图像梯度的平滑外积，因此通常在图像中，结构张量随像素而变化。给定像素 x(或 p)处的二维结构张量 $T(x)$ 或离散情况下的 $T[p]$ 由给出的 2×2 半正定对称矩阵表示：

$$T[p]=\begin{bmatrix} t_{xx} & t_{xz} \\ t_{zx} & t_{zz} \end{bmatrix} \tag{3-5}$$

$$t_{xx} = \sum w[r](I_x[p-r])^2 \tag{3-6}$$

$$t_{zz} = \sum_r w[r](I_z[p-r])^2 \tag{3-7}$$

$$t_{xz} = t_{zx} = \sum_r w[r]I_x[p-r]I_z[p-r] \tag{3-8}$$

式中，求和索引 r 在有限的一组索引对上(例如，对于以像素 p 为中心的某个大小为 m 的指定窗口，$[-m+m]\times[-m+m]$)；$w[r]$ 为依赖于 r 的固定窗口权重，使得所有权重之和为 1。

我们用高斯导数近似图像梯度，这些梯度分量的乘积用高斯滤波器平滑。还需要注意的是，通过扩展窗口的半径，结构张量在图像中存在噪声的情况下更加稳健，但代价是降低其空间分辨率。高斯窗口 w 的半径 m 设为 8 是一个很好的参数选择。这种结构张量的特征值和特征向量分解提供了图像特征的方向。这些特征值和特征向量将用于面向结构的平滑。

$$T=\lambda_u uu^T+\lambda_v vv^T \tag{3-9}$$

式中，λ_u 和 λ_v 为矩阵 T 的特征值；u 和 v 为矩阵 T 的对应特征向量；特征向量 u 对应于最大特征值 λ_u，这些特征向量表示具有最高图像梯度的方向，这些梯度与图像中的线性特征垂直；特征向量 v 对应于最小特征值 λ_v，表示最低图像梯度，因此倾向于与这些线性特征平行。

因此，在每个像素 x 处的结构张量用于描述在该像素周围的图像中找到的方向。结构张量可以针对图像的所有像素或仅针对在规则网格上组织的像素子集来确定。下面将使用结构张量进行图像引导反演，以获得使用平滑矩阵的电阻率层析成像图取决于 T 在一组像素处的特征值和特征向量分解。图 3-4(b)提供了用于 GPR 图像的特征向量 u 和 v 的图示。图中的椭圆只代表了张量的一小部分，实际是为每个图像样本计算的。6 个图像像素用红点定位。特征向量 v 表示椭圆的长轴，与图像的线性特征平行，表示图像的最小梯度。特征向量 u 表示椭圆的短轴。这些轴垂直于图像特征。特征向量的长度由相应的特征值决定。

步骤三：基于张量引导各向异性平滑的原理对于输入图像 $f(x)$ 和相应的结构张量场 $T(x)$，计算了各向异性度量张量，称为扩散张量场 $D(x)$。该张量共享结构张量场 $T(x)$ 的特征向量，即对于每个像素 x，使用来自结构张量场 T 的特征向量 u 和 v 来计算扩散张量 D。也就是说，$D(x)$ 的特征值是 $T(x)$ 对应的 λ_u 和 λ_v 特征值的标度和归一化倒数。更具体地说，D 写为：

$$D=\left(\frac{\lambda_m}{\lambda_v}\right)^{p_0}\left[\left(\frac{\lambda_m}{\lambda_v}\right)^{p_1} uu^T+vv^T\right] \tag{3-10}$$

其中，$\lambda_m=\min\lambda_v$；这里的 p_0 与特征值的整体振幅有关，p_1 强调线性。如果我们使用 $p_0=p_1=1$，它将简单地对 T 的特征值进行反转和归一化。为了增强线性，我们应该使用大于 1 的 p_1(例如 $p_0=1$ 和 $p_1=2$)。现在我们将引入各向异性扩散的面向结构的平滑的概念，这是基于我们刚刚讨论的扩散张量场 $D(x)$ 的。提出了一种面向结构的平滑滤波器参数化方法：为了从原始图像 $f(x)$ 中得到输出的平滑图像 $g(x)$，我们求解了一个各向异性扩散方程：

$$\frac{\partial g(x, T)}{\partial \tau}=\nabla\cdot[D(x)\nabla g(x, \tau)] \tag{3-11}$$

初始条件为：

$$g(x, \tau=0)=f(x) \tag{3-12}$$

在任何时刻，τ 的图像 $g(x)$ 必然是 $f(x)$ 的平滑版本。以下式代替：

$$g(x)-\alpha\nabla\cdot[D(x)\nabla g(x)]=f(x) \tag{3-13}$$

式中，α 被称为平滑参数[$\alpha=0$ 的情况下得到 $g(x)=g(x)$，无平滑]。

面向结构的外观表征的思想是利用平滑滤波器的加权和来计算引导图像的加权相似性。这与传统的地震图像相似性计算方法不同，传统的方法只采用求和，即等权。在这里，相似性是图像相干性的标准化度量，其值在 0 和 1 之间，0 对应于没有相干性。注意，这里的平滑将应用于指导电阻率数据反演的指导图像。这种平滑将不同于随后应用于电阻率模型的四向平滑。对于二维图像，有两个平滑方向。虽然最简单的情况是沿着第一和第二图像轴平滑，用□·□1 和□·□2 表示，但我们也可以沿着跨图像特征平滑，即沿着特征向量 u 和 v 平滑，分别用□·□u 和□·□v 表示。根据不同的平滑顺序：

$$s_1=s_{v,u}=\frac{\langle\langle f\rangle_v^2\rangle_u}{\langle\langle f^2\rangle_v\rangle_u} \tag{3-14}$$

$$s_2=s_{u,v}=\frac{\langle\langle f\rangle_u^2\rangle_v}{\langle\langle f^2\rangle_u\rangle_v} \tag{3-15}$$

我们得到以下两种外观：

$$s[i]=\frac{(\sum_j h[i;j]f[j])^2}{\sum_j h[i;j](f[j])^2} \tag{3-16}$$

更具体地说，平滑算子□·□有一个更普遍的形式：

$$s=\frac{\langle f\rangle^2}{\langle f^2\rangle} \tag{3-17}$$

式中，f 为输入图像(地震或探地雷达)；j 为图像像素的索引；i 为偏移量；h 为平滑滤波器的系数，即用于计算加权相似性的权重。

请注意，平滑滤波器□·□v(沿图像特征)和□·□u(跨图像特征)的精确形式不能明确给出，扩散张量场分别设置为 $D=vv^T$ 和 $D=uu^T$。即平滑后的图像 g 具有与

f 相同的维数，所以相似性 s_1 和 s_2 也将具有 f 的维数。

内部平滑是指先进行的平滑：对于 s_1，首先沿着 v 平滑，然后沿着图像特征的方向平滑；对于 s_2，沿着垂直于图像特征的 u 平滑。外部平滑指的是后面按顺序执行的平滑，对于 s_1，它对应于□ · □u，而对于 s_2，它对应于□ · □v。当内部平滑输出接近于 0 时，这种操作可以稳定表面值。相似性 s_1 的小值表示沿图像特征方向的不连续性，例如在存在小范围断层的情况下。较小的 s_2 值显示图像特征方向上的不连续性，因此表示较大的结构，如地层。由于 ERT 分辨率有限，将主要考虑 s_2 值较小的情况。也就是说，因为我们也对结构特征方向上的图像一致性感兴趣，所以也要注意 s_1 的高值(接近统一)。可以针对不同的图像调整平滑滤波器的半宽度等参数，以更好地定义特征边界。对于内平滑滤波器，较小的半宽度可以更好地定义特征边界；否则，不连续区域将显得更宽。对于外部平滑过滤器，较大的半宽度意味着在外部平滑方向上更平滑，不太关心这个方向。分别使用等于 2 和 8 的半宽度来进行内部和外部平滑。图像的相似性分布有助于确定不连续性和相干性，是电阻率数据反演的图像引导边缘和保相干平滑的基础。

验证算例：首先采用简单的二维抽水井网算例进行验证地震约束的有效性。图 3-5(a)为随机场程序生成的渗透率场，将其作为参考渗透率场，抽水井呈菱形布置(图中黑点处)，反演驱动的数据为井的水位数据。未加地震约束反演得到的渗透率场如图 3-5(b)所示，添加地震约束反演得到的渗透率场如图 3-5(c)所示，图 3-5(d)、图 3-5(e)分别对应各自的数据拟合结果。通过比较可知，不管添加约束与否，其计算结果都能与参考渗透率场的水位数据拟合良好，但添加约束反演得到的渗透率场更接近参考渗透率场，更能体现渗透率场的局部特征。

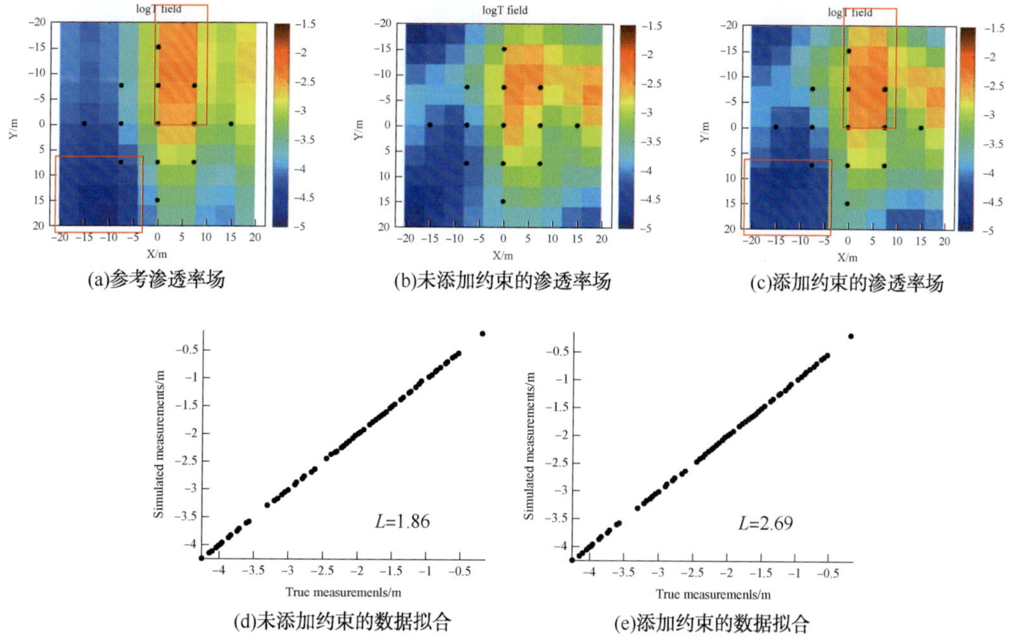

(a)参考渗透率场　(b)未添加约束的渗透率场　(c)添加约束的渗透率场

(d)未添加约束的数据拟合　(e)添加约束的数据拟合

图 3-5　简单采出井网算例

在图 3-6 中，左上角图展示了使用左下角图提取出的结构张量场约束的反演结果与常规无约束油藏参数(电阻率场)反演结果的对比。两组反演模型数据拟合结果都很充分。在此基础上，使用结构张量场约束的反演模型也融合了地球物理数据指示的地层结构信息。在断溶油藏中，地球物理数据可提供主要断层和大型溶洞的大致空间位置信息。这些信息可以通过上述方法用以约束油藏参数反演。

综上所述，上述算例验证了地震约束算法的有效性和稳定性。

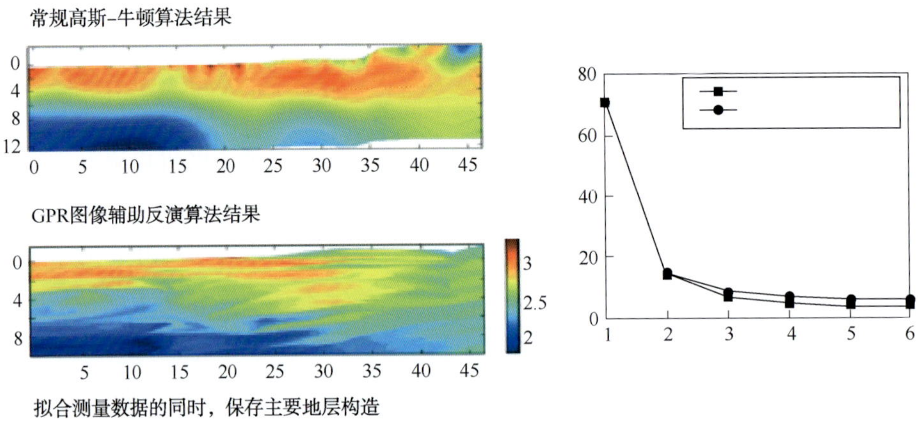

图 3-6　图像辅助反演与常规无约束反演的对比

3.1.2　三模合一迭代反演软件开发

1）基于马尔可夫转移概率随机场的多源信息融合

油藏反演面临着强非均质油藏多源地质参数约束等困难。在石油勘探、开发的过程中，信息来源很多，如石油勘探中的地震、重磁等信息，以及石油开发过程中的测井、录井及随钻信息等(如图 3-7 所示)。它们是地下相同地质体的综合反映，都包含了同一地质体的信息，具有较强的相关性。然而，这些信息往往具有数据量大、变量多、随机性强、不确定性大、部分数据人为因素多和处理难度高等特点。传统的信号处理方法如傅立叶变换、小波变换、滤波、卷积及参数估计理论等都难以取得满意的效果。20 世纪 70 年代发展起来的一门新的理论——多源信息融合理论，具有扩展时空覆盖范围、提高可信度、降低信息模糊度、提高空间分辨率、增加量测空间维数等特点。

除地球物理数据外，地质描述、井点和井间的测试数据也可作为反演模型的约束条件。这类数据一般需要整合起来应用。将这些数据融入数值模型需借助地质统计方法和随机场模型。本小节采用基于马尔可夫转移概率的随机场模拟方法。

2）地质约束添加步骤

基于多源数据融合技术，通过修改马尔可夫转移概率随机场的协方差矩阵，将地质约束信息融入模型中。该方法通过贝叶斯概率方法，生成模型参数的样本空间。

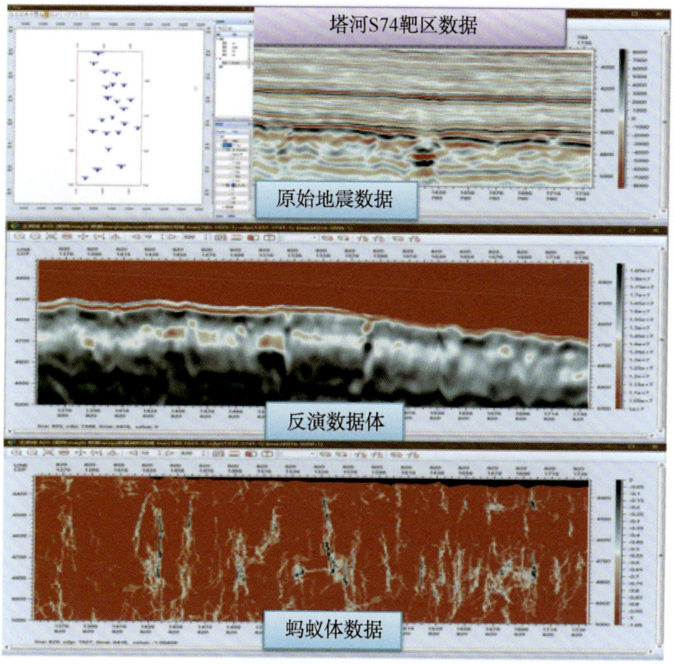

图 3-7　地质约束的数据来源

与传统地质统计方法相比，该方法可以避免局部极小值，生成不依赖于先验模型的全局统计解，在求解高维、欠定(反演参数多、外部测量值少)的反演问题上具有优势。步骤一：基于转移概率随机场构建算法，基于包含地质信息的协方差矩阵，实现多源数据融合。步骤二：以地质信息作为三模合一反演的约束条件，使油藏模型更符合地质规律。

3）验证算例

图 3-8 展示了一个基于实际数据的算例。首先，野外露头观测的数据，比如裂缝、溶洞的发育方向，密度、长度是转移概率随机场模型的直接输入数据。另外，定性的地质信息也可融入模型。在这个实验井场附近露头观测发现，岩溶发育主要受裂缝方向控制。这种缝控岩溶的模式可以通过设置不同“岩相”之间的非对称转移概率来实现。可以看到图 3-8 的岩相分布图中，岩溶相多数被裂缝相包围，仅有个别岩溶相直接出现在基质相中。类似的这种非对称转移概率随机场模型也可用于模拟碳酸盐岩储层中常见的正、反韵律等复杂沉积模式。

除此之外，通过测井、干扰试井和示踪剂测试得井间连通性模式也是模拟岩相场的硬约束条件。这些信息都是通过转移概率随机场模拟的协方差融入模型的。在将各类数据融入后，修正后的协方差矩阵便可用于约束油藏参数反演模型。图 3-9 展示了 3 组基于上述多源数据反演压力数据所得储层渗透率场，参数不确定性及压力数据拟合结果。综合这些随机参数分布，可预测主要岩溶管道发育位置。

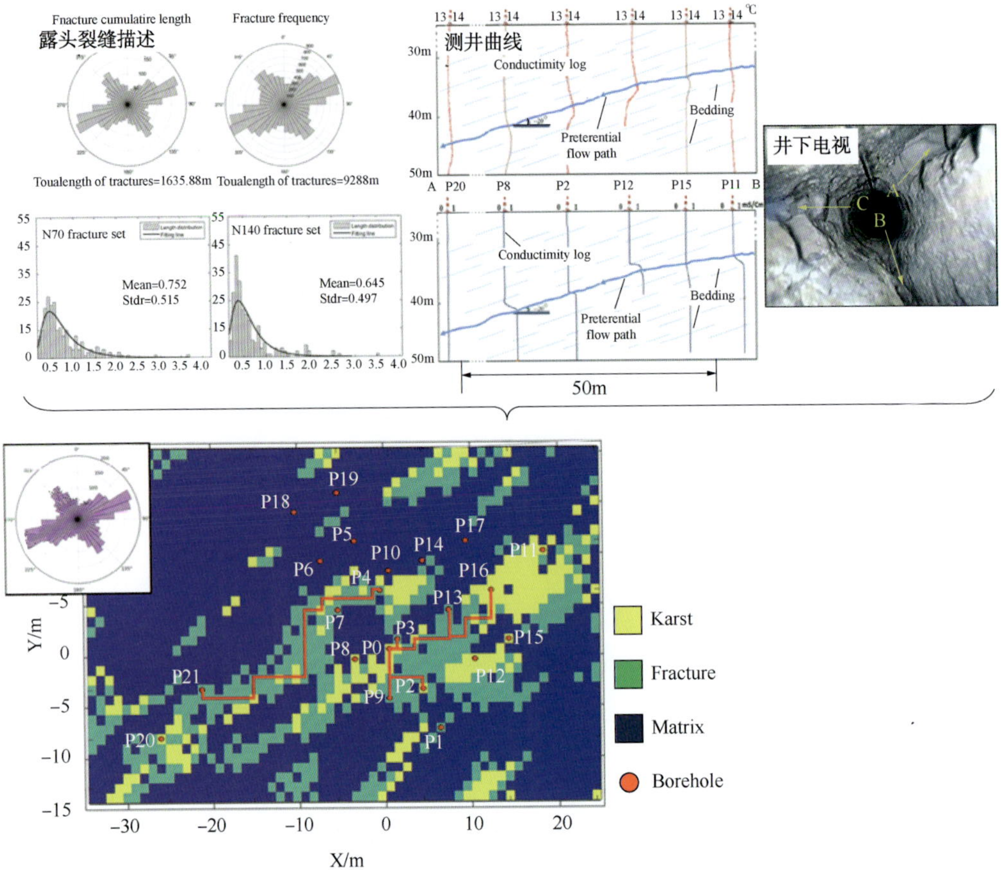

图 3-8　基于转移概率随机场模型的多源数据融合方法

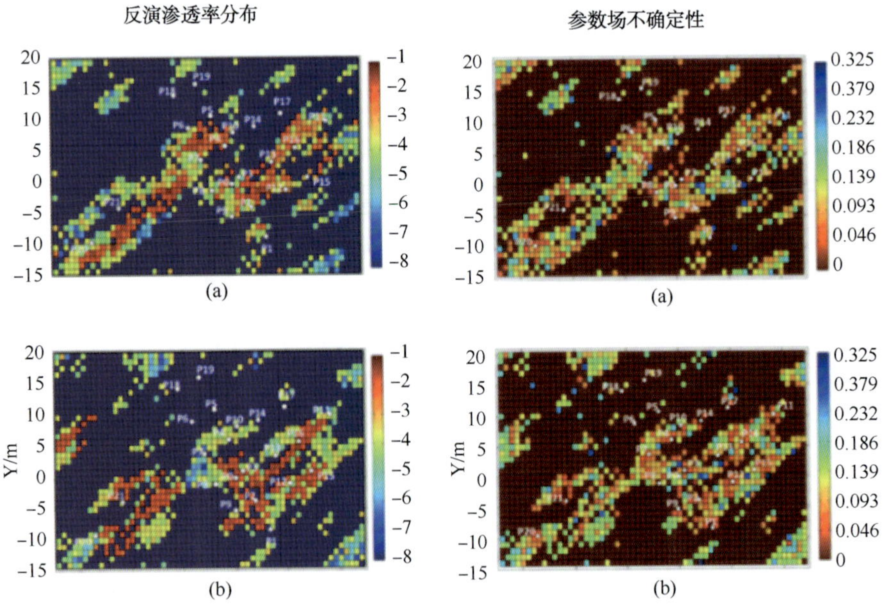

图 3-9　基于多源数据约束的油藏参数反演示例

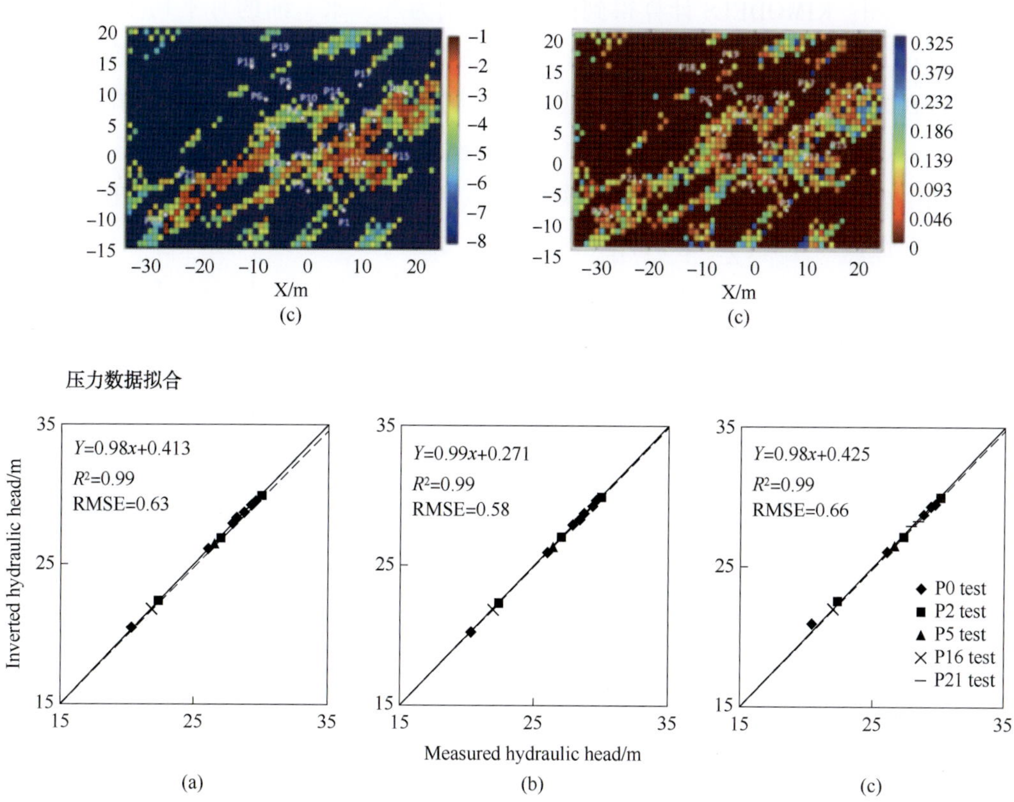

图 3-9　基于多源数据约束的油藏参数反演示例(续)

综上所述，建立在多井间剖面上的反演算例 1，未添加约束的数据拟合和添加约束的数据拟合效果都在可以接受的范围以内，但添加地震信息约束后，反演得到的渗透率场更为接近真实的渗透率场。

3.1.3　软件设计与应用效果

设计“三模合一”软件架构(见图 3-10)，研发了 KIMDOES 接口模块，实现了对现场生产数据(油、气、水日产量)的自动读取功能，并对结构张量、波阻抗、地震相干等地震地质数据进行预处理，转换生成相应的灰度值空间。这些数据以矩阵的形式储存在内存中，用于核心计算模块的计算。核心计算模块包括地震信息约束模块、地质信息约束模块、三模合一大循环模块、KIMODELS 软件接口模块(见图 3-11)。计算模块收敛之后，将反演迭代得到的结果导入 KIMODELS 后处理模块，该模块调用 KIMODELS 地质模型、孔隙度和渗透率显示接口模块中进行可视化。

输入文件的前期准备主要包括地震预测模型(测井、波阻抗数据)，地质模型(地质资料孔渗信息)、油藏初始 KIMODELS 数值模型。

如图 3-12 所示，现场生产数据的接口显示为油、气、水的月平均生产速率，

单位为 m^3/d；KIMODELS 计算得到的结果分别为气、水、油的月平均生产速率，单位为 m^3/d。编写的 KIMODELS 软件平台的接口程序，可以自动读取每次正模型计算得到的结果文件，并将每次迭代更新得到的反演参数（如渗透率、孔隙度等参数）写入 KIMODELS 的输入文件中用于下次迭代计算。在每个反演迭代步中，能自动生成日志文件与 KIMODELS 软件通信，其中包括当前迭代数、当前迭前误差、当前迭代计算时间、总的计算时间、最大迭代数、收敛误差等参数信息（见图 3-13）。

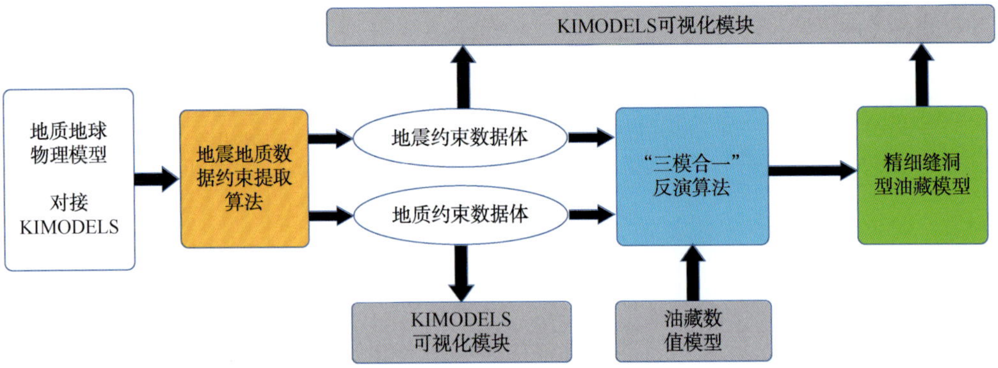

图 3-10 “三模合一”软件架构

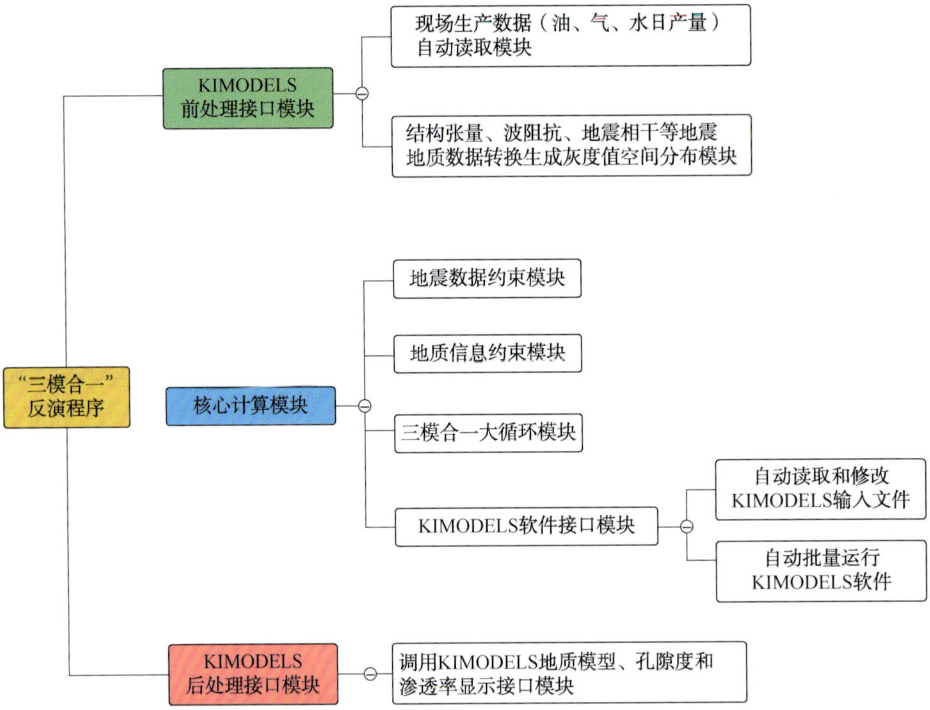

图 3-11 “三模合一”软件模块间关系图

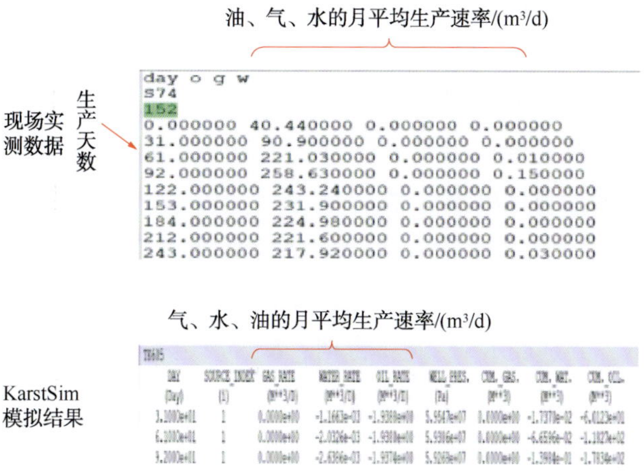

图 3-12　输入输出文件格式

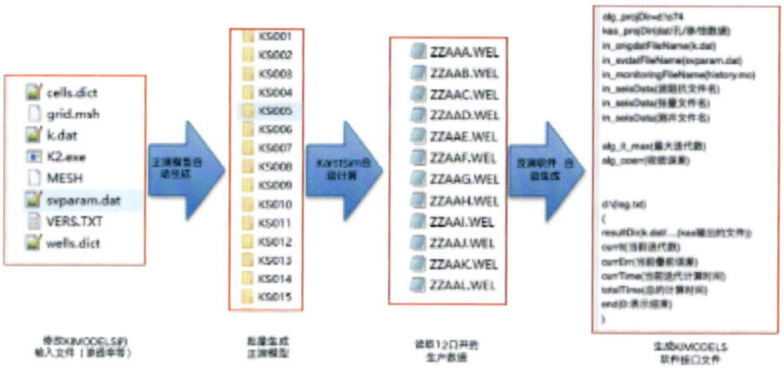

图 3-13　软件平台接口流程

3.2　基于敏感性区域的历史拟合技术

通过数值模拟的生产历史拟合可以提高油藏地质的认识与表征精度，油藏生产动态变化规律是油藏地质特征的实际反映。数值模拟通过模拟与拟合生产中压力、产油量、产水量，优化缝洞体空间位置、缝洞组合关系、孔隙度与流动性等参数，降低地质模型不准确性产生的预测误差。

3.2.1　敏感性区域定量表征方法

网格飞行时间追踪方法：借鉴程函方程网格追踪方法，结合油藏物理学中压力传播方程，建立 Fast-Marching Method（简称 FMM）方法，追踪压力波从井点穿过每个网格的飞行时间，利用追踪飞行时间划定敏感性区域。

FMM 是一种快速储量标定方法，其方法思想的本质是，利用程函方程计算油藏压力波在静态地质网格中的传播时间，以此标定每一口单井在地质三维空间中的影响范围，进而通过波及范围中的网格的有效孔隙体积及含油饱和度等信息来快速标定单井控制储量。

对于油藏的压力传播过程，可以用程函方程进行表征：

$$F(x)\left|\nabla\tau(x)\right|=1,\ x\in R^{n} \tag{3-18}$$

式中，F 为速度方程；τ 为追踪时间；x 为位置。

对于油藏网格系统，假设压缩系数和黏度是一个常量，考虑渗透率各向异性，压力波穿过每个网格的速度可表示为：

$$F_{s}(x)=\sqrt{\frac{k_{s}(x)}{\mu c_{t}\varphi(x)}} \tag{3-19}$$

式中，$S=I, J, K$，分别表示 x、y、z 方向；K 为渗透率，mD；μ 为黏度，mPa · s；c_t 为综合压缩系数，psi^{-1}；φ 为孔隙度。

考虑非均质性，时间追踪方程可表示为：

$$\max\left(\frac{\tau-\tau_{1}}{\Delta x/F_{I}},\ 0\right)^{2}+\max\left(\frac{\tau-\tau_{2}}{\Delta y/F_{J}},\ 0\right)^{2}+\max\left(\frac{\tau-\tau_{3}}{\Delta z/F_{Z}},\ 0\right)^{2}=1 \tag{3-20}$$

式中，Δx、Δy、Δz 分别为网格 x、y、z 方向尺寸，ft；τ_1、τ_2、τ_3 分别表示为：

$$\begin{aligned}\tau_{1}&=\min(\tau_{i-1,j,k},\ \tau_{i+1,j,k})\\ \tau_{2}&=\min(\tau_{i,j-1,k},\ \tau_{i,j+1,k})\\ \tau_{3}&=\min(\tau_{i,j,k-1},\ \tau_{i,j,k+1})\end{aligned} \tag{3-21}$$

时间追踪过程如图 3-14 所示，可表述为：

① 计算 F_x，F_y，F_z，Δx，Δy，Δz；

② 确定初始网格 $(I,\ J,\ K)$，并赋值 $\tau_{i,j,k}=0$；

③ 计算初始网格四周网格对应的扩散时间 τ，并确定最小 τ 对应的网格作为新的初始网格；

④ 重复步骤③，直到遍历所有网格。

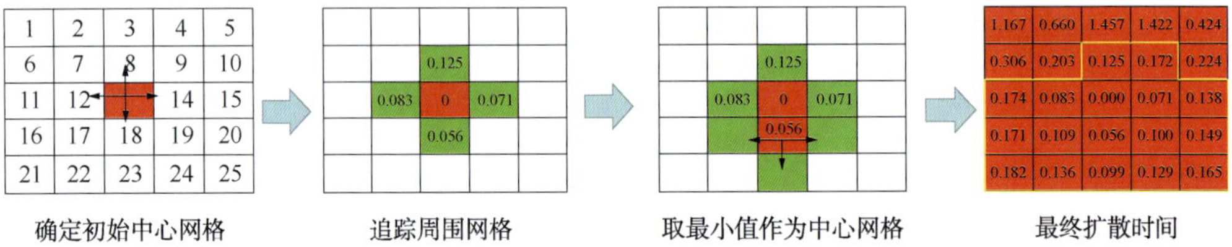

图 3-14　时间传播追踪示意图

在整个过程中，随着追踪网格的扩散，追踪时间是逐步增大的，它是通过计算压力波穿过每个网格的时间，从而得到从单井出发的压力波到达各网格所需的时间（见图 3-15）。

基于追踪的飞行时间，确定了单井敏感性区域有效时间阀值 τ_{ref}，由此界定单井的最大敏感性区域。这里，我们引入了一个新的名词飞行时间阈值 τ_{ref}，根据统计地质学理论，将 $1/\tau$ 从大到小排列并累加，当累加值占 $1/\tau$ 总和取到 99%时的 τ 定义为 τ_{ref}。我们认为 τ 取值小于 τ_{ref}的网格为单井最大敏感性区域。

缝洞模型算例测试：建立了相同的80×80网格的200个缝洞概念模型，每个模型都布置了4口生产井。以第一个模型为例，以PRO1井为中心，追踪出每个网格的飞行时间，求出其倒数值并降序排列，然后再对降序排列后的值累加求和，用每一个求和之后的值除以最终的累加求和值(见图3-16)。在得到的一系列值中，99%所对应的τ即为τ_{ref}，如表3-1所示。

表3-1　敏感性区域阈值确定

τ	$1/\tau$	占$1/\tau$总和
0.0005	2000	1.89%
0.001	1000	2.83%
……	……	……
0.053	18.867	98.98%
0.053	18.867	99.00%
0.053	18.867	99.02%

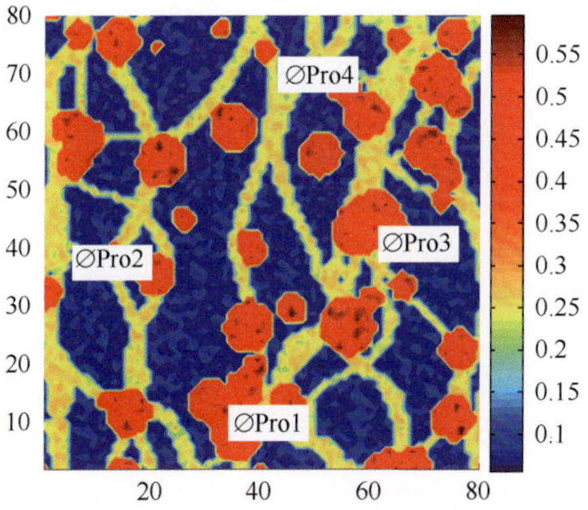

图3-15　时间传播追踪示意图

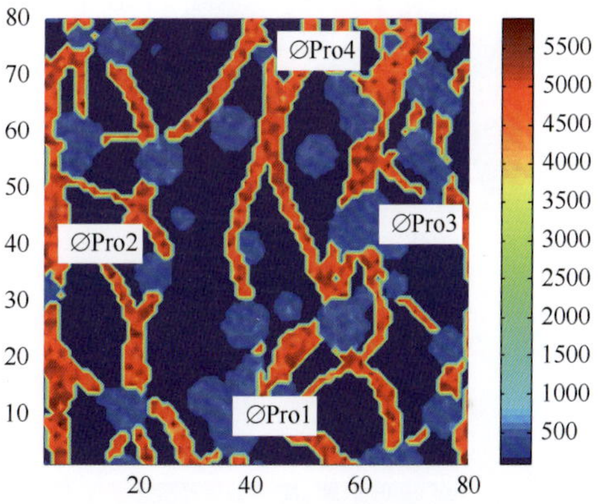

图3-16　第一个模型渗透率分布图

99%所对应的时间值0.053即为PRO1井敏感性区域有效时间阀值τ_{ref}，τ取值小于0.053的区域即为该井的最大敏感性区域。用同样的方法获取其他4口井的最大敏感性区域，如图3-17所示。

基于所得到的敏感性区域，利用容积法计算公式求出地质储量作为单井控制储量，并验证其与单井的累产油相关关系，如图3-18所示。结果显示，具有较好的相关性。

对其余199个模型利用同样的方法获取各单井最大敏感性区域，部分结果如图3-19~图3-21所示。将所有模型的单井控制处量与累产油关系绘制在同一相关关系图中，如图3-22所示，单井储量和累产油之间的相关性系数可以达到0.5以上。追踪时间与参数场具有很好的吻合性，说明阀值τ_{ref}取值是合理的。

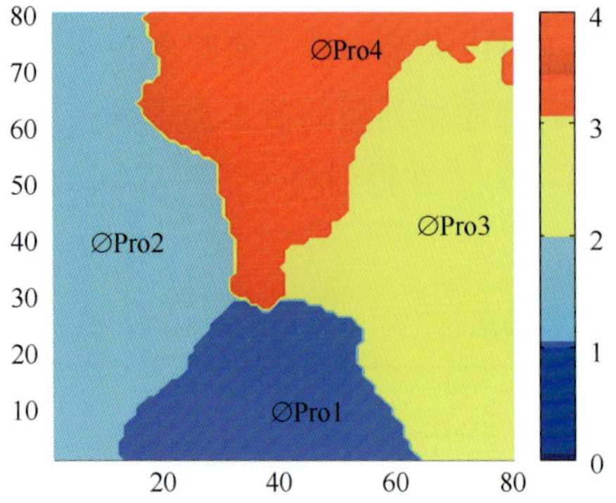

图 3-17　4 口井最大敏感性区域

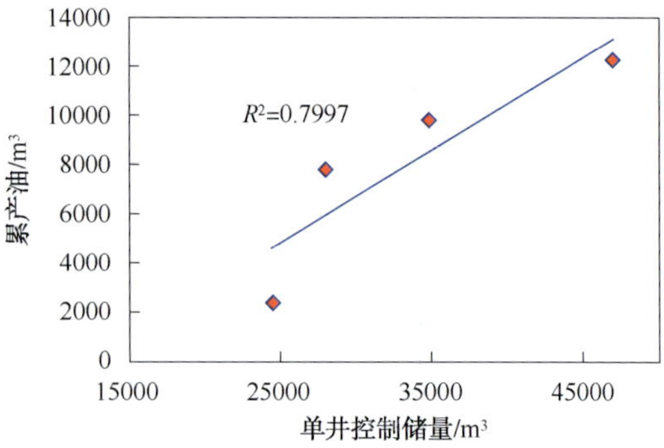

图 3-18　单井控制储量与累产油关系

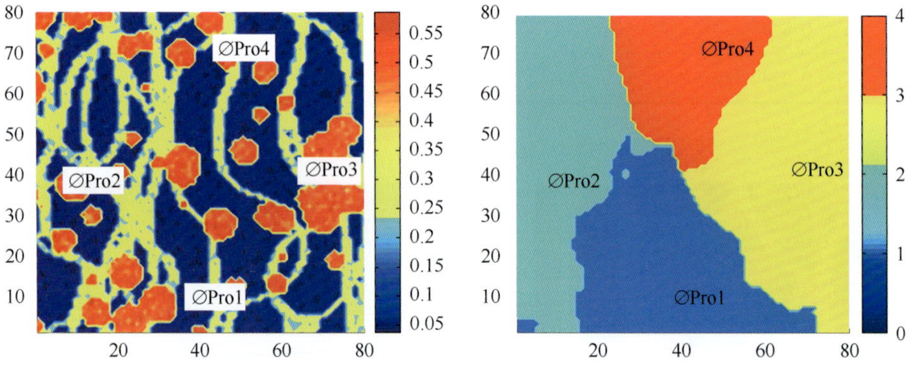

(a)渗透率分布图　　(b)4口井最大敏感性区域

图 3-19　第 1 个模型实现

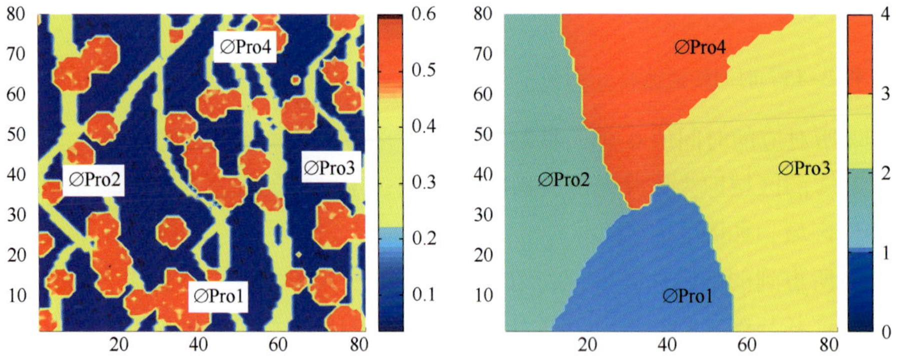

(a)渗透率分布图　　(b)4口井最大敏感性区域

图 3-20　第 5 个模型实现

算例测试：该模型为 21×21 网格单井均质概念模型，采用定压生产方式，并在模型上布置了 1 口生产井。利用单井敏感性区域定量表征方法，确定每个模型的敏感性区域，并验证相关性。均质概念模型跟踪了多个时间点的敏感性梯度，这里我们利用了第3天、第20天和第60天孔隙度以及渗透率两个参数分别对预测动态的梯度与飞行时间数据，建立两者相关关系，得到关联时间 τ_{len}，进而修正敏感性区域(见图3-23~图3-28)。

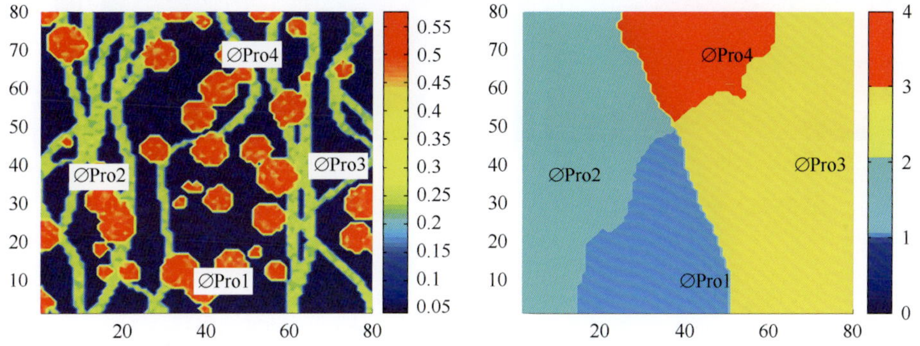

(a)渗透率分布图　　(b)4口井最大敏感性区域

图3-21　第10个模型实现

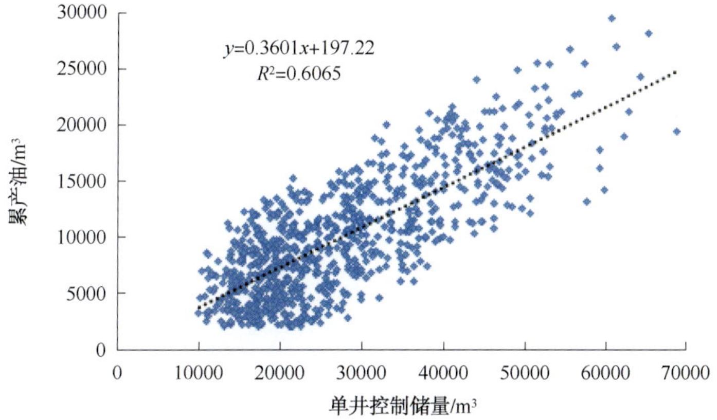

图3-22　所有模型单井控制储量与累产油关系

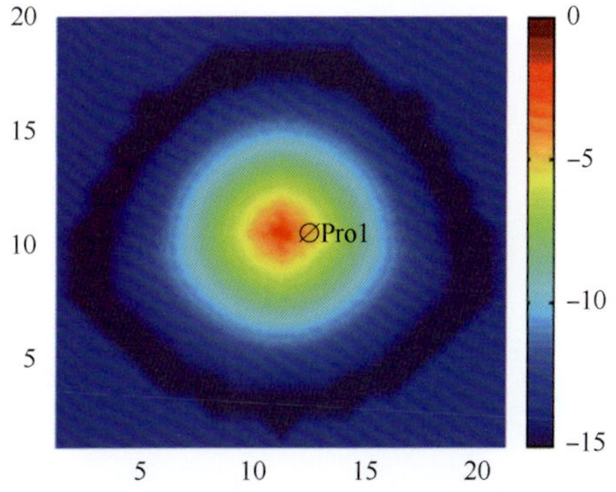

图3-23　第3天敏感性区域

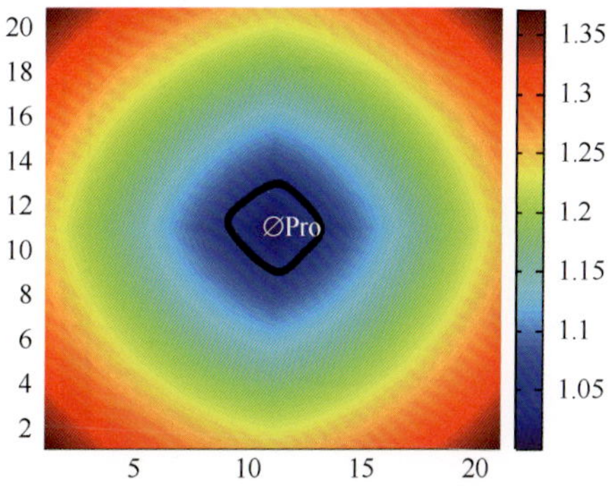

图3-24　敏感性区域修正

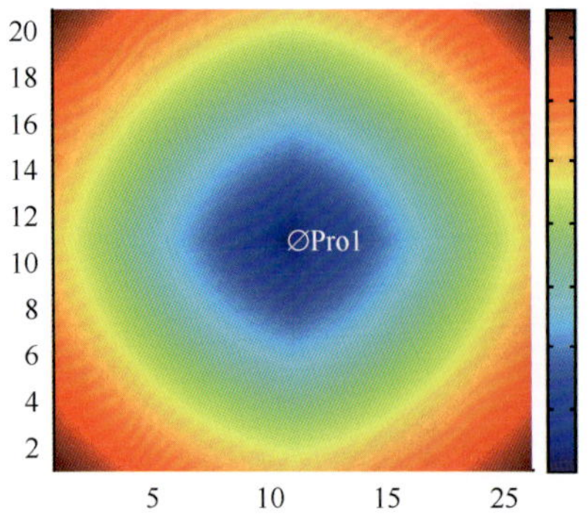

图 3-25　单井飞行时间

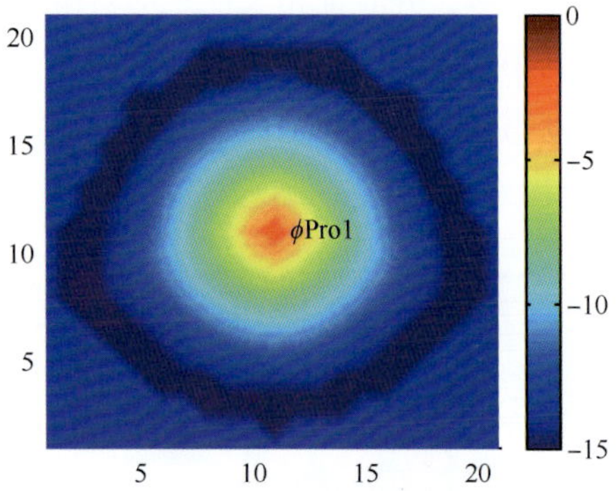

图 3-26　3 天 poro 敏感性梯度

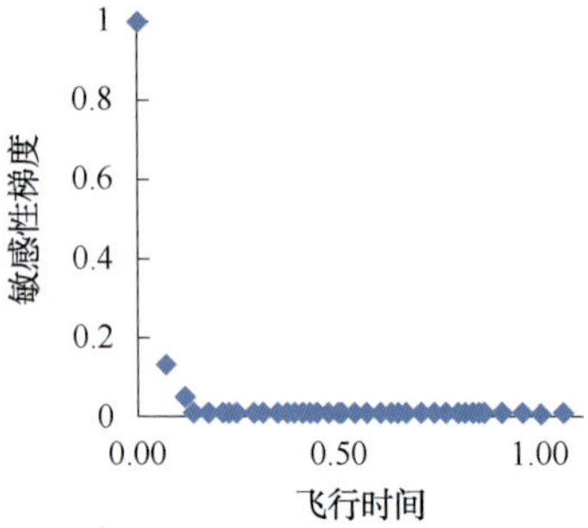

图 3-27　归一化后的飞行时间与敏感性梯度曲线

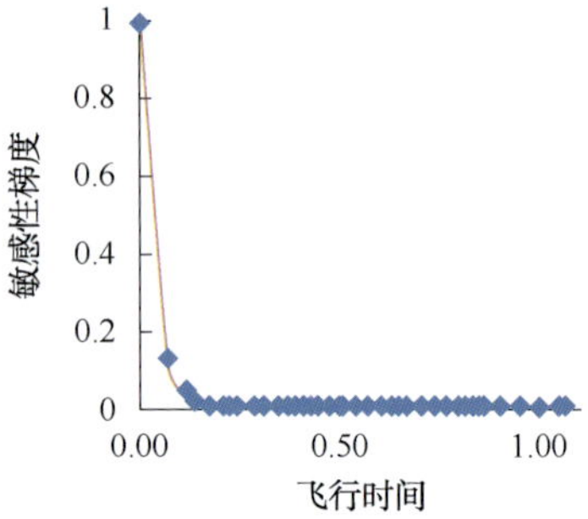

图 3-28　3 天拟合曲线

如图 3-28 所示，用指数模型 $g(\tau)=\exp[-3(\tau/a)^{0.5})]$来进行拟合，其中 τ 是指归一化后飞行时间，得到 $a=0.31$，故拟合公式为 $g(\tau)=\exp[-3(\tau/0.31)^{0.5}]$。可以看出，用指数模型来拟合，其拟合效果较好。公式中 $a=\tau_{len}=0.31$，表示当 τ 取值小于 0.31 时，这口井对此部分区域影响较为明显，即为该单井的敏感性区域；而对 τ 大于 0.31 的区域影响不太明显(见图 3-29～图 3-32)。

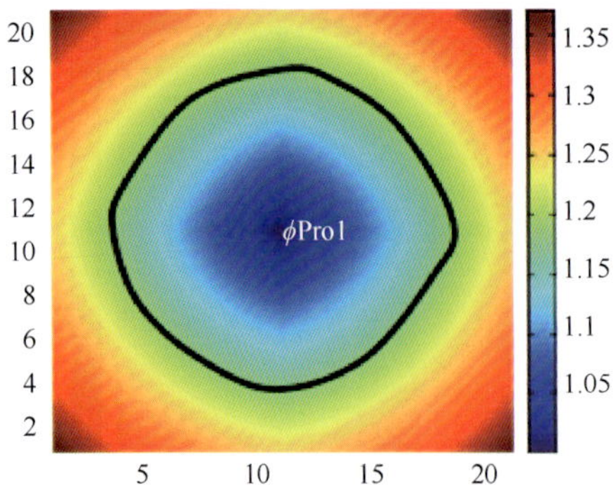

图 3-29　20 天敏感性区域

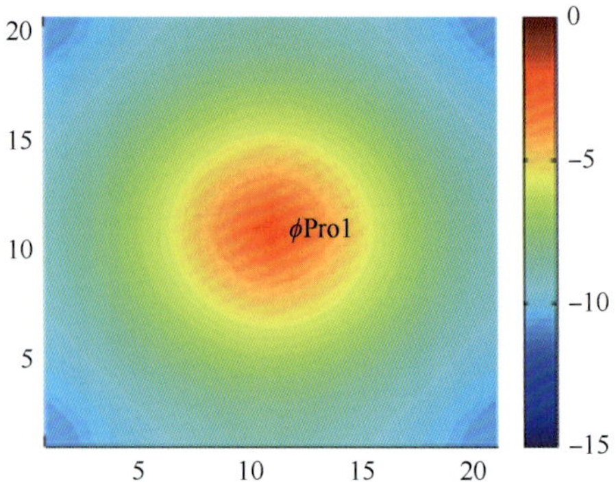

图 3-30　20 天 poro 敏感性梯度

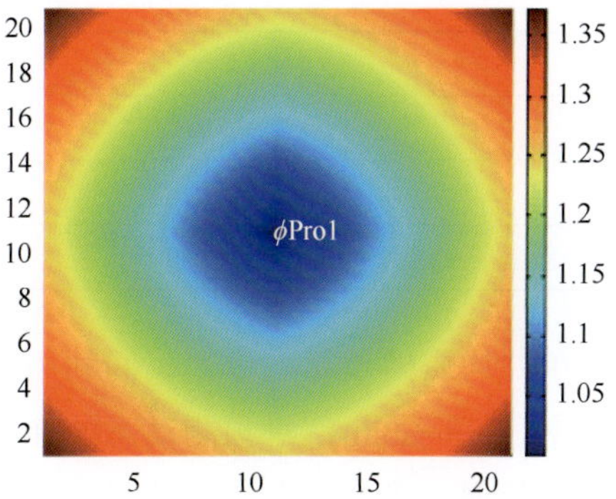

图 3-31　60 天敏感性区域

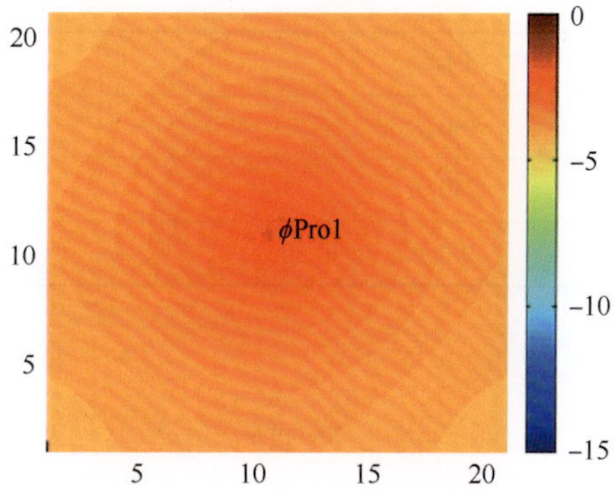

图 3-32　60 天 poro 敏感性梯度

同理，用指数模型公式 $g(\tau)=\exp[-3(\tau/a)^{0.5}]$ 分别对第 20 天、第 60 天的关系曲线进行拟合，得到 a 即 τ_{len} 分别等于 0.54、0.79。所以拟合曲线公式分别为 $g(\tau)=\exp[-3(\tau/0.54)^{0.5}]$、$g(\tau)=\exp[-3(\tau/0.79)^{0.5}]$，效果同样很好。对于 120 天、180 天、240 天以及 300 天的归一化后飞行时间与敏感性梯度关系曲线，用指数模型公式拟合，得到的 τ_{len} 如图 3-33、图 3-34 所示。在此基础上，建立关联时间 τ_{len} 与采出程度的关系曲线，实现模型的动态修正，并为构建历史拟合局域化矩阵提供基础。表 3-2、图 3-35 反映了单井采出程度与关联时间有较好的指数关系。

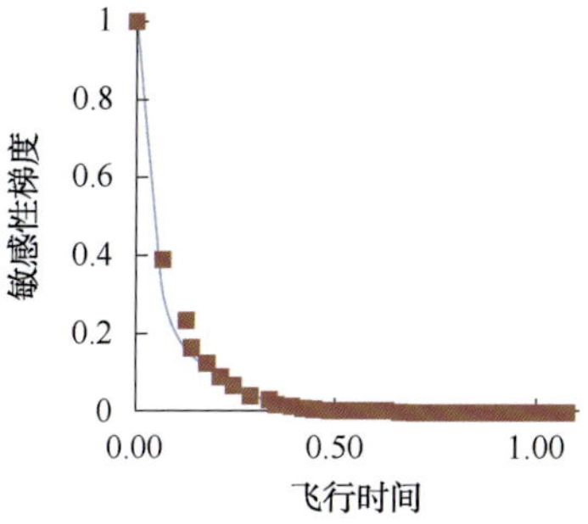

图 3-33　20 天拟合曲线

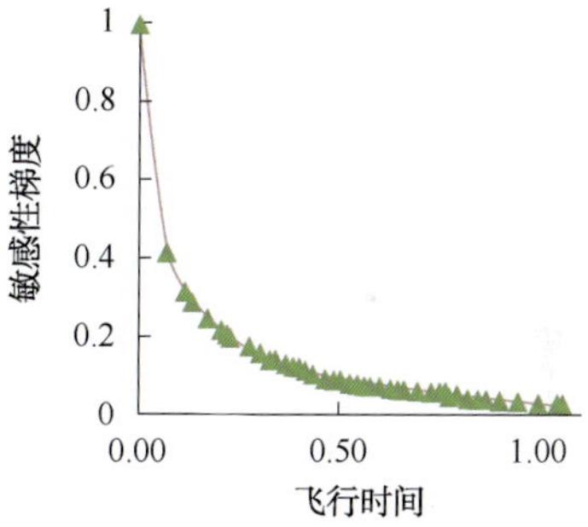

图 3-34　60 天拟合曲线

表 3-2　poro 单井采出程度与关联时间

时间	采出程度 η	τ_{len}
3 天	0. 01	0. 31
10 天	0. 02	0. 42
15 天	0. 04	0. 47
20 天	0. 05	0. 54
25 天	0. 06	0. 59
60 天	0. 13	0. 79
120 天	0. 24	1. 73

续表

时间	采出程度 η	τ_{len}
160 天	0. 32	3. 07
240 天	0. 39	4. 43
300 天	0. 45	6. 88

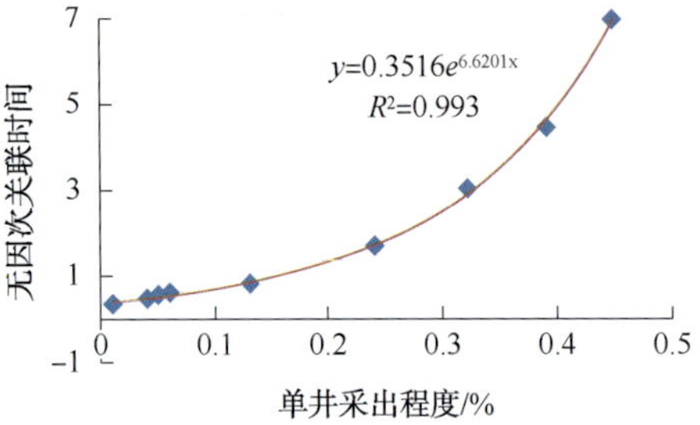

图 3-35　单井采出程度与无因次关联时间关系曲线

在单井均质模型算例中，我们利用各时刻渗透率(permeability)对预测动态的梯度与飞行时间数据，建立两者相关关系，同样对时间和梯度归一化，便于问题处理具有普遍性，得到相关曲线图，如图 3-36～图 3-38 所示。利用指数公式拟合，得到关联时间，并且构建关联时间 τ_{len} 与动态参数采出程度的相关关系，如图 3-39 所示。

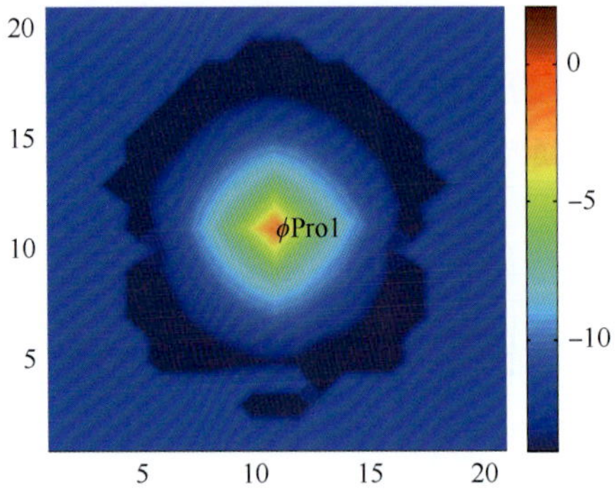

图 3-36　3 天 perm 敏感性梯度

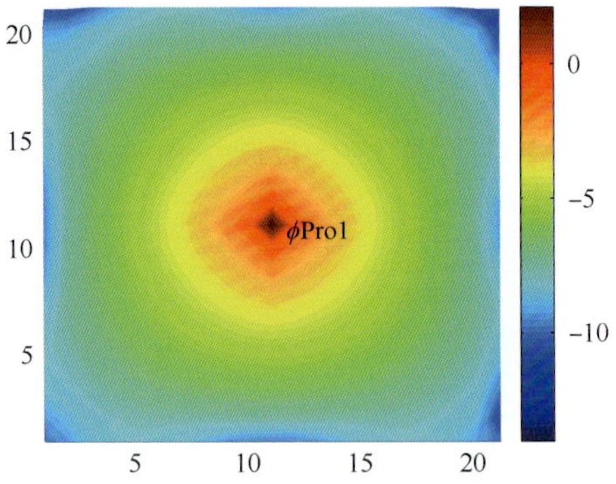

图 3-37　180 天 perm 敏感性梯度

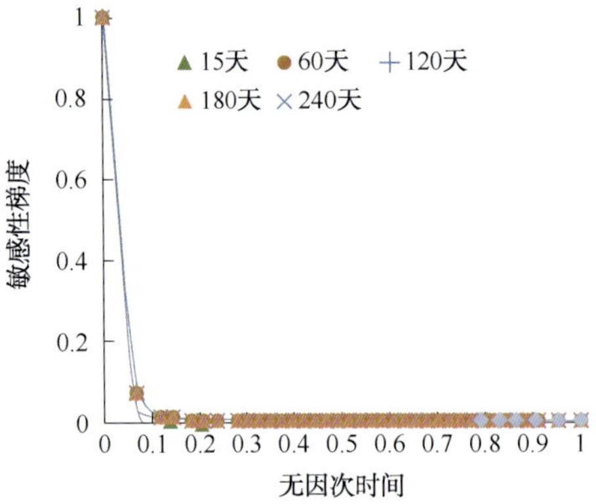

图 3-38　归一化飞行时间与敏感性梯度曲线

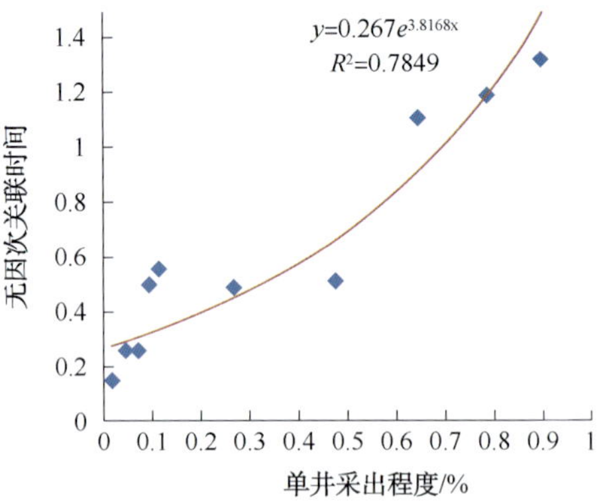

图 3-39　单井采出程度与无因次关联时间曲线

表 3-3　perm 单井采出程度与关联时间

时间	采出程度 η	τ_{len}
3 天	0.01	0.15
10 天	0.02	0.26
15 天	0.04	0.263
20 天	0.05	0.5
25 天	0.06	0.55
60 天	0.13	0.49
120 天	0.24	0.51
160 天	0.32	1.11
240 天	0.39	1.19
300 天	0.45	1.32

含高渗通道的两采模型算例测试：建立如图 3-40 所示的含有高渗通道的模型，并在模型上布置了 2 口生产井，采用定压生产方式。采用局域化定量表征方法，研究飞行时间与真实梯度的相关关系，进而修正敏感性区域，并在此基础上验证采出程度与关联时间 τ_{len} 是否同样存在某种相关关系，具体过程如下。

利用软件的历史拟合模块输出 2 口生产井的飞行时间(见图 3-41)，并导出敏感性梯度变化图(见图 3-42、图 3-43)。可以看出 Pro1、Pro2 随着时间加长，其敏感性梯度也发生明显变化，特别当生产时间为 180 天时，高渗条带处的产液指数变化较为明显。

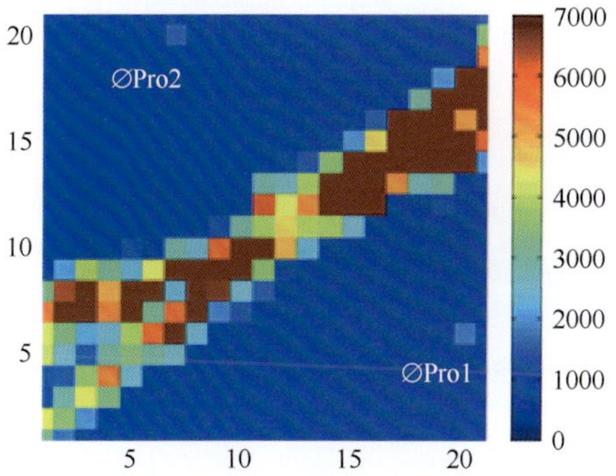

图 3-40　模型示意图

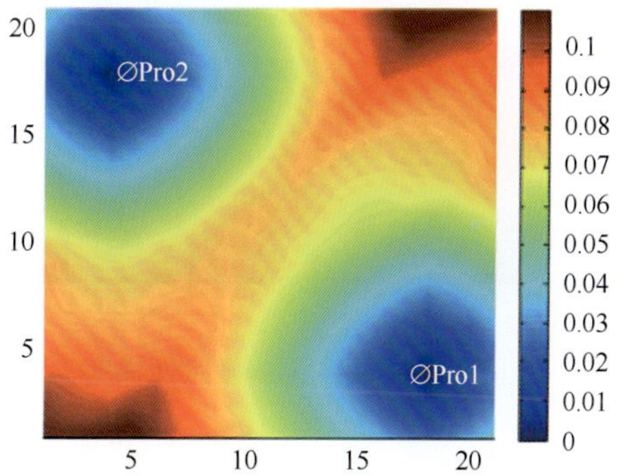

图 3-41　一注一采飞行时间

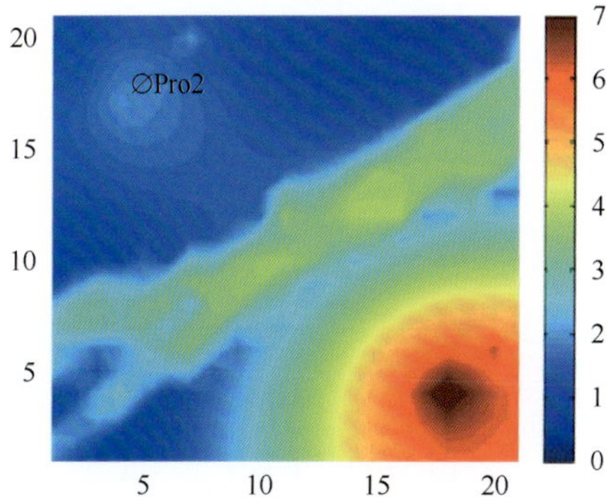

图 3-42　30 天 poro 天敏感性梯度

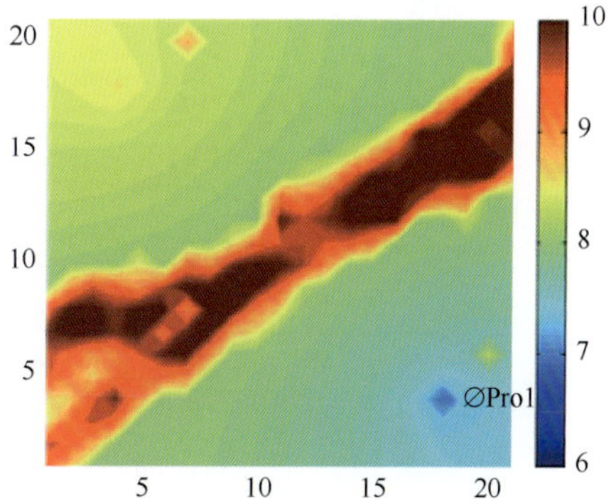

图 3-43　180 天 poro 敏感性梯度

我们利用各时刻孔隙度(porosity)对 Pro1、Pro2 预测动态的梯度与飞行时间数据，研究相关关系。得到各个关联时间 τ_{len}，并且构建关联时间 τ_{len} 与动态参数采出程度的相关关系(见图 3-44～图 3-49)。如表 3-4、表 3-5 所示，按照指数模型拟合，拟合效果较好。

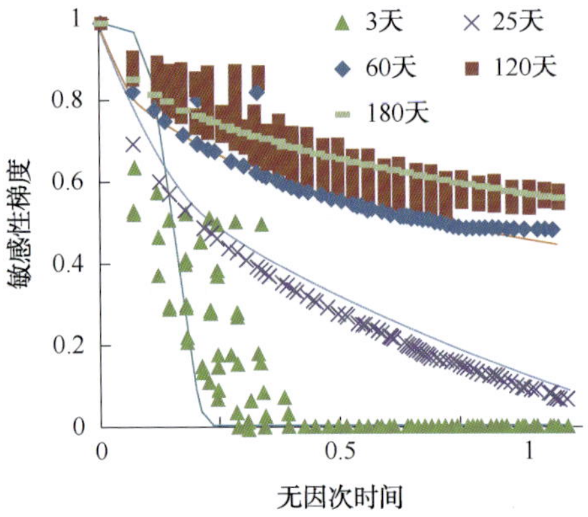

图 3-44　归一化飞行时间与敏感性梯度曲线

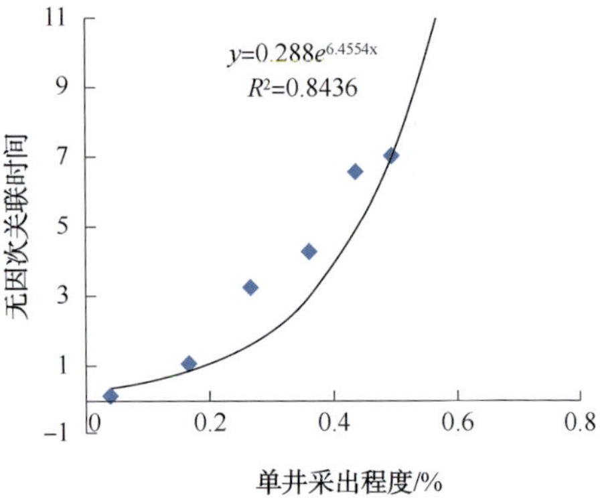

图 3-45　单井采出程度与无因次关联时间曲线

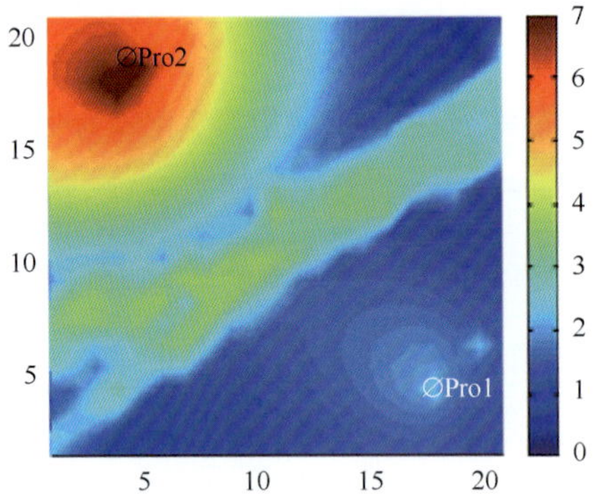

图 3-46　3 天 poro 敏感性梯度

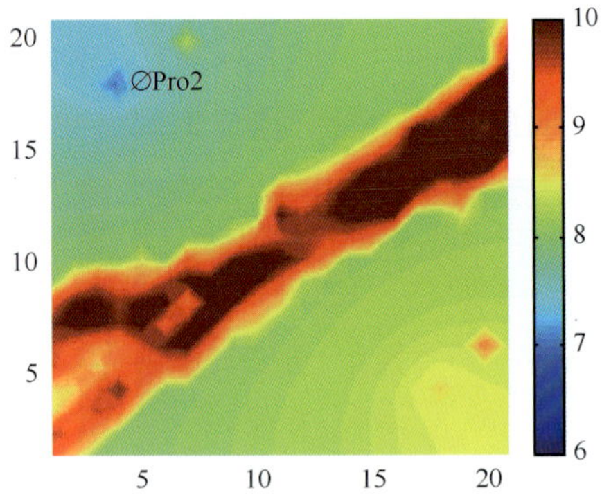

图 3-47　180 天 poro 敏感性梯度

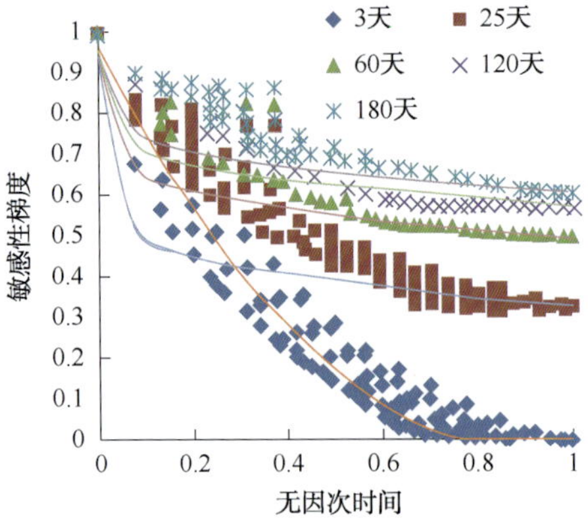

图 3-48　归一化飞行时间与敏感性梯度曲线

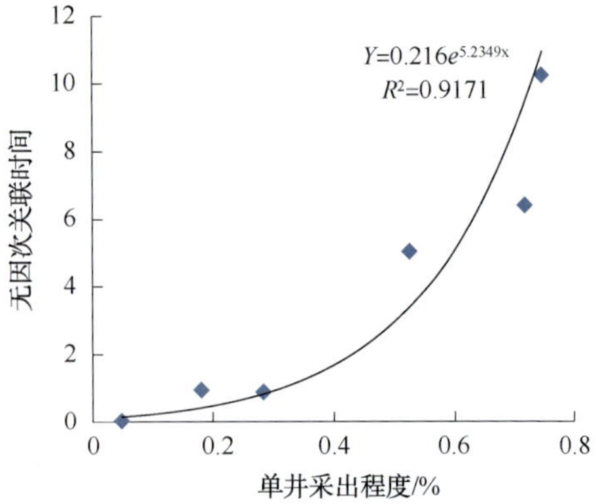

图 3-49　单井采出程度与无因次关联时间曲线

表 3-4　poro 单井采出程度与关联时间

时间	采出程度 η	τ_{len}
3 天	0. 043	0. 154
10 天	0. 080	0. 253
15 天	0. 169	1. 03
20 天	0. 265	3. 25
25 天	0. 359	4. 23
60 天	0. 433	6. 54
120 天	0. 492	7. 01
180 天	0. 671	11. 2

表 3-5　poro 单井采出程度与关联时间

时间	采出程度 η	τ_{len}
3 天	0. 046	0. 154
10 天	0. 085	0. 253
15 天	0. 180	1. 03
20 天	0. 282	3. 25
25 天	0. 382	4. 23
60 天	0. 461	6. 54
120 天	0. 523	7. 01
180 天	0. 713	11. 2

我们利用各时刻渗透率对 Pro1、Pro2 预测动态的梯度与飞行时间数据，研究相关关系(见图 3-50~图 3-57)。得到各个关联时间 τ_{len}，并且构建关联时间 τ_{len} 与动态参数采出程度的相关关系(见表 3-6、表 3-7)。

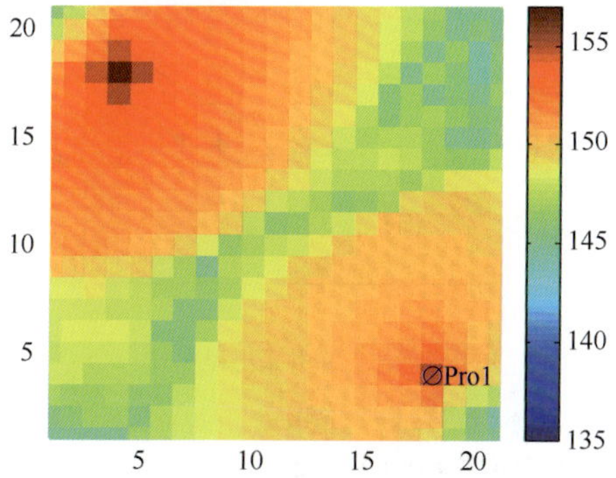

图 3-50　3 天 perm 敏感性梯度

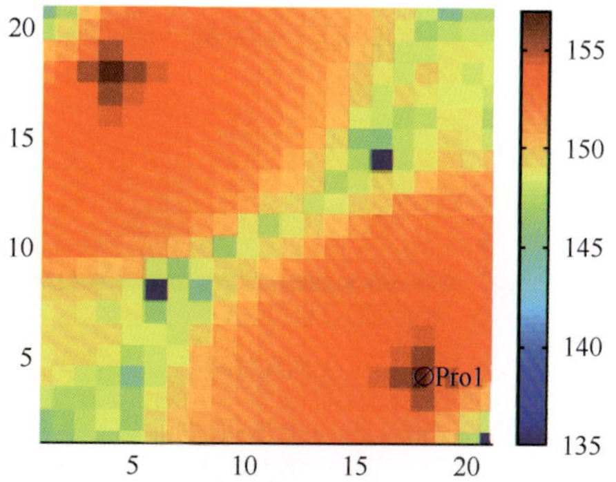

图 3-51　180 天 perm 敏感性梯度

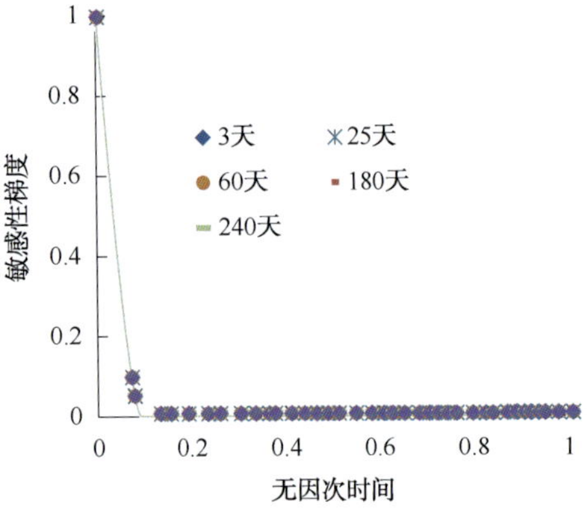

图 3-52　归一化飞行时间与敏感性梯度曲线

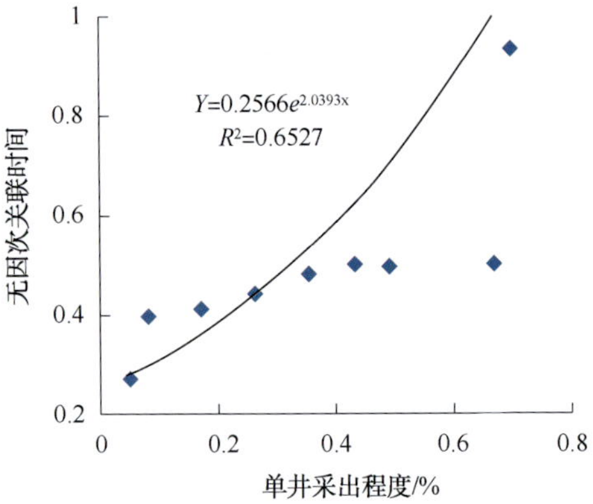

图 3-53　单井采出程度与无因次关联时间曲线

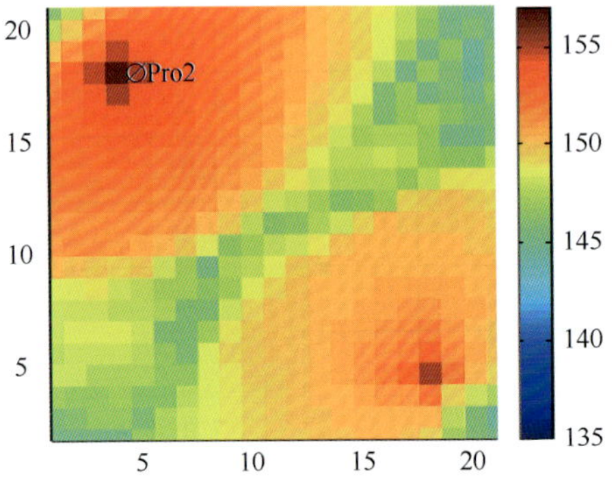

图 3-54　3 天 perm 敏感性梯度

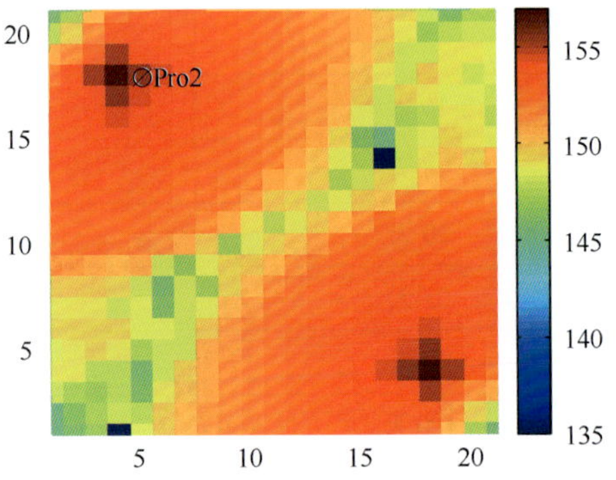

图 3-55　180 天 perm 敏感性梯度

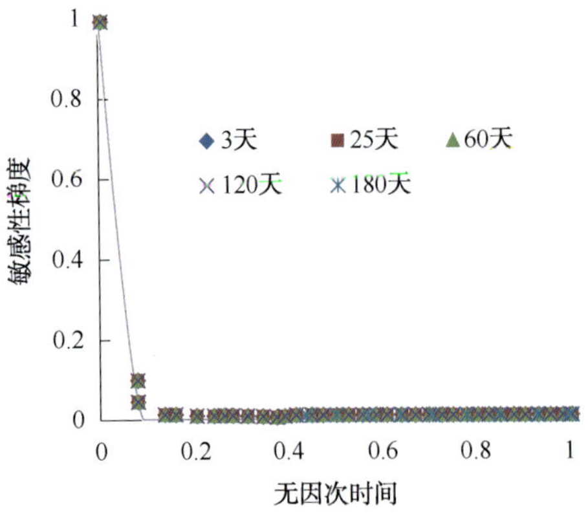

图 3-56　归一化飞行时间与敏感性梯度曲线

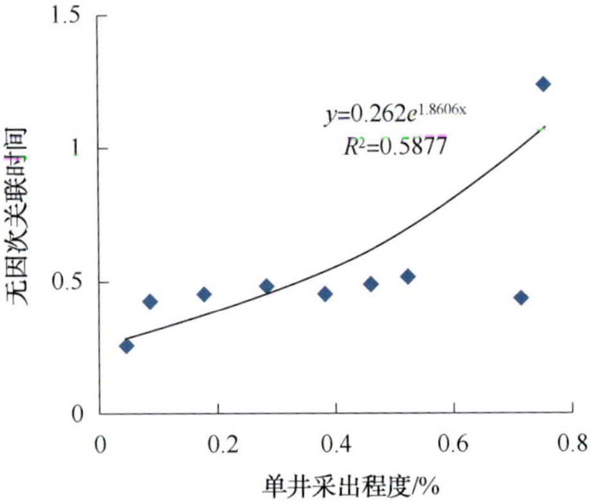

图 3-57　单井采出程度与无因次关联时间曲线

表 3-6　perm 单井采出程度与关联时间

时间	采出程度 η	τ_{len}
3 天	0. 043	0. 2693
10 天	0. 080	0. 3904
15 天	0. 169	0. 4103
20 天	0. 265	0. 4413
25 天	0. 359	0. 47902
60 天	0. 433	0. 5002
120 天	0. 492	0. 4937
180 天	0. 671	0. 499

表 3-7　perm 单井采出程度与关联时间

时间	采出程度 η	τ_{len}
3 天	0. 046	0. 2493
10 天	0. 085	0. 4121
15 天	0. 180	0. 4413
20 天	0. 282	0. 4756
25 天	0. 382	0. 4465
60 天	0. 461	0. 4812
120 天	0. 523	0. 5102
180 天	0. 713	0. 4215

含高渗通道的一注一采模型算例测试：对生产井进行数据分析，模型仍然采取了图 3-40 模型示意图的高渗条带。利用软件的历史拟合模块输出生产井的飞行时间，并导出了第 240 天敏感性梯度。

我们利用各时刻孔隙度(porosity)和渗透率(permeability)对 Pro1 预测动态的梯度与飞行时间数据，研究相关关系(见图 3-58~图 3-65)。得到各个关联时间 τ_{len}，并且构建关联时间 τ_{len}与动态参数采出程度的相关关系(见表 3-8、表 3-9)。

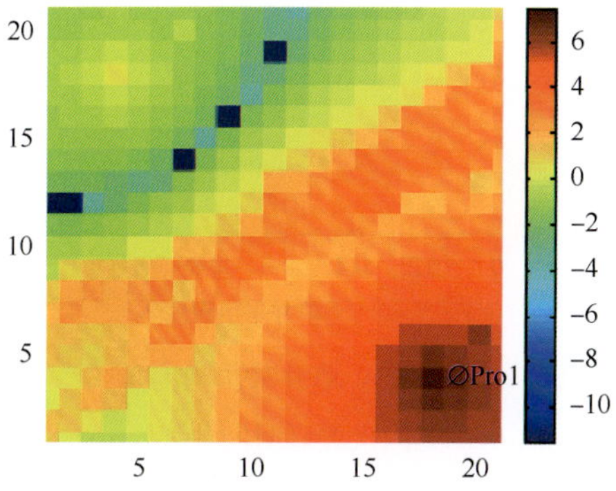

图 3-58　3 天 perm 敏感性梯度

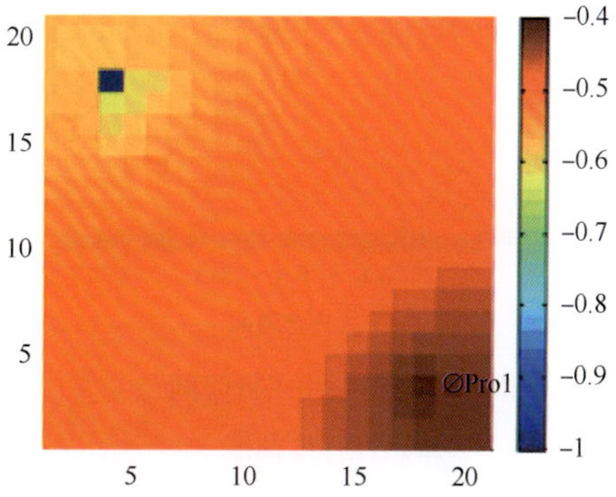

图 3-59　300 天 perm 敏感性梯度

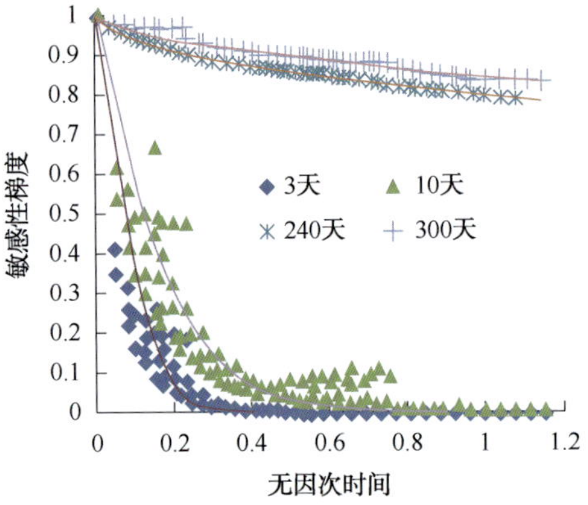

图 3-60　归一化飞行时间与敏感性梯度曲线

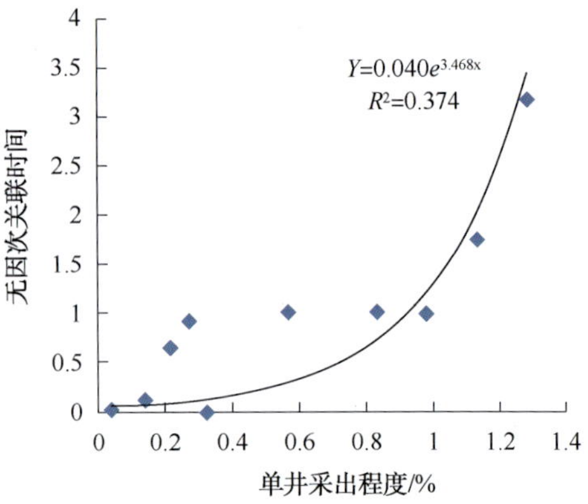

图 3-61　单井采出程度与无因次关联时间曲线

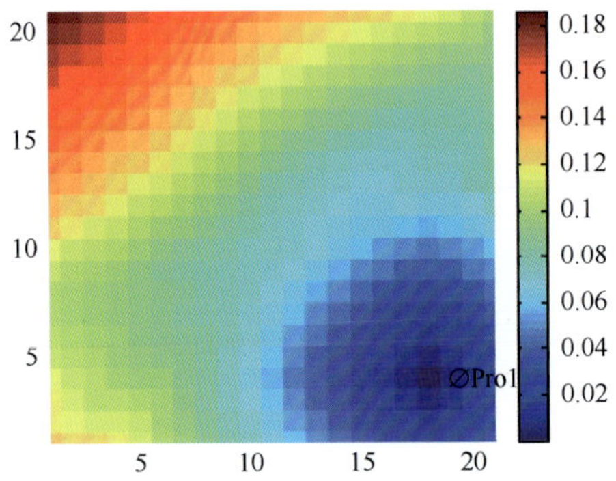

图 3-62　飞行时间

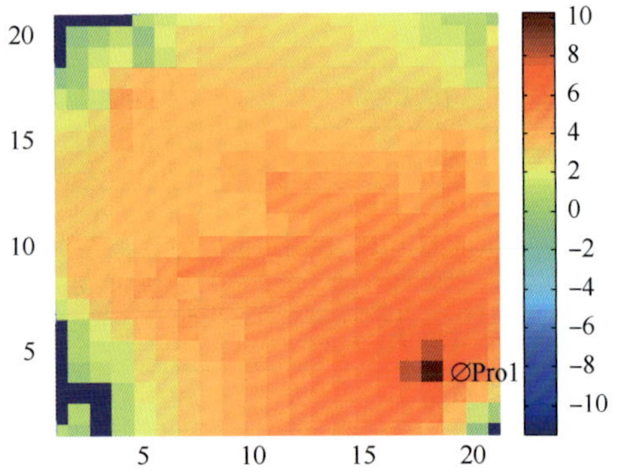

图 3-63　240 天 poro 敏感性梯度

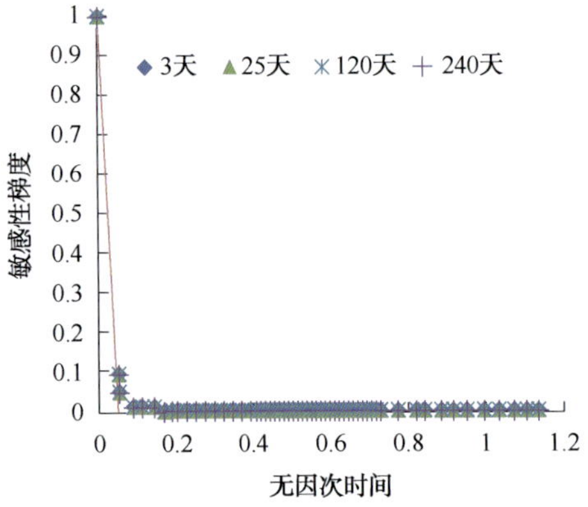

图 3-64　归一化飞行时间与敏感性梯度曲线

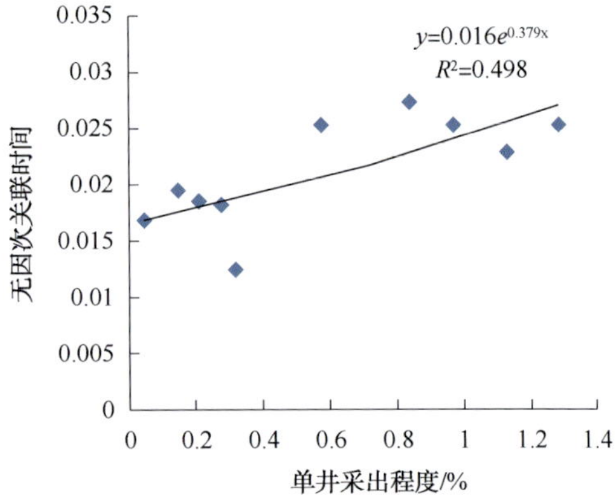

图 3-65　单井采出程度与无因次关联时间曲线

表 3-8　poro 单井采出程度与关联时间

时间	采出程度 η	τ_{len}
3 天	0. 041704	0. 015726
10 天	0. 148285	0. 127571
15 天	0. 212913	0. 614
20 天	0. 271579	0. 925755
25 天	0. 325047	0. 000919
60 天	0. 569459	1. 000001
120 天	0. 834459	1. 000008
180 天	0. 975242	1. 000004
240 天	1. 131	1. 739

表 3-9　perm 单井采出程度与关联时间

时间	采出程度 η	τ_{len}
3 天	0. 041704	0. 016891
10 天	0. 148285	0. 019353
15 天	0. 212913	0. 0186
20 天	0. 271579	0. 018368
25 天	0. 325047	0. 012642
60 天	0. 569459	0. 005277
120 天	0. 834459	0. 005272
180 天	0. 975242	0. 00527
240 天	1. 131	0. 005279
240 天	1. 131	0. 005279

缝洞模型算例测试：

利用单井敏感性区域定量表征方法，确定每个模型的敏感性区域，并验证相关性。我们利用 Petrel 建模又建立了 30×30 网格一注四采的缝洞概念模型（见图 3-66），并采用注采平衡的生产方式，采用局域化定量表征方法，研究飞行时间与真实梯度的相关关系，进而修正敏感性区域，并在此基础上验证采出程度与关联时间 τ_{len}是否同样存在某种相关关系。这里我们对其中 2 口井做了详细研究。

我们利用各时刻孔隙度（porosity）对 Pro1、Pro4 预测动态的梯度与飞行时间数据，研究相关关系（见图 3-67～图 3-75）。得到各个关联时间 τ_{len}，并且构建关联时间 τ_{len}与动态参数采出程度的相关关系（见表 3-10、表 3-11）。

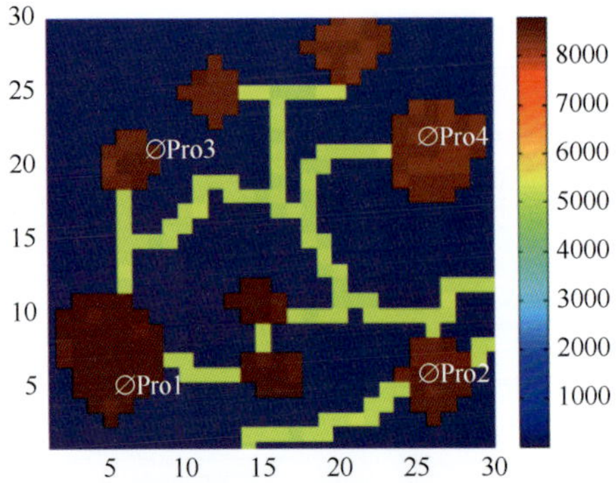

图 3-66　模型示意图

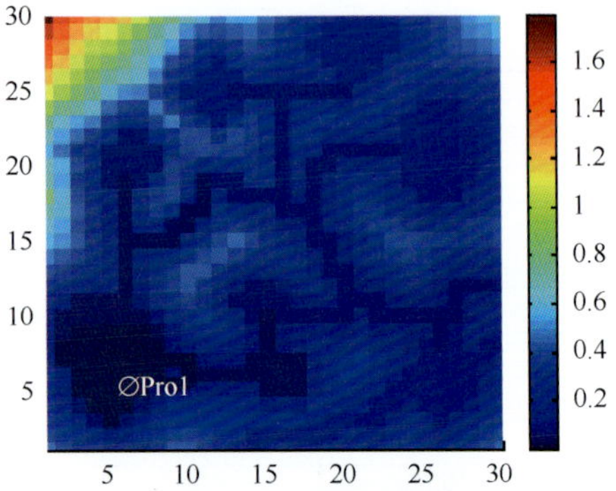

图 3-67　飞行时间

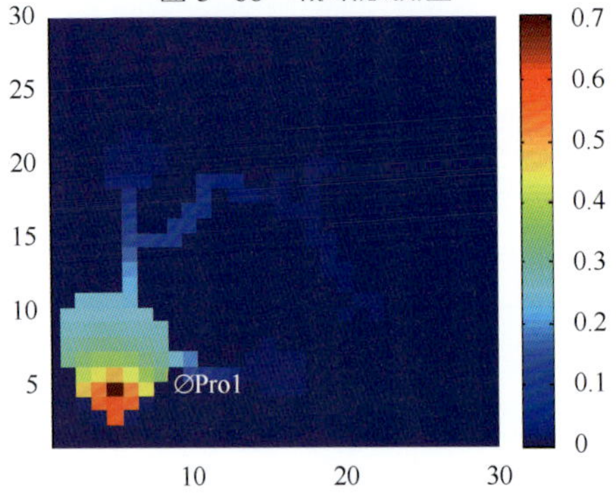

图 3-68　3poro 天敏感性梯度

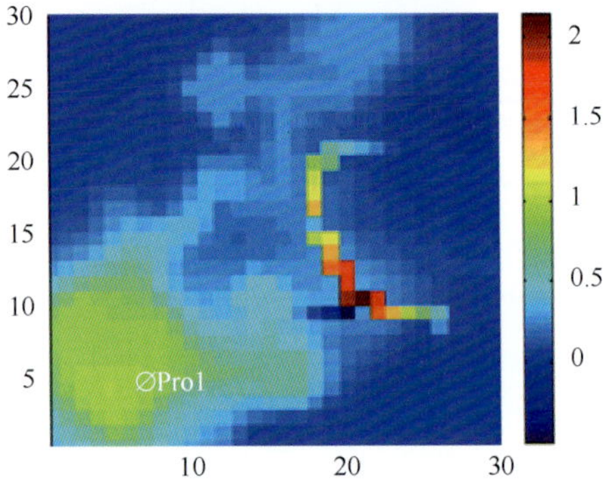

图 3-69　180 天 poro 敏感性梯度

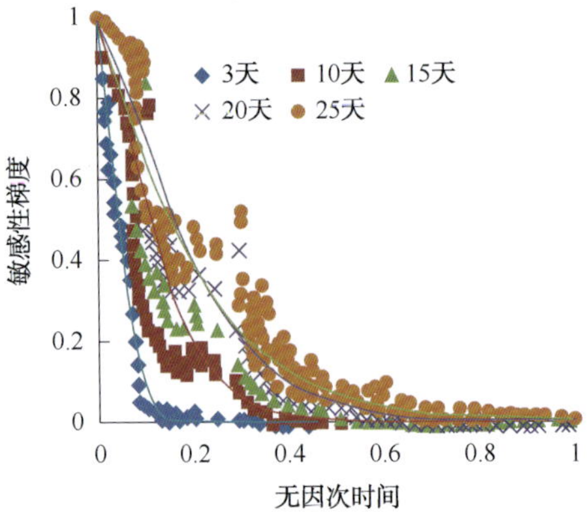

图 3-70　归一化飞行时间与敏感性梯度曲线

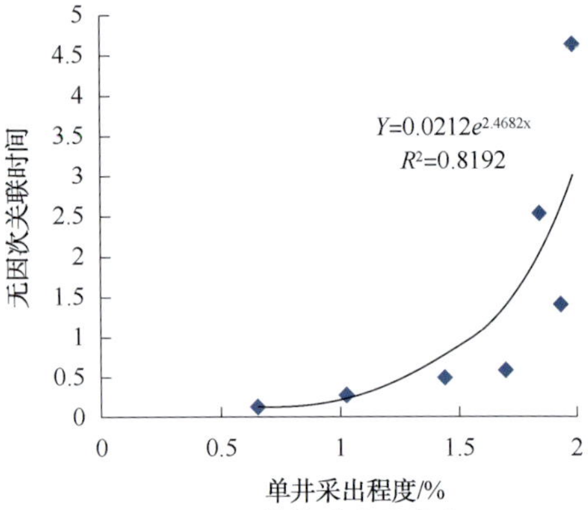

图 3-71　单井采出程度与无因次关联时间曲线

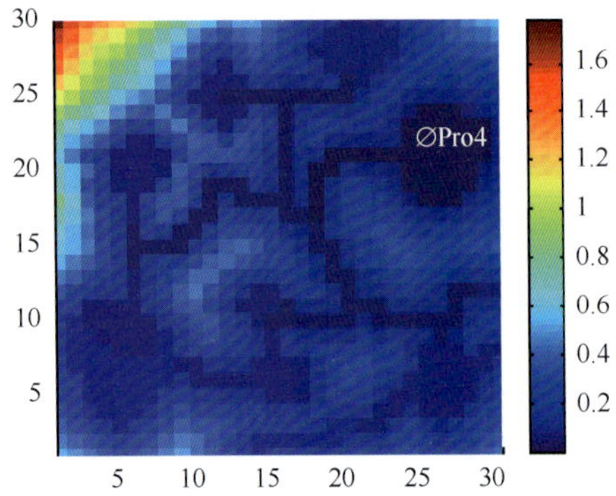

图 3-72　飞行时间

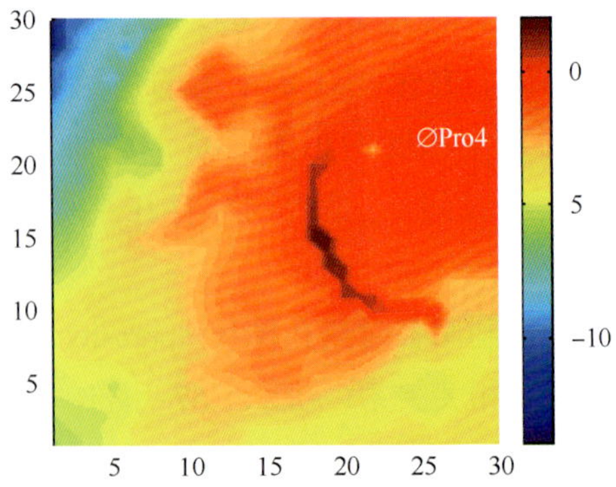

图 3-73　180 天 poro 敏感性梯度

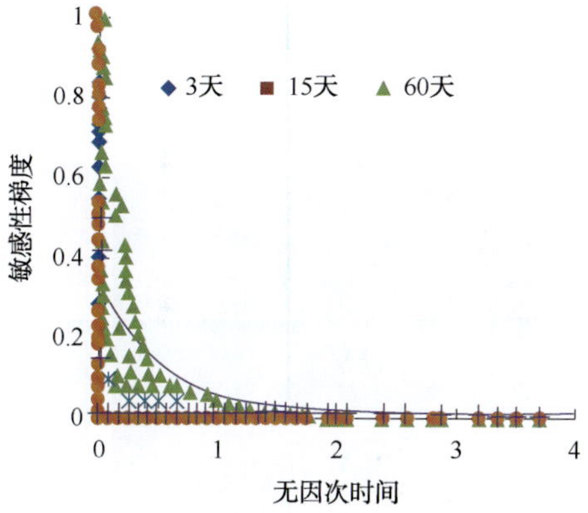

图 3-74 归一化飞行时间与敏感性梯度曲线

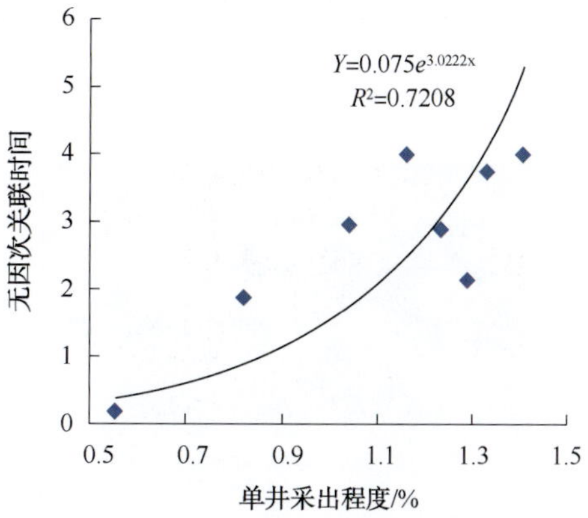

图 3-75 单井采出程度与无因次关联时间曲线

表 3-10 poro 单井采出程度与关联时间

时间	采出程度 η	τ_{len}
3 天	0. 6515	0. 15543
10 天	1. 0278	0. 28485
15 天	1. 4462	0. 47523
20 天	1. 709	0. 58973
25 天	1. 852	2. 50466
60 天	1. 9351	1. 414523
120 天	1. 9905	4. 602122
180 天	2. 0686	7. 99823

表 3-11 poro 单井采出程度与关联时间

时间	采出程度 η	τ_{len}
3 天	0. 55148	0. 180003
10 天	0. 817368	1. 870003
15 天	1. 037819	2. 997564
20 天	1. 158795	3. 99797
25 天	1. 234453	2. 916842
60 天	1. 288922	2. 153935
120 天	1. 332214	3. 78
180 天	1. 40654	4. 040

我们利用各时刻渗透率(permeability)对 Pro1、Pro4 预测动态的梯度与飞行时间数据，研究相关关系(见图 3-76~图 3-83)。得到各个关联时间 τ_{len}，并且构建关联时间 τ_{len}与动态参数采出程度的相关关系(见表 3-12、表 3-13)。可以看出，关联时

间 τ_{len} 与动态参数采出程度间有很大程度的相关关系，可以通过指数函数进行良好的拟合。

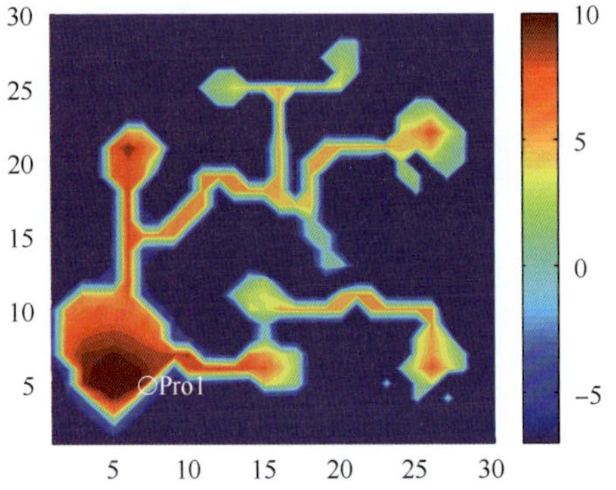

图 3-76　3 天 perm 敏感性梯度

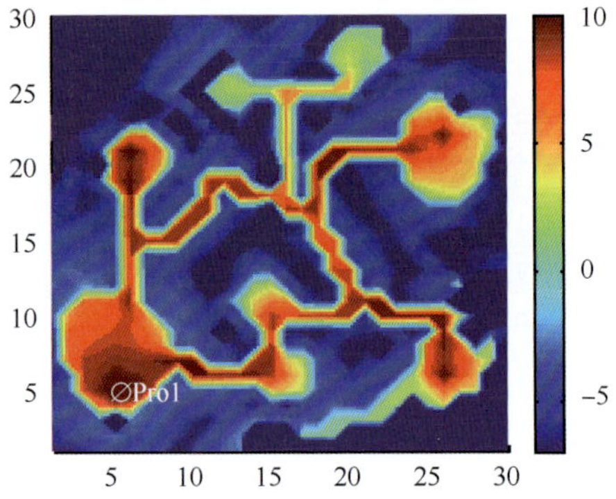

图 3-77　180 天 perm 敏感性梯度

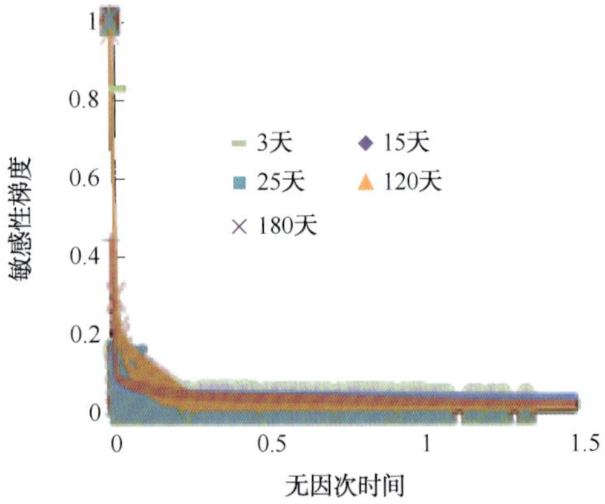

图 3-78　归一化飞行时间与敏感性梯度曲线

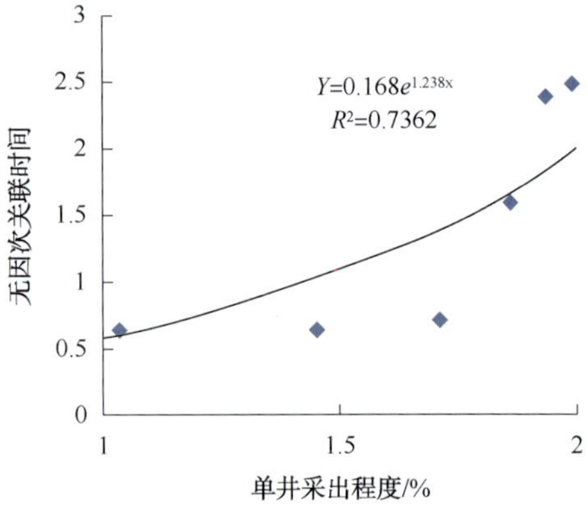

图 3-79　单井采出程度与无因次关联时间曲线

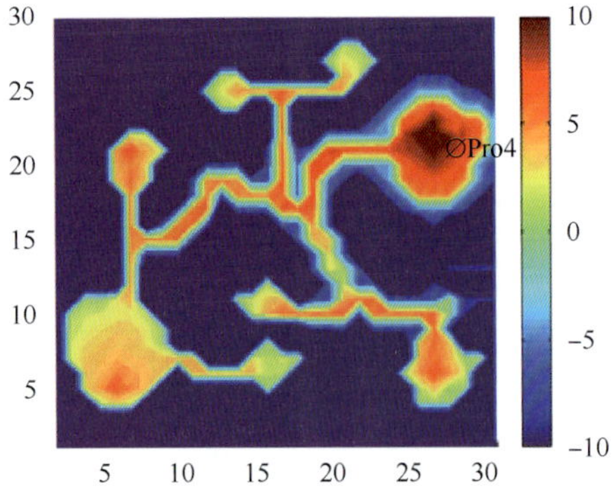

图 3-80　3 天 perm 敏感性梯度

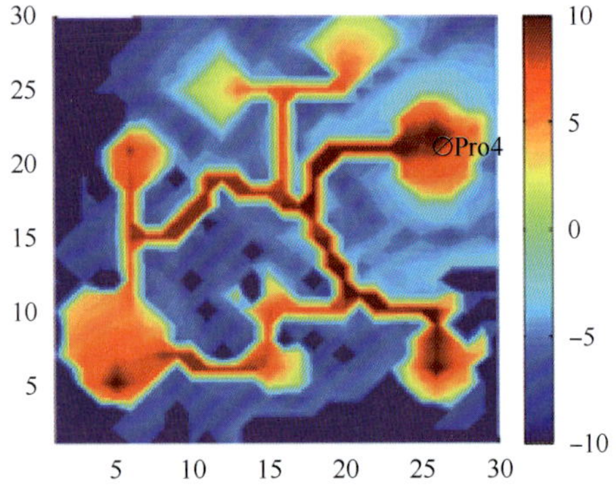

图 3-81　180 天 perm 敏感性梯度

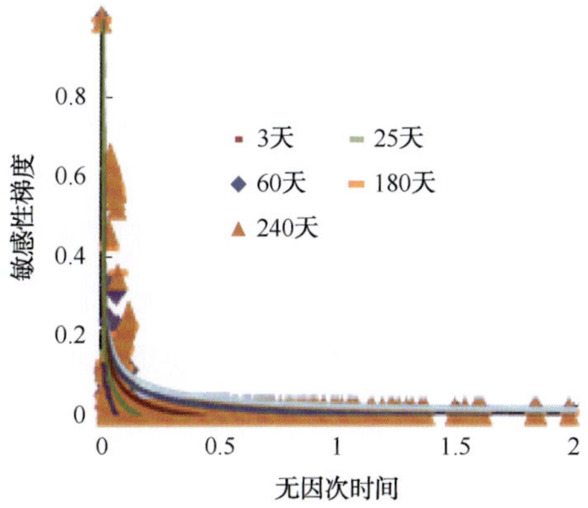

图 3-82　归一化飞行时间与敏感性梯度曲线

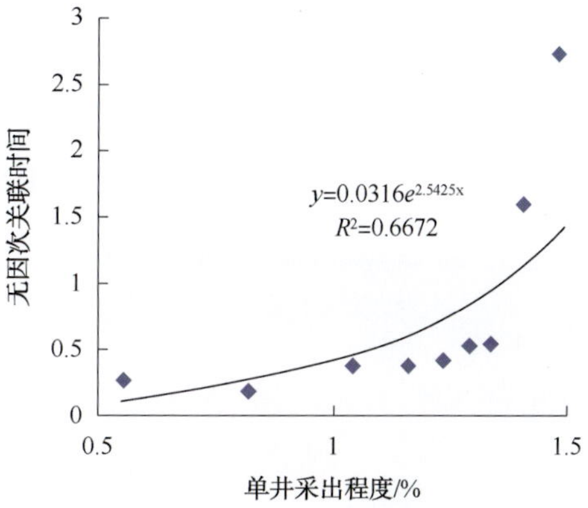

图 3-83　单井采出程度与无因次关联时间曲线

表 3-12　perm 单井采出程度与关联时间

时间	采出程度 η	τ_{len}
3 天	0. 6515	0. 514
10 天	1. 0278	0. 630
15 天	1. 4462	0. 634
20 天	1. 709	0. 711
25 天	1. 852	1. 590
60 天	1. 9351	2. 369
120 天	1. 9905	2. 469
180 天	2. 0686	3. 068

表 3-13　perm 单井采出程度与关联时间

时间	采出程度 η	τ_{len}
3 天	0. 55148	0. 280
10 天	0. 817368	0. 187
15 天	1. 037819	0. 388
20 天	1. 158795	0. 380
25 天	1. 234453	0. 407
60 天	1. 288922	0. 540
120 天	1. 332214	0. 548
180 天	1. 40654	1. 603

3. 2. 2　模型预处理方法与实例

该模型预处理方法是在利用局域化追踪方法获得单井敏感性区域后，以敏感性区域内地质参数场的平均值作为历史拟合参数变量，先选择 SPSA 优化算法进行初步历史拟合；然后以初步拟合后的地质参数场作为原始模型实现进行随机扰动，生成多套初始模型实现；之后，利用预处理方法生成的多套模型进行单模型 SPSA 优化算法或多模型数据同化类算法(ESMDA 和 EnKF)的自动历史拟合。

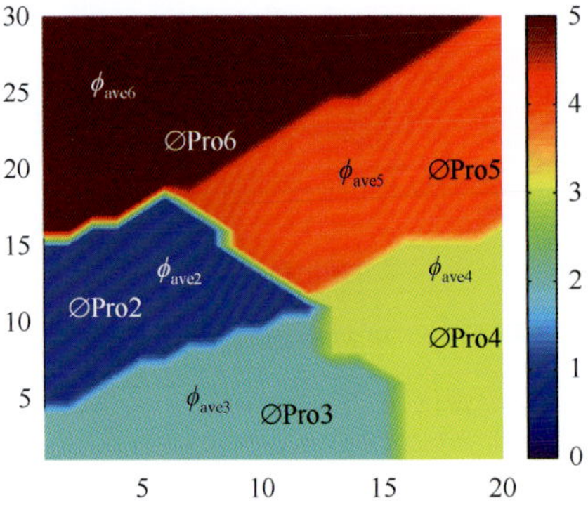

图 3-84　敏感性区域内拟合参数计算示意图

该预处理方法由于只拟合敏感性区域内地质参数场的平均值(见图 3-84)，大大减少了自动历史拟合的参数，降低了自动历史拟合的计算量；同时该预处理方法初步修改了原始模型，降低了后面自动历史拟合的计算量。

在获得模型的单井敏感性区域后，对于每口井周围的敏感性区域，可计算相应敏感性区域内地质参数场的平均值，如下式所示：

$$\phi_{ave4} = \sum_{j=1}^{n4} \phi_j \Big/ n4 \qquad (3-22)$$

式中，ϕ_{ave4} 为 Pro4 井的敏感性区域内网格孔隙度的平均值；$n4$ 为 Pro4 井敏感性区域内网格总数，其他井周围敏感性区域内地质参数平均值的确定参考 Pro4 井；ϕ 为该井敏感性区域网格的孔隙度。

获得各井的地质参数场的平均值后，开始构建自动历史拟合的拟合参数向量(m)，之后采用 SPSA 算法进行初步的自动历史拟合，获得拟合后的向量 m'，如式(3-23)所示。根据拟合前后的地质参数平均值的倍数关系更新地质参数场，方程如式(3-24)所示：

$$m = \begin{bmatrix} \phi_{ave2} \\ \phi_{ave3} \\ \phi_{ave4} \\ \phi_{ave5} \\ \phi_{ave6} \end{bmatrix} m' = \begin{bmatrix} \phi'_{ave2} \\ \phi'_{ave3} \\ \phi'_{ave4} \\ \phi'_{ave5} \\ \phi'_{ave6} \end{bmatrix} \qquad (3-23)$$

$$\phi_j = \frac{\phi'_{ave4}}{\phi_{ave4}} \times \phi_j \qquad (3-24)$$

式中，ϕ'_{ave4} 为拟合后的地质参数场平均值。

1) SPSA 算法

标准的 SPSA 算法(Simultaneous Perturbation Stochastic Approximation)是一种与有限差分方法近似的扰动方法，最早是由 Spall 等人在 1992 年提出的。SPSA 算法是通过对所有控制变量进行同步扰动来获得扰动梯度，计算过程中仅涉及性能指标函数的计算。尽管这里的扰动梯度是随机的，但是它能保证搜索方向对于最大化问题恒为“上山”方向且期望值为真实梯度。

SPSA 算法迭代优化过程如图 3-85 所示。

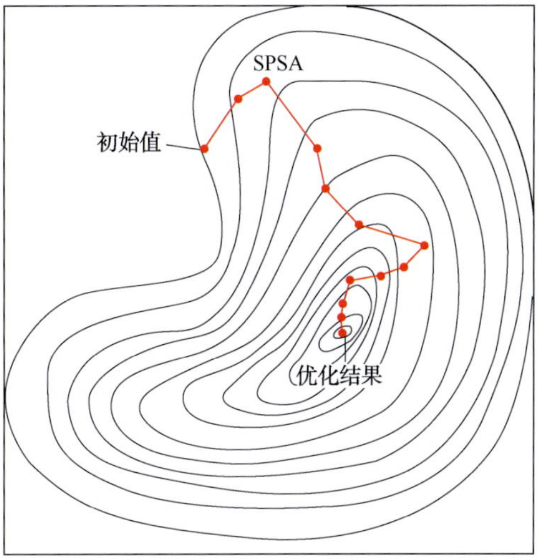

图 3-85　SPSA 算法示意图

考虑在第 l 个迭代步，目标函数 J 在 u_{opt}^{l} 处的 SPSA 梯度计算表达式为：

$$\hat{g}^{l}(u_{\mathrm{opt}}^{l})=\begin{bmatrix}\dfrac{J(u_{\mathrm{opt}}^{l}+\varepsilon_{l}\Delta_{l})-J(u_{\mathrm{opt}}^{l})}{\varepsilon_{l}\Delta_{l,1}}\\ \dfrac{J(u_{\mathrm{opt}}^{l}+\varepsilon_{l}\Delta_{l})-J(u_{\mathrm{opt}}^{l})}{\varepsilon_{l}\Delta_{l,2}}\\ \dfrac{J(u_{\mathrm{opt}}^{l}+\varepsilon_{l}\Delta_{l})-J(u_{\mathrm{opt}}^{l})}{\varepsilon_{l}\Delta_{l,N_{u}}}\end{bmatrix}$$

$$=\frac{J(u_{\mathrm{opt}}^{l}+\varepsilon_{l}\Delta_{l})-J(u_{\mathrm{opt}}^{l})}{\varepsilon_{l}}\times\begin{bmatrix}\Delta_{l,1}^{-1}\\ \Delta_{l,2}^{-1}\\ \vdots\\ \Delta_{l,N_{u}}^{-1}\end{bmatrix}\tag{3-25}$$

$$=\frac{J(u_{\mathrm{opt}}^{l}+\varepsilon_{l}\Delta_{l})-J(u_{\mathrm{opt}}^{l})}{\varepsilon_{l}}\times\Delta_{l}^{-1}$$

式中，u_{opt}^{l} 为在第 l 个迭代步所获得的最优控制变量；ε_{l} 为扰动步长；Δ_{l} 为 N_{u} 维随机扰动向量，其中所包含元素 $\Delta_{l,i}$（$i=1$，2，…，N_{u}）为服从参数为 ±1 的对称 Bernoulli 分布。由于 $\Delta_{l,i}$ 仅为+1 或者-1，其概率分别为 50%，所以这里的 $\Delta_{l}^{-1}=\Delta_{l}$，此时 SPSA 扰动梯度可进一步表示为：

$$\hat{g}^{l}(u_{\mathrm{opt}}^{l})=\frac{J(u_{\mathrm{opt}}^{l}+\varepsilon_{l}\Delta_{l})-J(u_{\mathrm{opt}}^{l})}{\varepsilon_{l}}\times\Delta_{l}\tag{3-26}$$

在获得随机扰动梯度后，即可采用迭代法进行优化求解，在第 l+1 迭代步所获得的控制变量为：

$$u_{\text{opt}}^{l+1}=u_{\text{opt}}^{l}+a_l\hat{g}(u_{\text{opt}}^{l}) \tag{3-27}$$

式中，α_l 为搜索步长。使用式(3-27)更新控制变量，为了保证当 $l\to\infty$ 时，u_{opt}^{l} 能够收敛到局部最优解，Spall 等人证明搜索步长 α_l 和扰动步长 ε_l 均需趋近于0，且要满足如下条件：

$$\sum_{l=0}^{\infty}\alpha_l=\infty,\quad \sum_{l=0}^{\infty}\left(\frac{\alpha_l}{\varepsilon_l}\right)^2=\infty \tag{3-28}$$

Spall 等人给出了满足上式的一种常用的选择：

$$\varepsilon_l=\frac{\varepsilon}{(l+1)^{\gamma}} \tag{3-29}$$

$$\alpha_l=\frac{\alpha}{(l+1+A)^{a}} \tag{3-30}$$

式中，ε、γ、α、a、A 等参数必须为正数。对于 α 和 γ，主要选用 Spall 等人的推荐值，即 $a=0.602$，$\gamma=0.101$。其他参数的设置将在后面的具体算例中给出。

在实际应用中，为了便于确定初始迭代步长，通常需要对搜索方向进行归一化处理，本文主要采用下式进行迭代求解：

$$u_{\text{opt}}^{l+1}=u_{\text{opt}}^{l}+\alpha_l\frac{\hat{g}^{l}(u_{\text{opt}}^{l})}{\|\hat{g}^{l}(u_{\text{opt}}^{l})\|_{\infty}} \tag{3-31}$$

式中，$\|\cdot\|_{\infty}$ 为无穷范数。

Spall 等人经过推导证明 SPSA 梯度对于目标函数来说搜索方向恒为“上山”方向，且其期望值为真实梯度，即 $E[\hat{g}^{l}(u_{\text{opt}}^{l})]=J(u_{\text{opt}}^{l})$。因此，为了更好地获得梯度估计，通常使用梯度的平均值作为搜索方向再进行优化：

$$\overline{\hat{g}^{l}}(u_{\text{opt}}^{l})=\frac{1}{N_g}\sum_{j=1}^{N_g}\hat{g}_j^{l}(u_{\text{opt}}^{l}) \tag{3-32}$$

式中，N_g 为生成的 SPSA 梯度样本个数。

2）2D 砂岩概念油藏模型测试

使用该方法对 2D 概念油藏模型进行了拟合，所建油藏模型划分网格为 20×30×1，网格尺寸大小为 $D_X=D_Y=D_Z=300\text{m}$，油藏非均质性强，其间包含一条高渗条带，其平面孔隙度场分布如图 3-86 所示，渗透率场分布如图 3-87 所示，初始模型追踪出来的飞行时间如图 3-88 所示，根据飞行时间确定的单井敏感性分区如图 3-89 所示。

选择 Pro2、Pro3、Pro4、Pro5、Pro6 井周围敏感性区域内网格的孔隙度和 X 方向的渗透率进行初步拟合。进行初步拟合前后的孔隙度和渗透率分布如图 3-90～图 3-93所示。从孔隙度分布图中可以看出，拟合后 Pro2 井周围的孔隙度增大了；从渗透率分布图中可以看出，拟合后 Pro2 井周围 X 方向的渗透率增大了，Pro6 井周围 X 方向的渗透率在减小。可以看出，拟合后的模型更接近真实模型，能够有效地抓住真实模型地质参数场的孔渗特征。

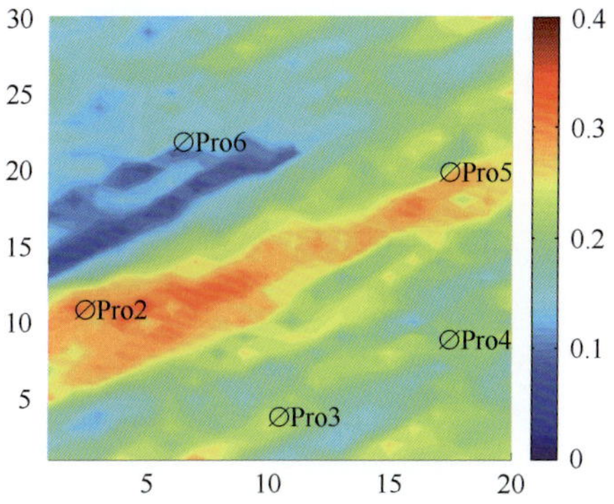

图 3-86 模型的孔隙度分布

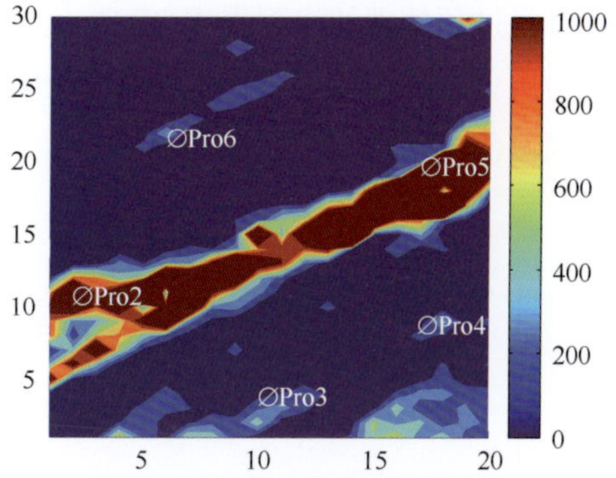

图 3-87 模型的渗透率分布

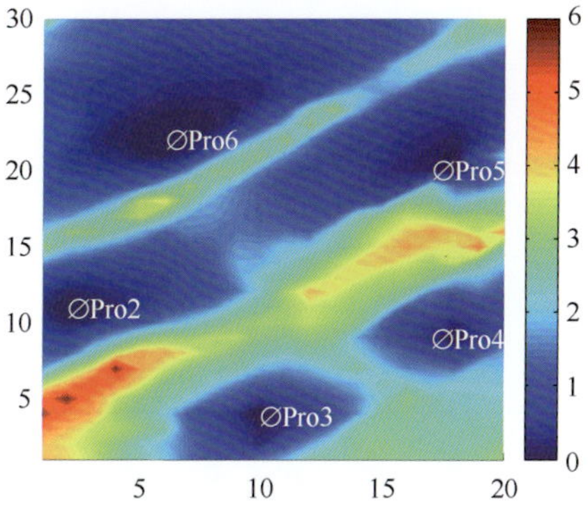

图 3-88 追踪出来的飞行时间图

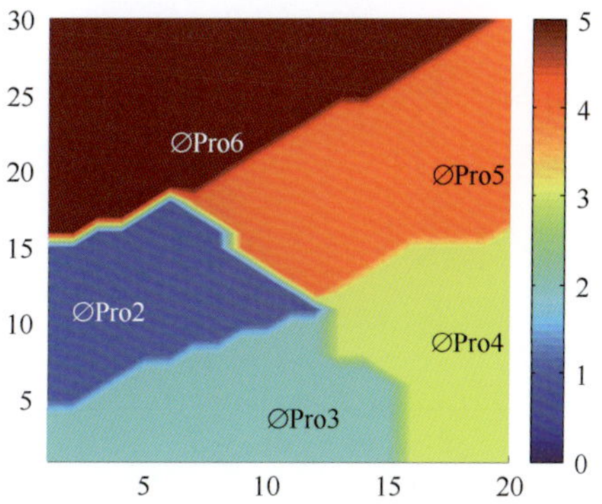

图 3-89 单井敏感性区域图

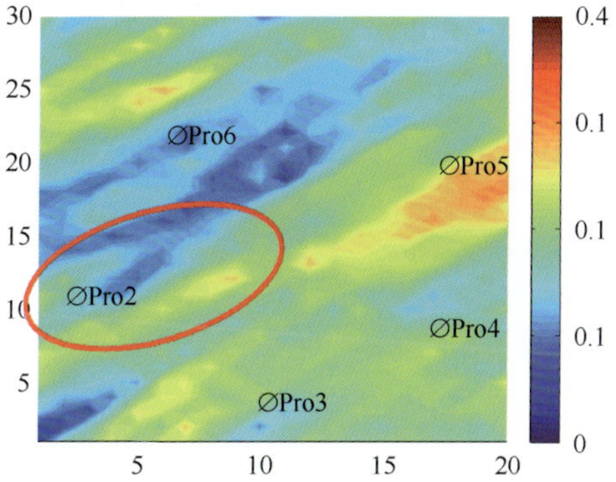

图 3-90 拟合前模型 PORO

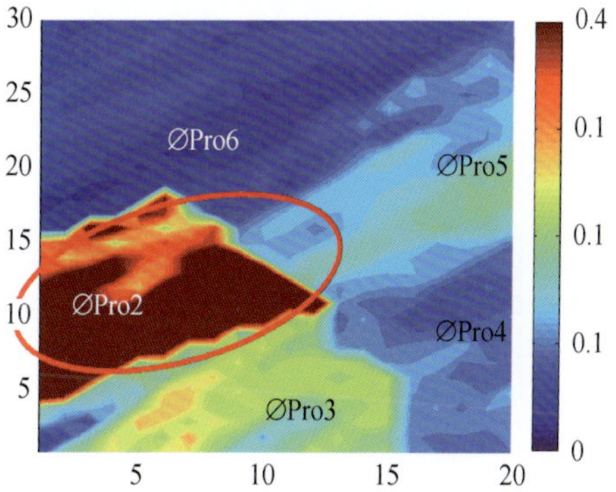

图 3-91 拟合后模型 PORO

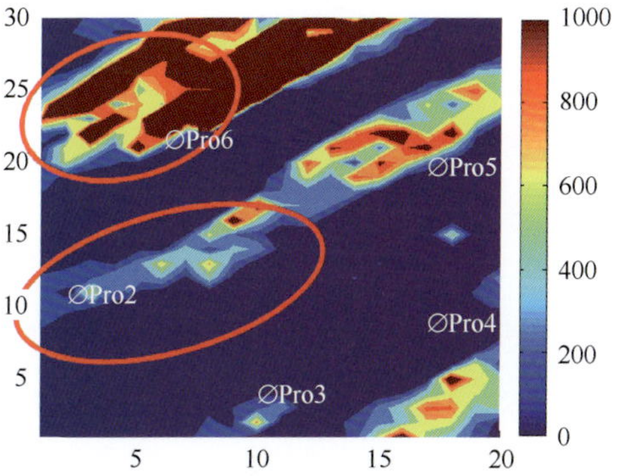

图 3-92 拟合前模型 PERMX

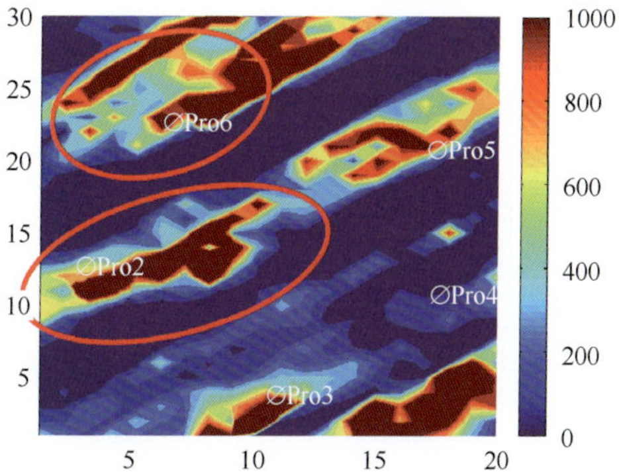

图 3-93 拟合后模型 PERMX

对经过预处理的模型采用 SPSA 优化算法进行单模型自动历史拟合，拟合前后模型与历史观测值的变化情况如图 3-94~图 3-97 所示。可以看出，拟合后模型的生产观测值更接近历史观测值。

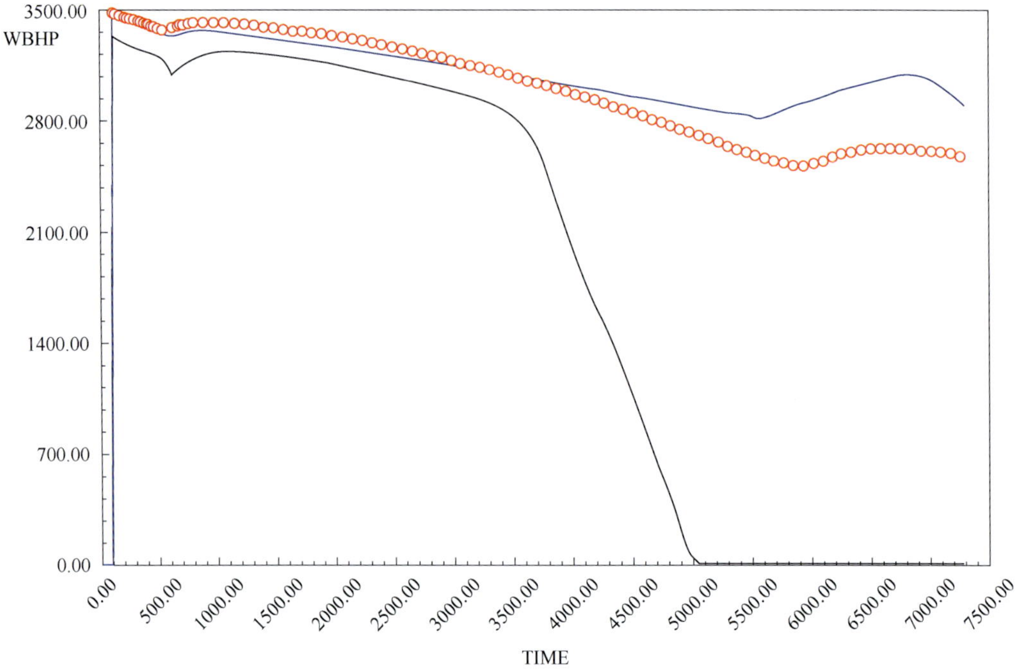

图 3-94　PRO-2 井井底流压(WBHP)

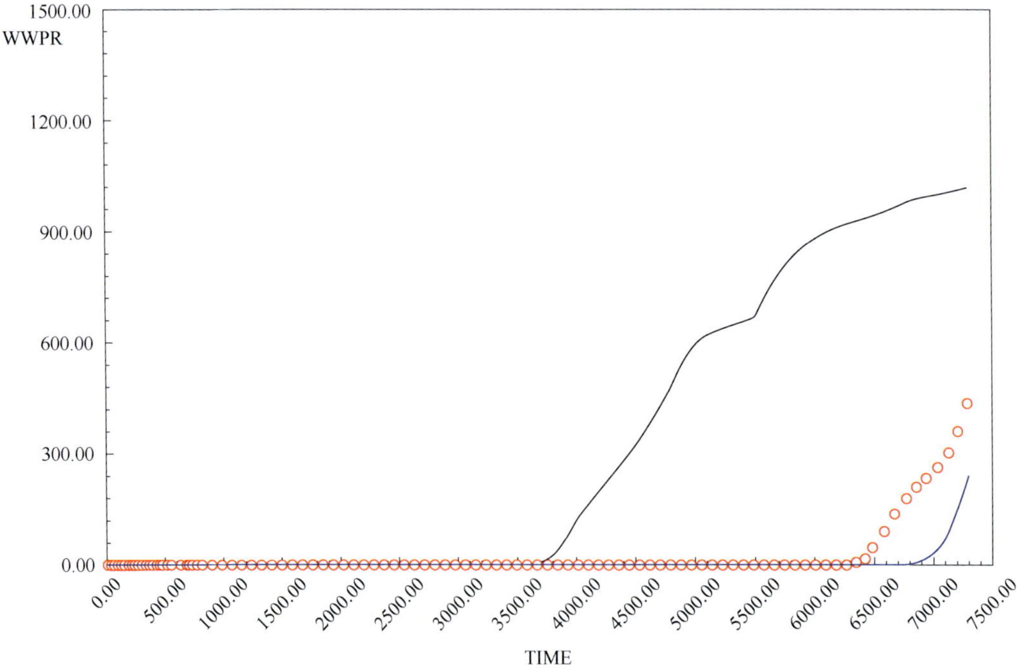

图 3-95　PRO-2 井日产水量(WWPR)

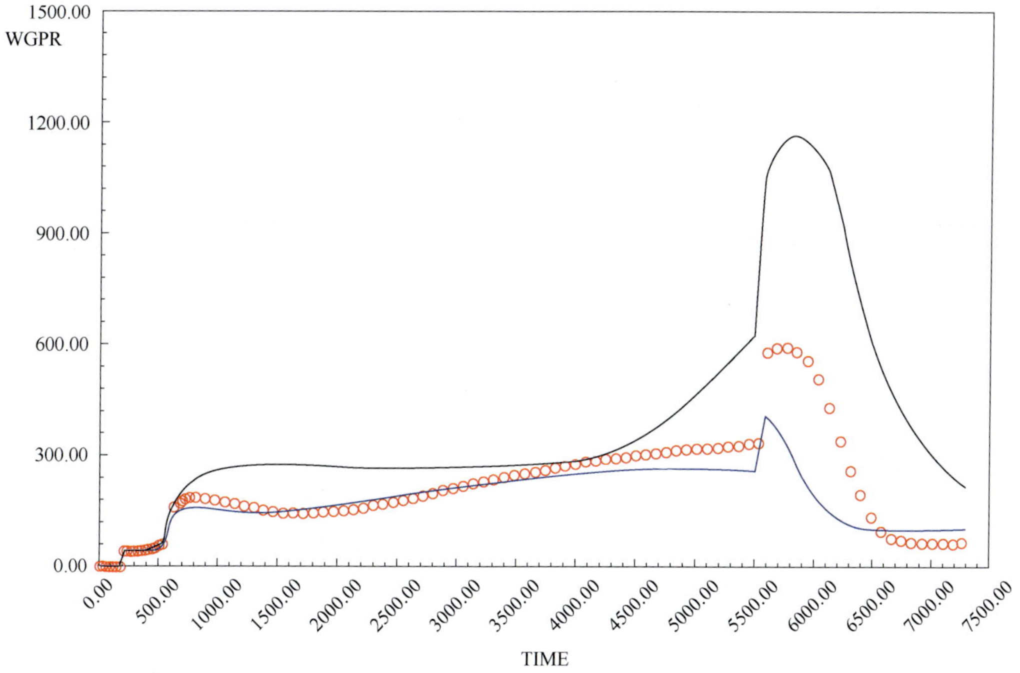

图 3-96　PRO-3 井日产气量(WGPR)

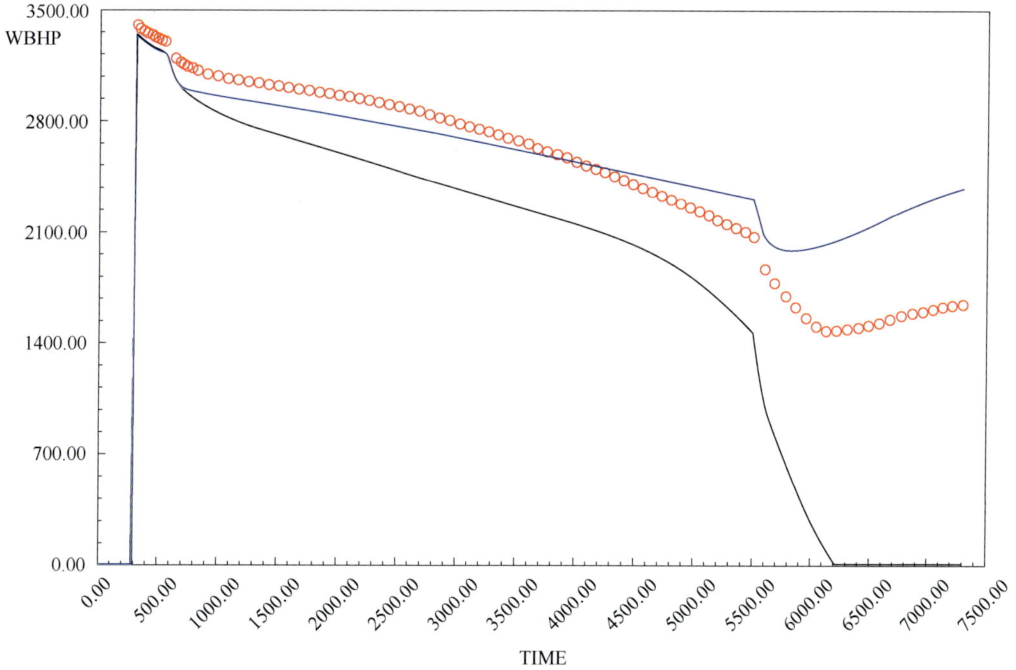

图 3-97　PRO-4 井井底流压(WBHP)

3）缝洞型概念油藏模型测试

所建缝洞型模型划分网格为 20×30×1，网格尺寸大小为 $D_X=D_Y=D_Z=5\text{m}$，模型为 5 注 4 采，非均质性强，其间包含若干条高渗条带，其平面孔隙度场分布如图 3-98所示，渗透率场分布如图 3-99 所示，第 5 个模型追踪出来的飞行时间如图 3-100所示，根据飞行时间确定的单井敏感性分区如图 3-101 所示。

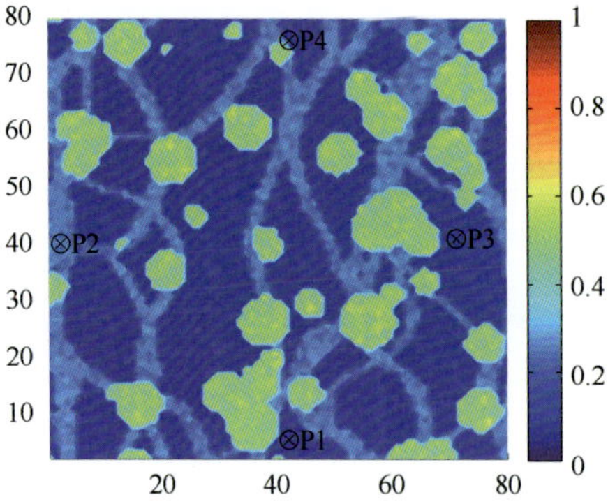

图 3-98　模型的孔隙度分布

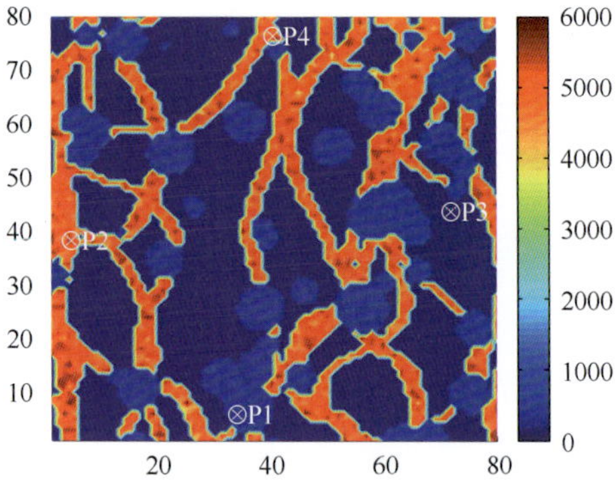

图 3-99　模型的渗透率分布

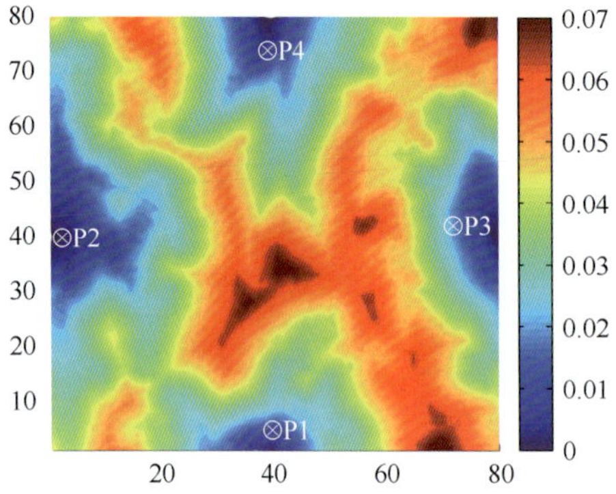

图 3-100　第 5 个模型的飞行时间

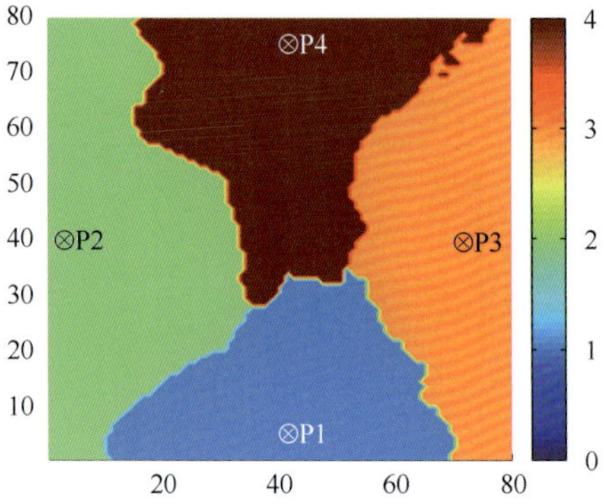

图 3-101　第 5 个模型的敏感性分区

选择 P1、P2、P3、P4 井周围敏感性区域内网格的孔隙度和 X 方向的渗透率进行拟合。拟合前后的孔隙度和渗透率分布如图 3-102～图 3-105 所示。从孔隙度分布图中可以看出，拟合后 P1 井周围的孔隙度增大了；从渗透率分布图中可以看出，拟合后 P1 井和 P4 井周围 X 方向的渗透率减小了。可以看出，拟合后的模型更接近真实模型，能够有效地抓住真实模型地质参数场的孔渗特征。

对经过预处理的模型采用 SPSA 优化算法进行单模型自动历史拟合，拟合前后模型与历史观测值的变化情况如所图 3-106～图 3-109 所示。可以看出，拟合后模型的生产观测值更接近历史观测值。

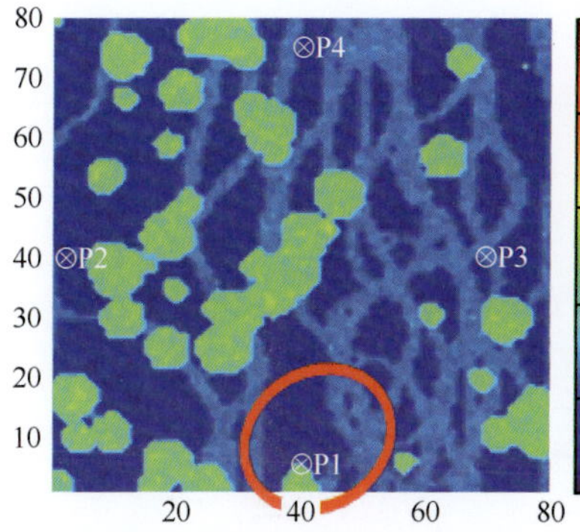

图 3-102　拟合前模型 PORO

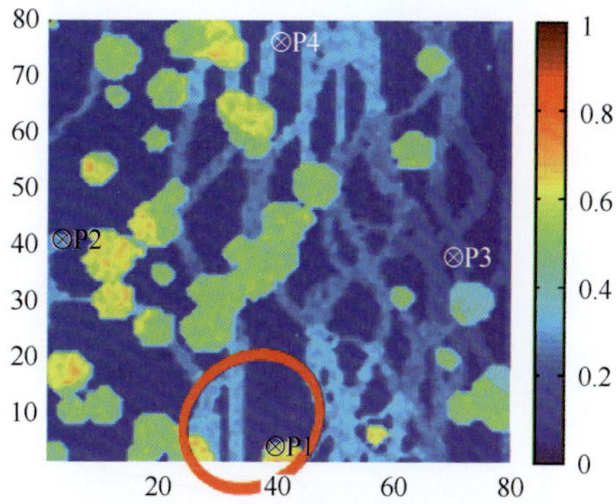

图 3-103　拟合后模型 PORO

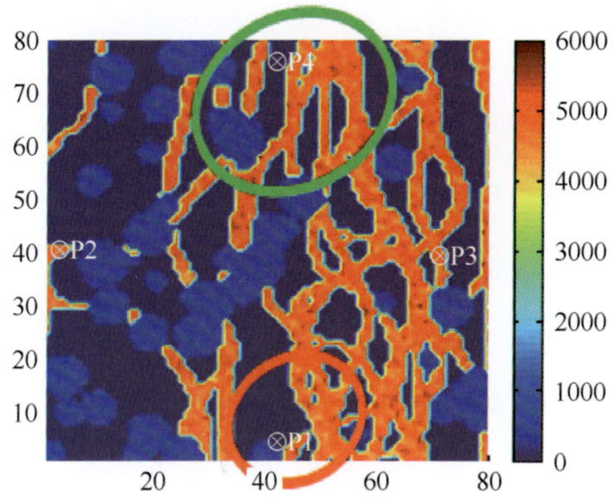

图 3-104　拟合前模型 PERMX

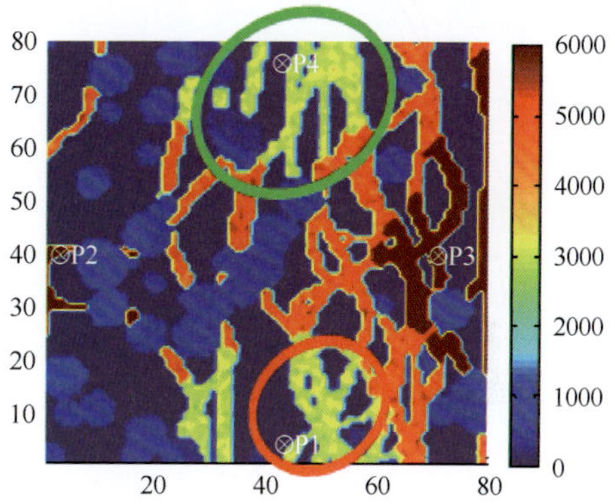

图 3-105　拟合后模型 PERMX

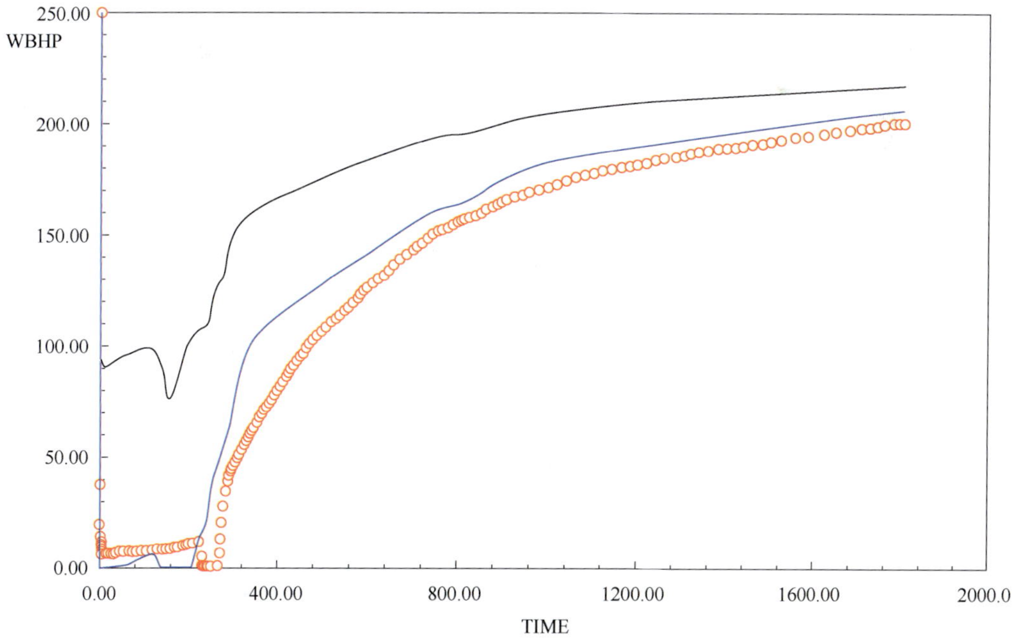

图 3-106　P1 井井底流压(WBHP)

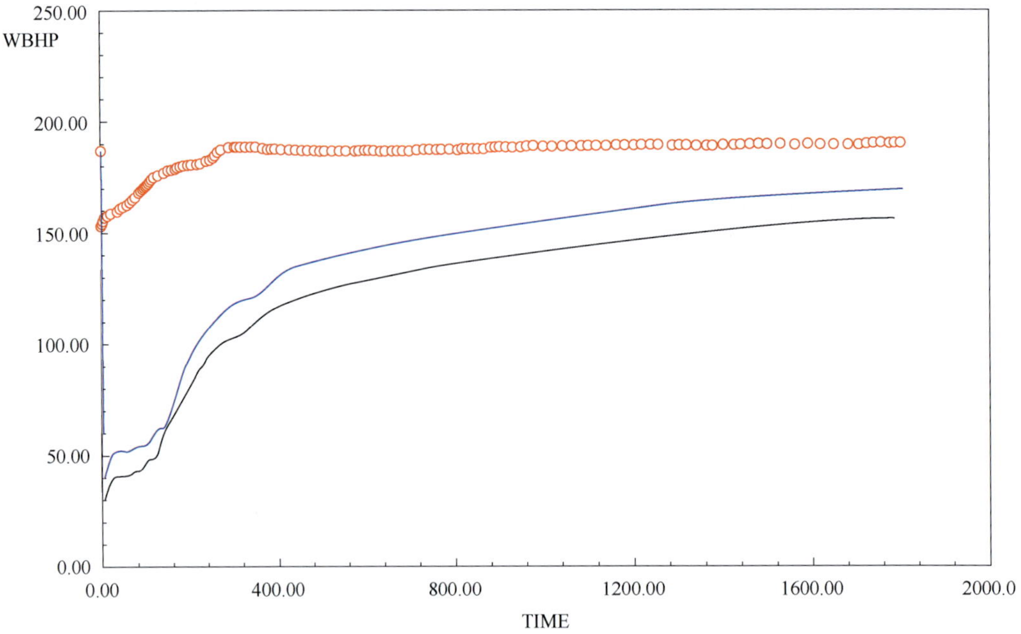

图 3-107　P2 井井底流压(WBHP)

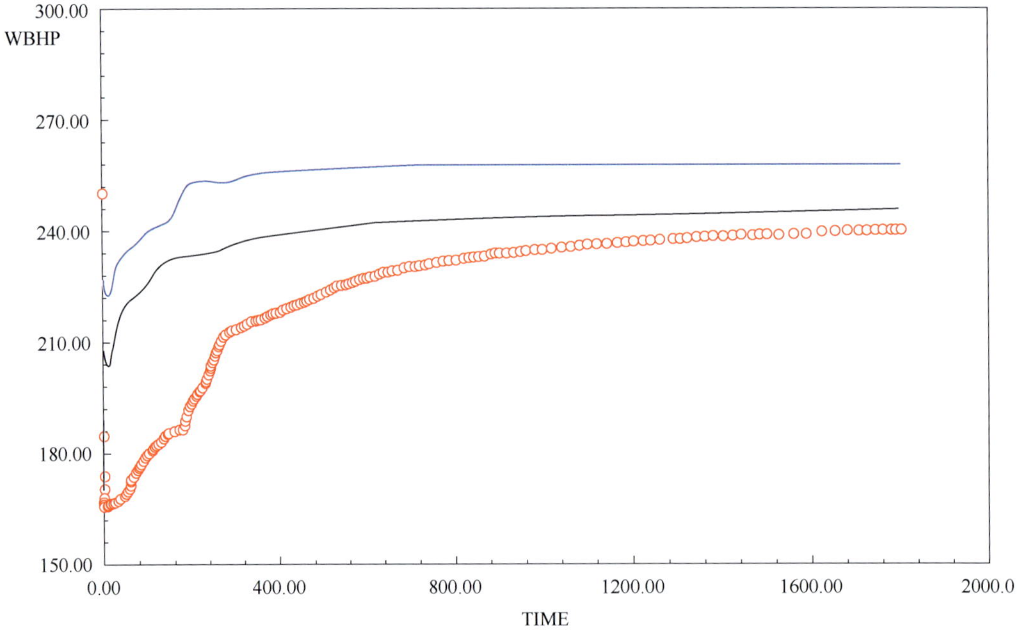

图 3-108　P3 井井底流压(WBHP)

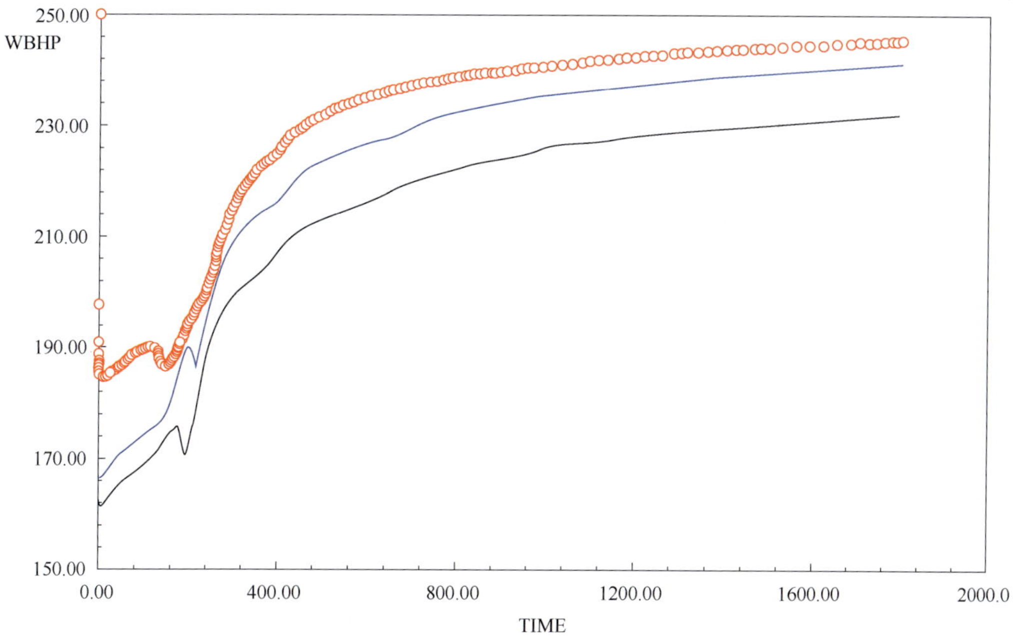

图 3-109　P4 井井底流压（WBHP）

4）实际缝洞油藏模型测试

使用该方法对 AA80 实际缝洞油藏模型进行了拟合，所建油藏模型划分网格为 76×115×20，油藏非均质性强，初始模型所有网格追踪出来的飞行时间如图 3-110 所示，根据飞行时间确定的单井整体敏感性区域分区如图 3-111 所示，模型网格分层飞行时间追踪如图 3-112～图 3-115 所示，分层敏感性区域分区如图 3-116～图 3-119所示。

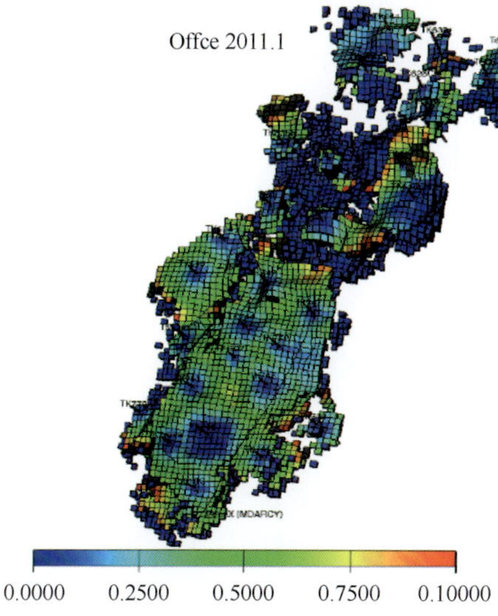

图 3-110　所有网格飞行时间

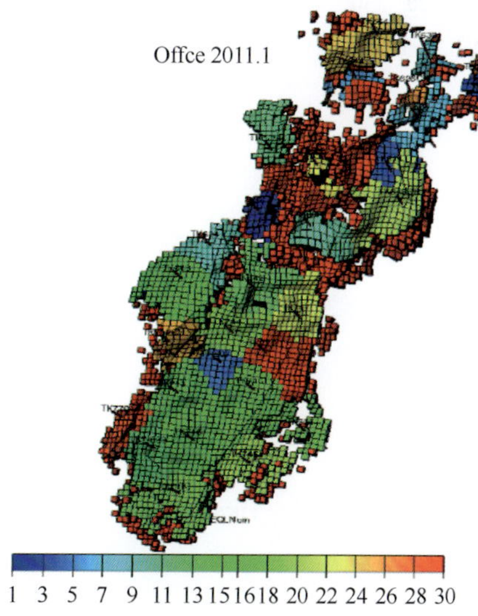

图 3-111　单井整体敏感性区域分区

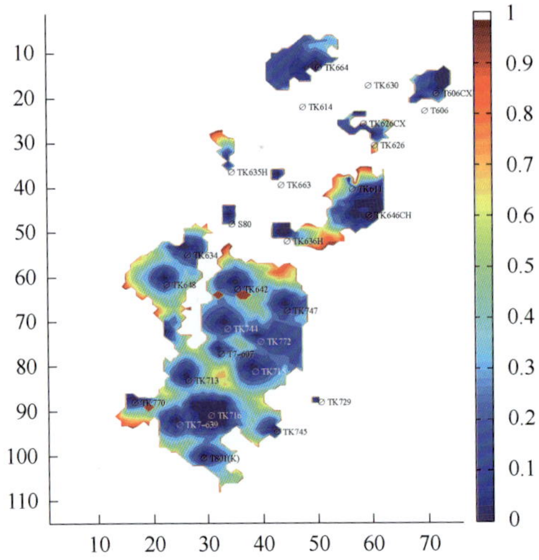

图 3-112　第 1 层网格飞行时间

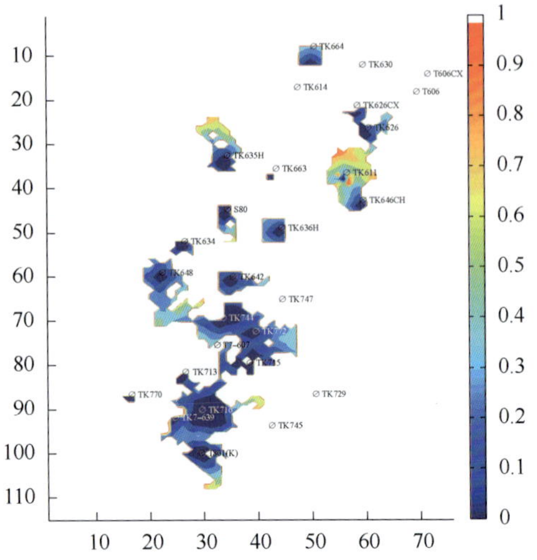

图 3-113　第 2 层网格飞行时间

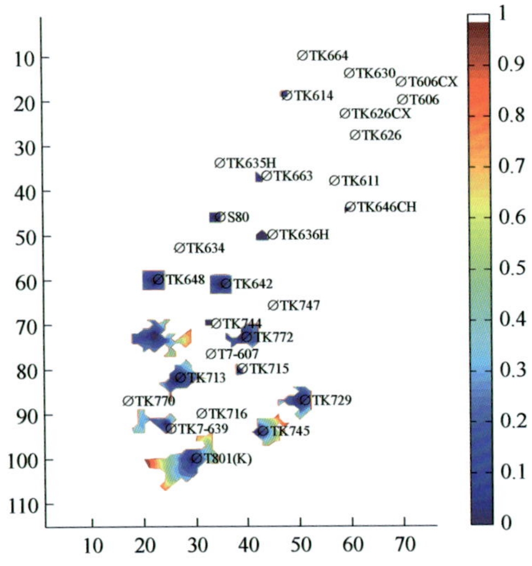

图 3-114　第 6 层网格飞行时间

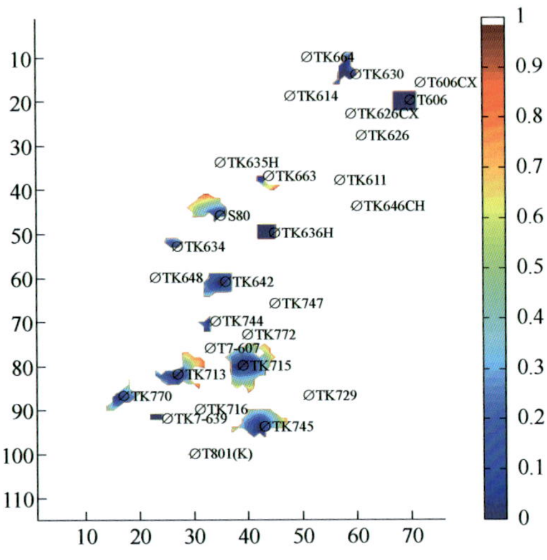

图 3-115　第 9 层网格飞行时间

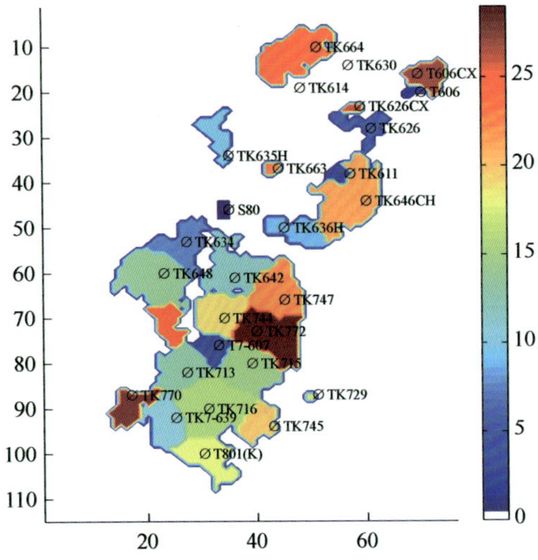

图 3-116　第 1 层敏感性区域分区

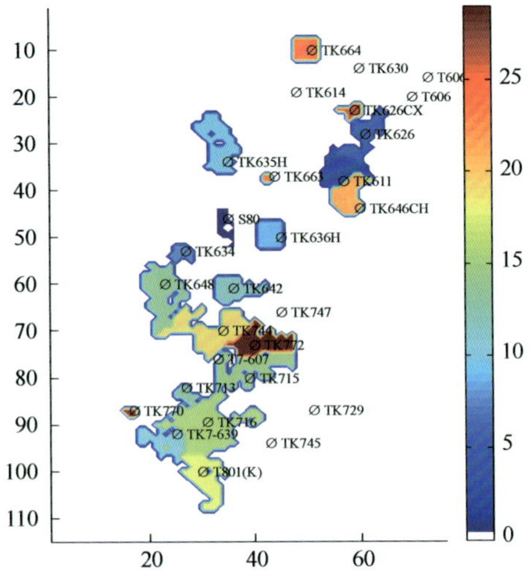

图 3-117　第 2 层敏感性区域分区

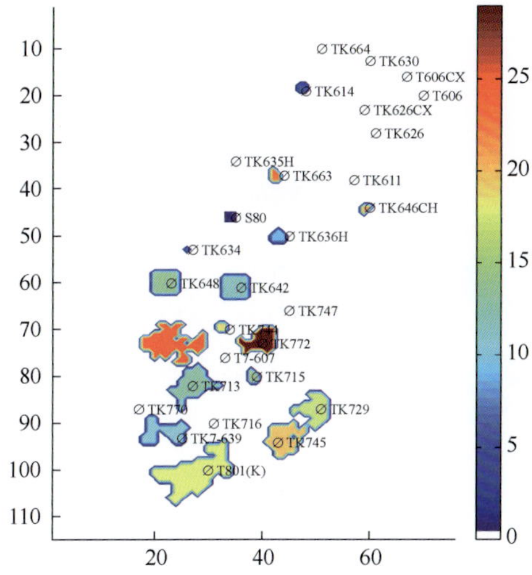

图 3-118　第 6 层敏感性区域分区

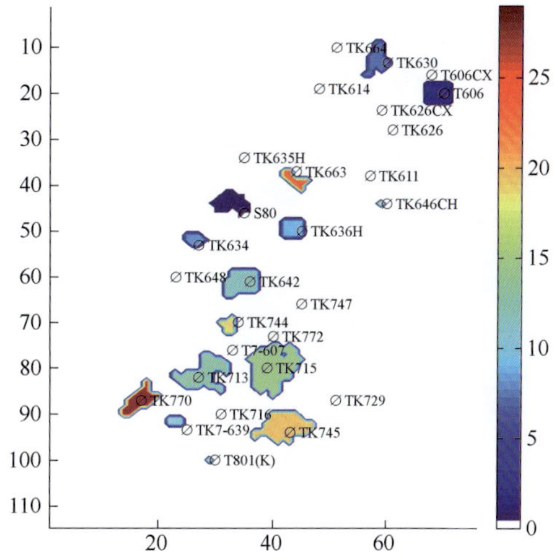

图 3-119　第 9 层敏感性区域分区

选择各井周围敏感性区域内网格的孔隙度和 *X* 方向的渗透率进行拟合，预处理过程对原始模型进行初步拟合后地质参数场的修改效果如图 3-120～图 3-127 所示。

对经过预处理的模型采用 SPSA 优化算法进行单模型自动历史拟合，拟合效果较好，结果如图 3-128～图 3-137 所示。

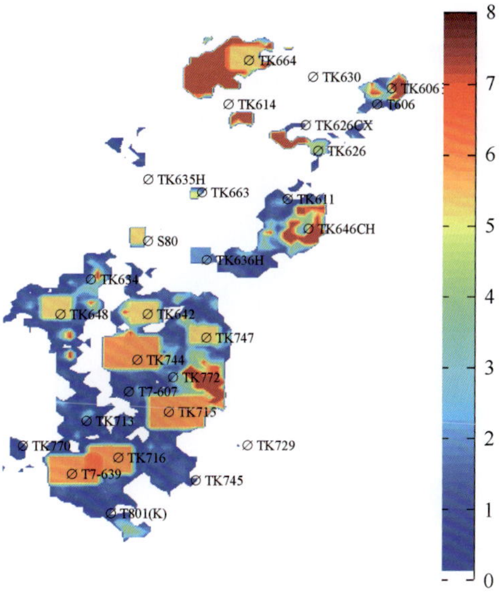

图 3-120　第 1 层 PERMX 拟合前

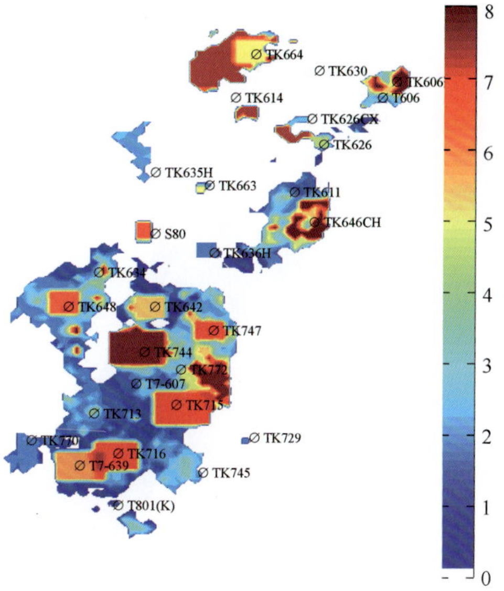

图 3-121　第 1 层 PERMX 拟合后

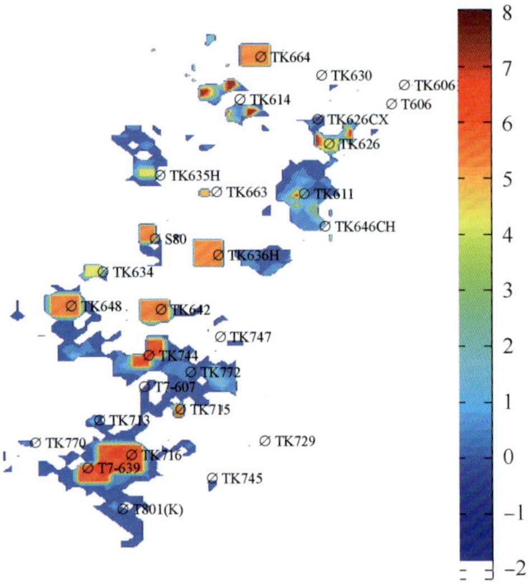

图 3-122　第 2 层 PERMX 拟合前

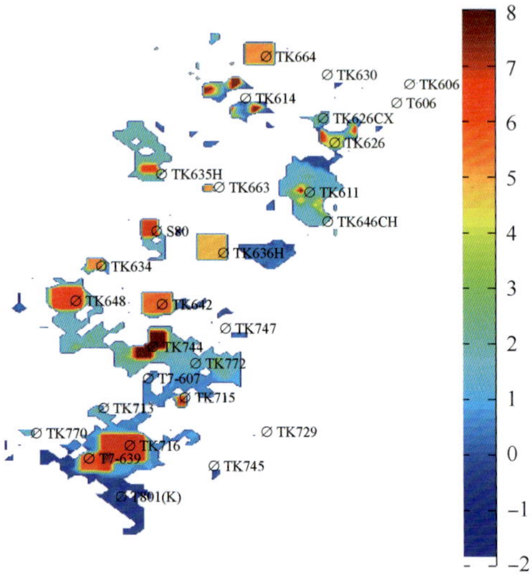

图 3-123　第 2 层 PERMX 拟合后

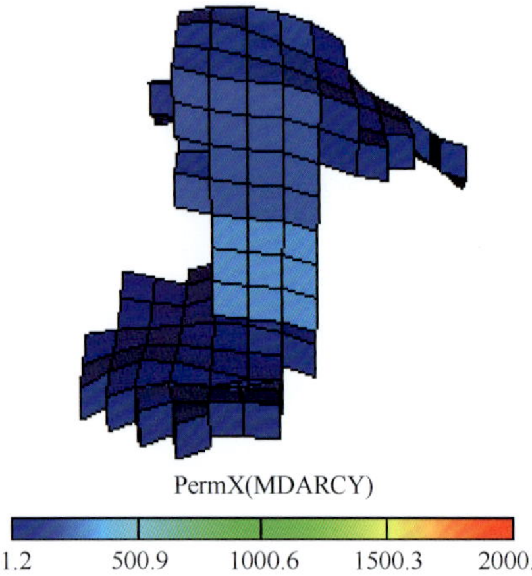

图 3-124　AA80 敏感性区域预处理前渗透率

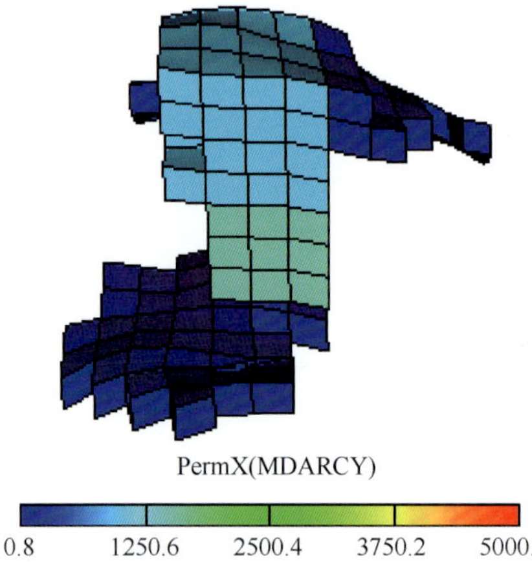

图 3-125　AA80 敏感性区域预处理后渗透率

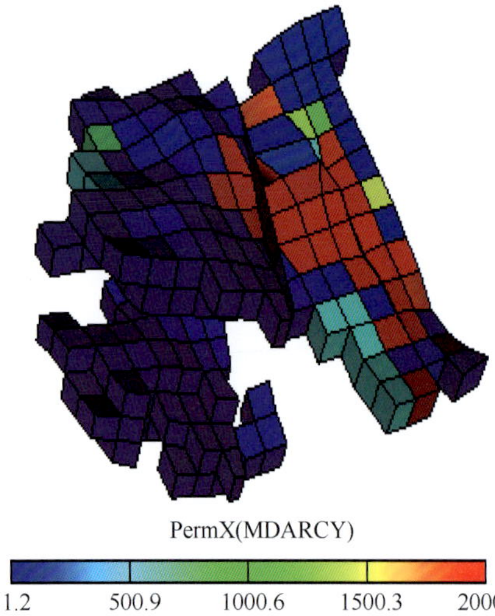

图 3-126　TK772 敏感性区域预处理前渗透率

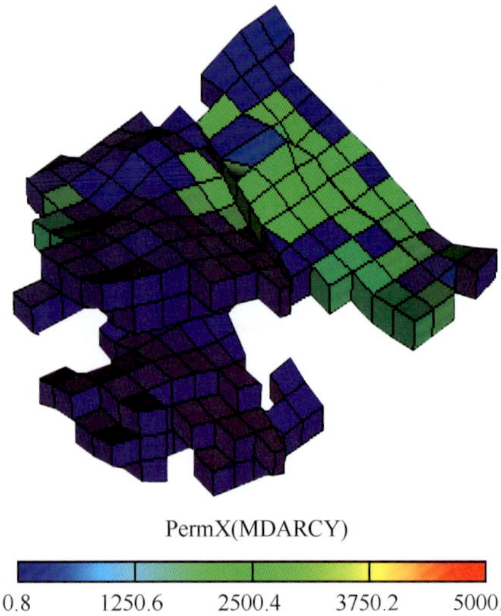

图 3-127　TK772 敏感性区域预处理后渗透率

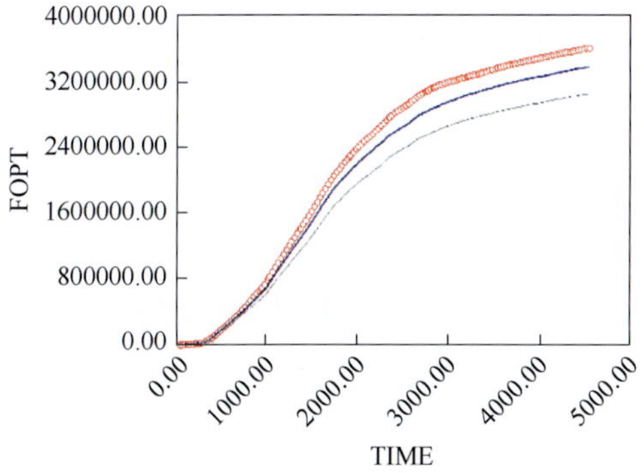

图 3-128　FOPT

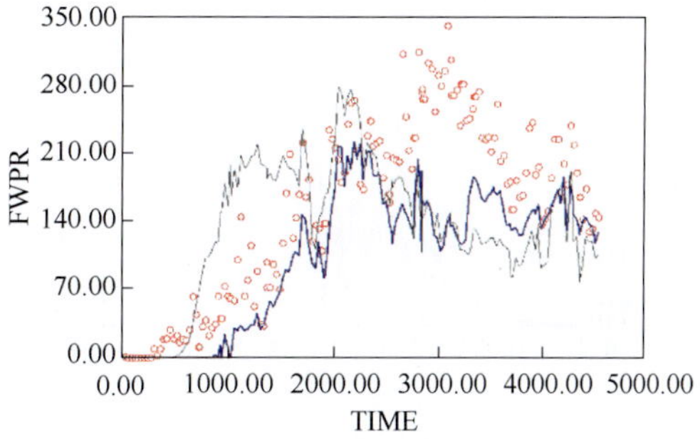

图 3-129　FWPR

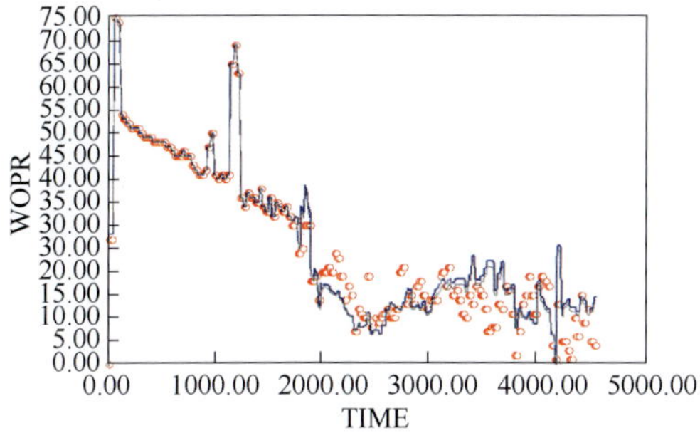

图 3-130　AA80 WOPR

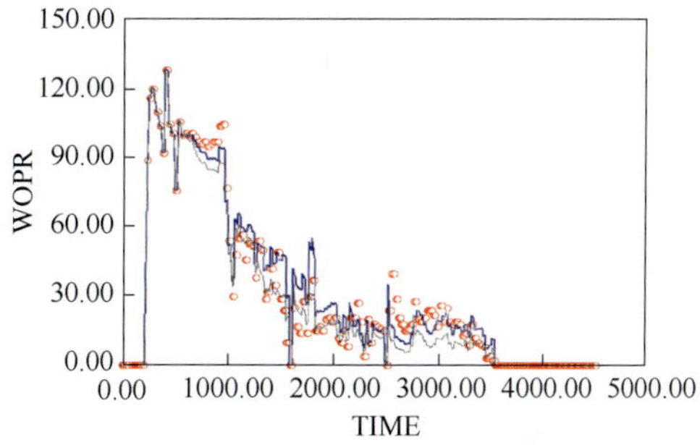

图 3-131　606 WOPR

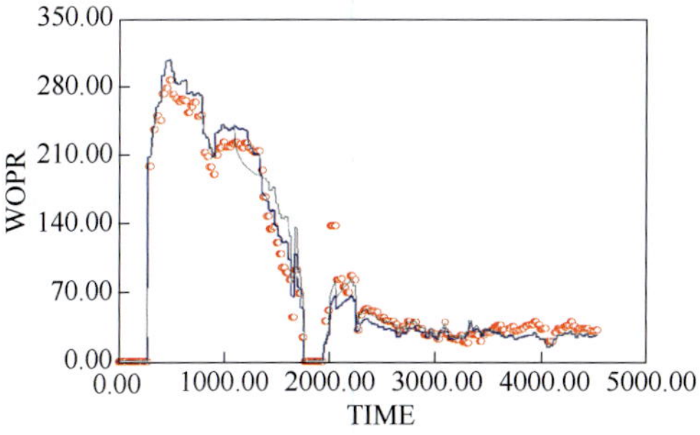

图 3-132　TK611 WOPR

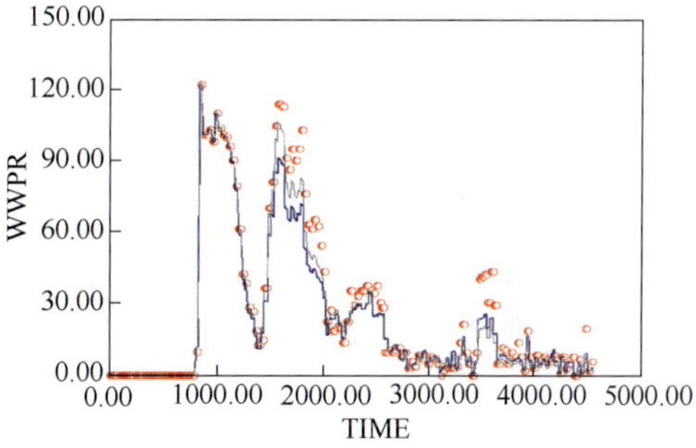

图 3-133　TK635H WWPR

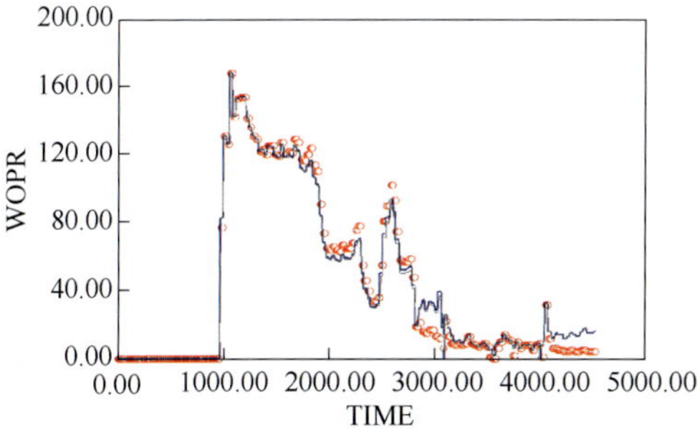

图 3-134　TK716 WOPR

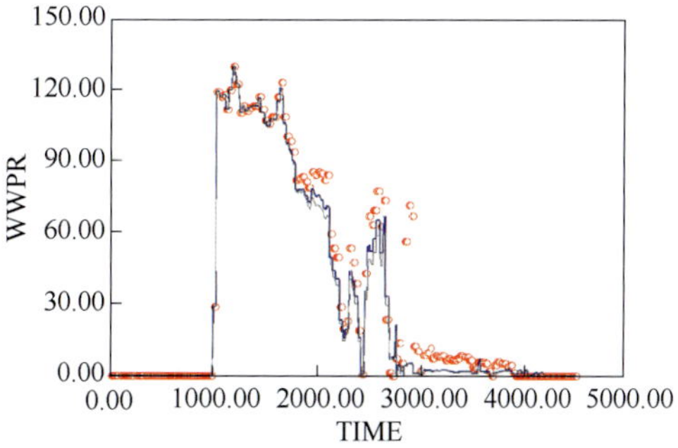

图 3-135　TK715 WWPR

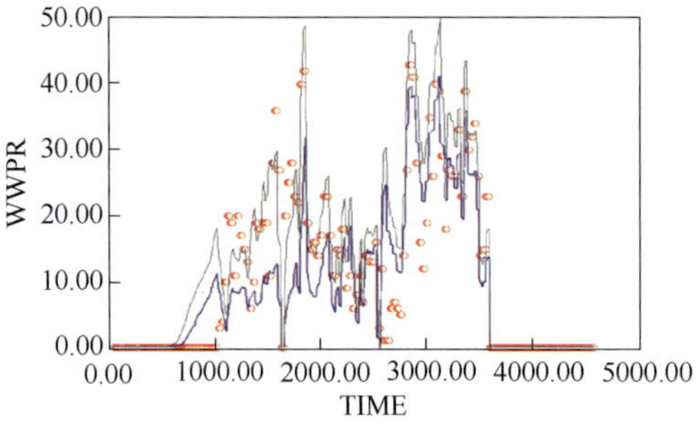

图 3-136　T606 WWPR

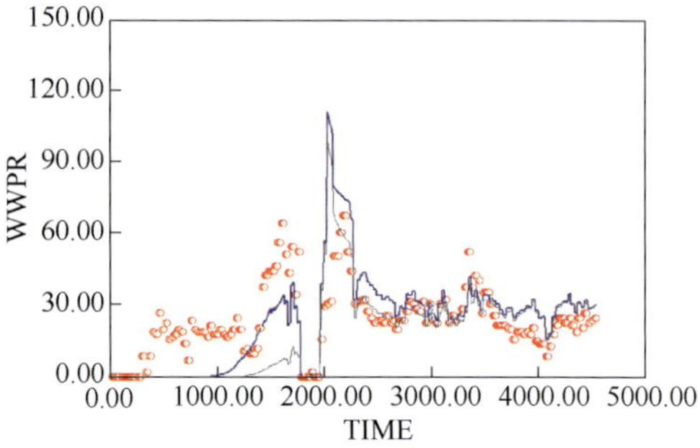

图 3-137　TK611 WWPR

3.3　基于参数降维和局域化的历史拟合技术

3.3.1　参数降维法

对于实际油藏历史拟合问题而言，所需反演的油藏参数的维数 N_m 通常数以万计，这对于目标函数 $O(m)$ 的优化是极其困难的，而且操作矩阵 $C_M^{-1}(m-m_{pr})$ 所需的计算代价在实际应用中也难以承受。为此，提出了一种基于初始多模型实现的参数变换方法(Parameterization Method)，该方法可近似地对历史拟合问题目标函数进行降维处理，有效地避免了矩阵 C_M^{-1} 和 $C_M^{-1}(m-m_{pr})$ 的计算，为大规模油藏历史拟合问题提供了新的思路。

首先基于地质统计学方法生成 N_e 个符合均值为 m_{pr} 初始油藏模型实现 $m_j(j=1, 2, \cdots, N_e)$，这些模型可由地质师基于先验地质信息给出。对于大规模油藏历史拟合问题，通常有 $N_e<<N_m$，则初始模型的平均模型为：

$$\bar{m} = \frac{1}{N_e}\sum_{j=1}^{N_e} m_j \approx m_{pr} \tag{3-33}$$

根据协方差的定义，初始模型协方差矩阵可近似计算为：

$$C_M = \frac{1}{N_e - 1}\sum_{j=1}^{N_e}(m_j - \bar{m})(m_j - \bar{m})^T = \frac{1}{N_e - 1}\delta M \delta M^T \tag{3-34}$$

式中，δM 为 $N_m \times N_e$ 维矩阵，其第 j 列向量为 $(m_j-\bar{m})$。对矩阵 δM 进行奇异值分解(SVD)可得：

$$\delta M = U\Lambda V^T \tag{3-35}$$

式中，$U\in R^{N_m\times N_m}$，$V\in R^{N_e\times N_e}$，$\Lambda\in R^{N_m\times N_e}$；对角阵 Λ 的对角元素为 δM 的奇异值，U 和 V 中列向量分别为 δM 的奇异向量；此时，协方差矩阵 C_M 变为：

$$C_M \approx \frac{1}{N_e-1}U\Lambda V^T V\Lambda^T U^T \tag{3-36}$$

由于 $V^T V=I_{N_e}$，则有：

$$C_M \approx \frac{1}{N_e-1} U \Lambda \Lambda^T U^T \tag{3-37}$$

如果仅考虑 Λ 中非零的奇异值，设其个数为 $N_p(N_p<N_e)$，则 C_M 可进一步化简为：

$$C_M \approx \frac{1}{N_e-1} U_p \Lambda_p^2 U_p^T \tag{3-38}$$

式中，对角阵 Λ_p 对角元素为 N_p 个非零的奇异值；U_p 为 Λ_p 所对应的奇异向量，$U_p \in R^{N_m \times N_p}$。$C_M$ 的伪逆(Pseudo-inverse)矩阵可表示为：

$$\hat{C}_M^{-1} = (N_e-1) U_p \Lambda_p^{-2} U_p^T \tag{3-39}$$

此时，定义新的参数 $p(p \in R^{N_P})$ 对 m 进行参数化变换为：

$$p = \sqrt{N_e-1}\, \Lambda_p^{-T} U_p^T (m-\overline{m}) \tag{3-40}$$

将 $\hat{C}_M^{-1}$ 和 $\overline{m}$ 分别替代 C_M^{-1} 和 m_{pr}，则目标函数 $O(m)$ 可近似转化为：

$$O(p) = \frac{1}{2} p^T p + \frac{1}{2} [d_{\mathrm{obs}} - g(m_p)]^T C_D^{-1} [d_{\mathrm{obs}} - g(m_p)] \tag{3-41}$$

其中，真实油藏参数 m_p 与 p 具有如下线性关系：

$$m_p = \overline{m} + \frac{U_p \Lambda_p}{\sqrt{N_e-1}} p \tag{3-42}$$

令 $A = \dfrac{U_p \Lambda_p}{\sqrt{N_e-1}}$，其中 $A \in R^{N_m \times N_p}$，则：

$$m_p = \overline{m} + Ap \tag{3-43}$$

显然，使用上述参数变换方法，可将油藏模拟历史拟合问题由 N_m 维降低到 N_p 维，再结合前述所提出的无梯度优化方法，即可实现大规模油藏模拟历史拟合问题的求解。在无梯度方法优化过程中，每一个迭代步主要通过调整参数 p 来降低目标函数 $O(p)$，并来反求油藏真实参数。

3.3.2 局域化方法修正梯度

考虑预测生产数据 $g(m)$ 与模型参数 m 满足如下线性关系式：

$$g(m) = Gm \tag{3-44}$$

式中，G 为 $N_d \times N_m$ 维矩阵，其可认为是观测数据 $g(m)$ 对模型 m 的敏感系数矩阵或雅可比矩阵。考虑目标函数 $O(p)$ 的梯度，其计算表达式如下：

$$\nabla O(p) = p + G_p^T C_d^{-1} [d_{obs} - g(p)] \tag{3-45}$$

G_p是观测数据 $g(p)$ 对模型 p 的敏感系数矩阵，无法直接求取，采用近似方法计算：

$$G_p^T \approx \frac{1}{N_e - 1} \sum_{j=1}^{N_e} (p_j - \overline{p}) [g(p_j) - \overline{g}]^T \tag{3-46}$$

变量更新公式参考标准 SPSA 算法的变量更新公式，如下：

$$p^{l+1}=p^{l}-\alpha_l(p^{l}+G_p^T C_D^{-1}(g(p)-d_{obs}))\tag{3-47}$$

式中，α_l 为搜索步长。

前期研究引入的敏感性梯度矩阵建立在 m 域上，在参数降维后，需要对敏感性梯度矩阵由 m 域转换到 p 域。

定义 $\rho(m)$ 为 m 域上的敏感性局域化函数：

$$\rho(m)=[\rho_1,\ \rho_2,\ \cdots,\ \rho_{N_d}]\tag{3-48}$$

式中，N_d 为观测值的个数。定义 $\dfrac{\partial\rho}{\partial m}$ 为 m 域上敏感性梯度：

$$\frac{\partial\rho}{\partial m}=\begin{pmatrix}\dfrac{\partial\rho_1}{\partial m_1} & & \dfrac{\partial\rho_{N_d}}{\partial m_1}\\ & \ddots & \\ \vdots & \dfrac{\partial\rho_j}{\partial m_i} & \vdots\\ & & \ddots \\ \dfrac{\partial\rho_1}{\partial m_{N_m}} & \cdots & \dfrac{\partial\rho_{N_d}}{\partial m_{N_m}}\end{pmatrix}\begin{pmatrix}j=1,\ \cdots,\ N_d\\ i=1,\ \cdots,\ N_m\end{pmatrix}\tag{3-49}$$

式中，N_m 为拟合参数的维数。获得单井敏感性分区后，在单井敏感性区域外，定义敏感性梯度 $\dfrac{\partial\rho}{\partial m}=0$。在单井敏感性区域内，根据网格飞行时间 $\tau(m)$ 与单井的敏感性梯度之间的关系，使用指数模型来获得单井敏感性局域化相关模式，如下所示：

$$\frac{\partial\rho}{\partial m}=\begin{cases}\exp\left[-3\sqrt{\tau(m)/\tau_{\mathrm{ref}}(m)}\right] & \tau\in F_j\\ 0 & \tau\notin F_j\end{cases}\tag{3-50}$$

式中，F_j 为第 j 口井的敏感性区域；τ_{ref} 定义为第 j 口井敏感性区域内最大的飞行时间值，是一个与静态参数场 m 相关的变量。为了使该局域化模式有更好的适用性，可对飞行时间进行归一化处理。

定义 p 域上的敏感性局域化函数为 $\rho(p)$，则 p 域上的敏感性梯度为 $\dfrac{\partial\rho}{\partial p}$，令 $\nabla_p[\rho(p)]=\dfrac{\partial\rho}{\partial p}$，$\nabla_m[\rho(m)]=\dfrac{\partial\rho}{\partial m}$。

根据求解偏导数的链式法则，有：

$$\nabla_p[\rho(p)]=\nabla_p[m^T(p)]\nabla_m[\rho(m)]\tag{3-51}$$

可得：

$$\nabla_p[m^T(p)]=A^T\tag{3-52}$$

$$\nabla_p[\rho(p)]=A^T\nabla_m[\rho(m)]\tag{3-53}$$

根据上式将 m 域上的敏感性梯度 $\dfrac{\partial\rho}{\partial m}$ 转换为 p 域上的敏感性梯度 $\dfrac{\partial\rho}{\partial p}$。

在考虑局域化后，对目标函数的梯度进行修正，变量更新公式为：

$$p^{l+1}=p^{l}-\alpha_{l}\left\{p^{l}+\left(\frac{\partial\rho}{\partial p}\circ G_{p}^{T}\right)C_{D}^{-1}\left[g(p)-d_{obs}\right]\right\} \tag{3-54}$$

3.3.3 逐渐变形法

逐渐变形法(Gradual Deformation Method，GDM)是一种随机反演方法，该方法利用扰动机制逐渐地修改满足高斯分布的储层地质模型，保证了修改后的模型依旧满足介质的空间相关关系。逐渐变形法的核心思想是：一个新的满足高斯分布的模型实现 Y 可以通过两个独立的满足高斯分布的模型实现和 Y_2 产生，Y_1 是初始模型实现，Y_2 是另一个随机产生的模型实现，它们之间的逐渐变形关系为：

$$Y=Y_{1}\cos(\pi\theta)Y_{2}\sin(\pi\theta) \tag{3-55}$$

参数 θ 是唯一的参数，当 $\theta=0$ 时，$Y=Y_1$；$\theta=1/2$ 时，$Y=Y_2$。当参数 θ 从 0 变为 1/2 时，Y 对应的从 Y_1 变到 Y_2。通过该方法，我们只需要产生一系列满足高斯分布的模型实现，利用优化算法估计最优的变形参数 θ 使历史拟合目标函数达到最小即可。

全局逐渐变形法效率较低，因为提高一个区域的匹配会使另一个区域匹配变差。在历史拟合研究中，局部逐渐变形法被提出。由于历史拟合的观测数据(如压力和出油率)分散在不同的区域，其主要受到该区域周围储层参数的影响。通过将整个区域划分为几个独立的子区域，然后分别进行反演，提高反演的效率(见图 3-138)。假设将整个研究区划分为 n 个部分，Y_1 为整个区域的模型实现，Y_1^1，Y_1^2，…，Y_1^n 是 Y_1 对应的 n 个子区域的划分，则此时逐渐变形法表示为：

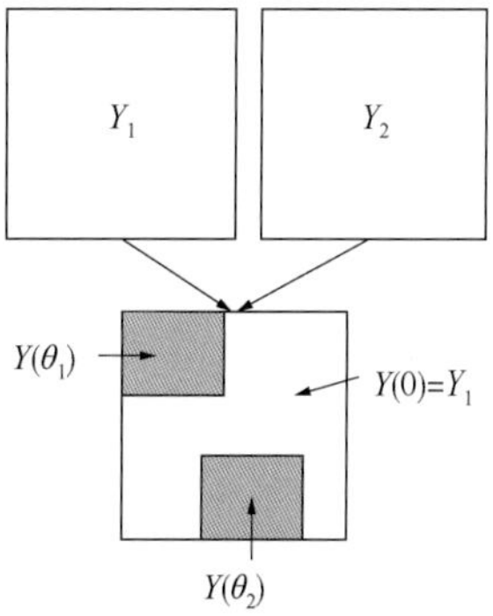

图 3-138　局部逐渐变形法

$$Y=\begin{bmatrix}Y_1^1\cos(\pi\theta_1)Y_2^1\sin(\pi\theta_1)\\Y_1^2\cos(\pi\theta_2)Y_2^2\sin(\pi\theta_2)\\\vdots\\Y_1^n\cos(\pi\theta_n)Y_2^n\sin(\pi\theta_n)\end{bmatrix} \tag{3-56}$$

式中，Y_2^1，Y_2^2，…，Y_2^n 分别为另一个模型实现 Y_2 对应的 n 个子区域的划分；θ_1，θ_2，…，θ_n 为对应的 n 个子区域的逐渐变形参数。

3.3.4 概念油藏及实际缝洞油藏测试

1) SPE 二维油藏模型

模型网格为 20×30×1，为 1 注 5 采，反演渗透率和孔隙度共计 1200 个参数，降维后 100 维，油藏非均质性强，存在一条高渗条带。模型网格飞行时间追踪和单井敏感性区域分区如图 3-139 和图 3-140 所示。

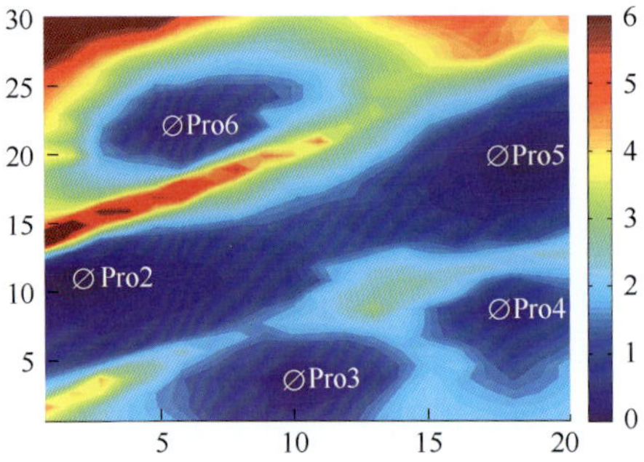

图 3-139　初始模型飞行时间

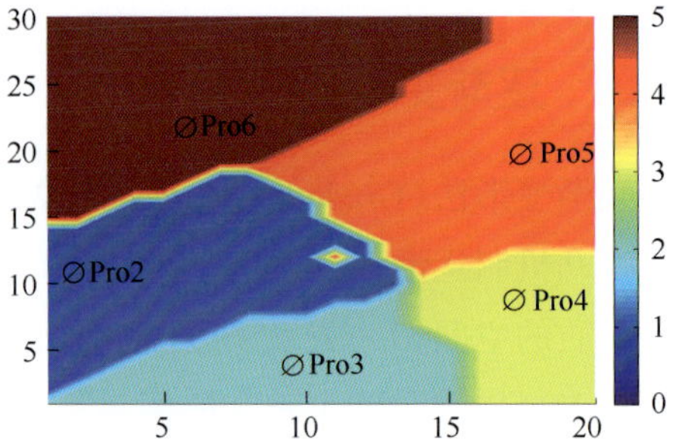

图 3-140　初始模型单井敏感性区域分区

对该模型分别采用有限差分法、标准 SPSA 算法、解析梯度法(包括未考虑局域化和考虑局域化两种情况)4 种方法计算目标函数的梯度，计算结果如图 3-141 所示。有限差分法需要 100 次模拟计算，计算结果为真实梯度；标准 SPSA 算法需要 5 次模拟计算，计算梯度与真实梯度相关性系数为 0.15；未考虑局域化的解析梯度法需要 5 次模拟计算，计算梯度与真实梯度相关性系数为 0.26；考虑局域化的解析梯度法需要 5 次模拟计算，计算梯度与真实梯度相关性系数为 0.63。通过对比可以看出，考虑局域化后梯度与真实梯度更为接近，可以较好地消除梯度的伪相关性。

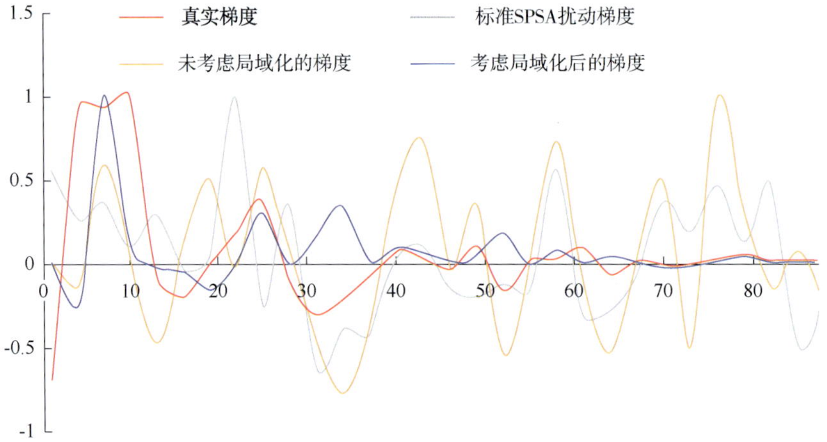

图 3-141　不同方法计算梯度结果对比

拟合结果如图 3-142~图 3-145 所示，拟合后渗透率场与真实渗透率场较为接近，可以很好地反映出高渗条带特征，单井生产动态拟合较好。

2) PUNQ-S3 油藏模型

该模型是一含有气顶和强边水的三维三相油藏，模型网格为 20×30×5，有 6 口生产井，不含注水井，进行基于局域化的单模型拟合，拟合效果较好(见图 3-146~图 3-155)。

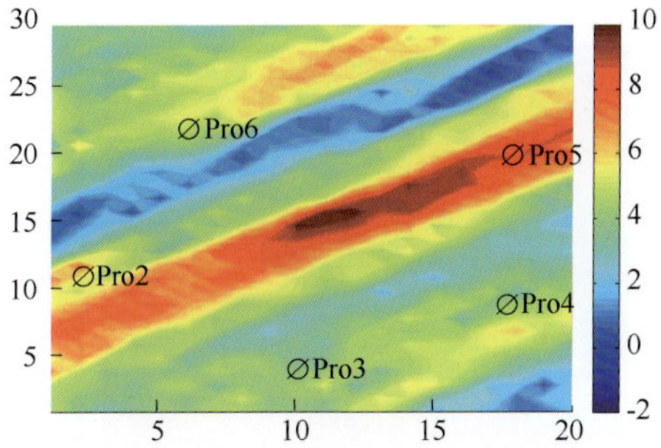

图 3-142　真实模型渗透率场

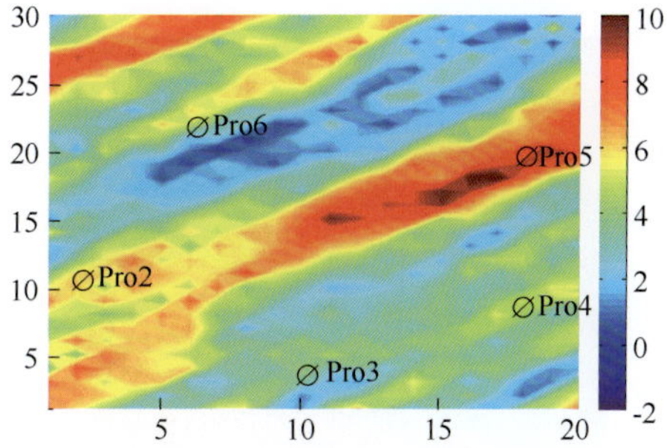

图 3-143　拟合后模型渗透率场

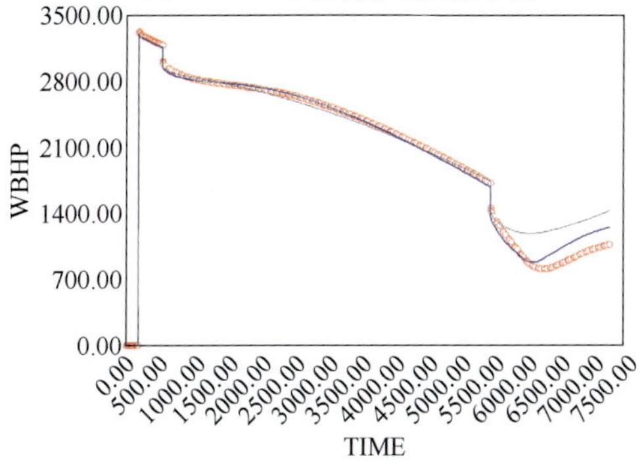

图 3-144　Pro3 WBHP

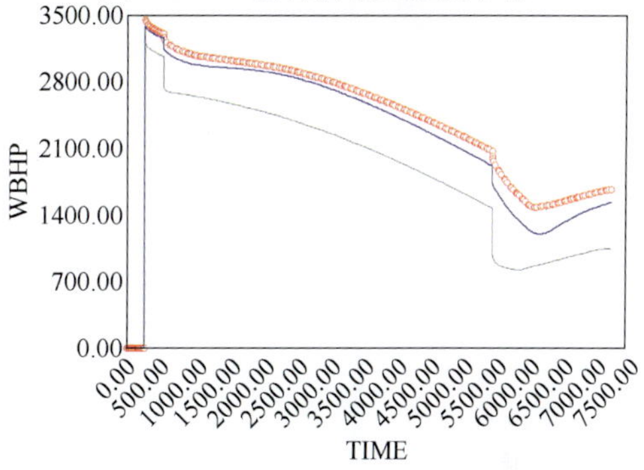

图 3-145　Pro4 WBHP

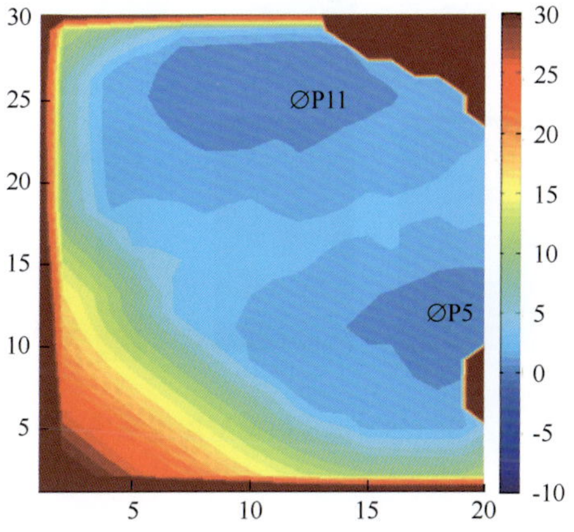

图 3-146　第 3 层网格飞行时间

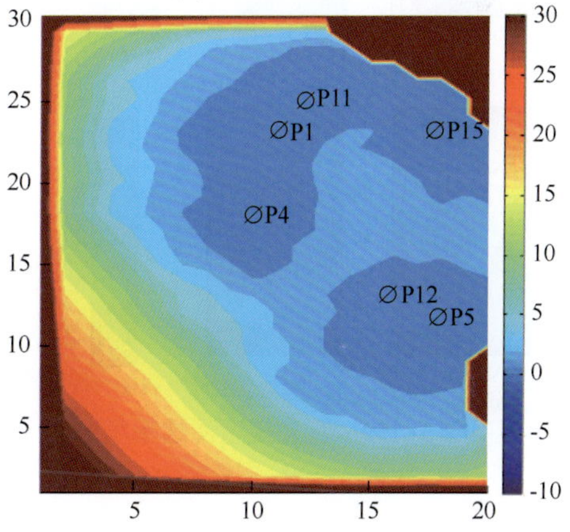

图 3-147　第 4 层网格飞行时间

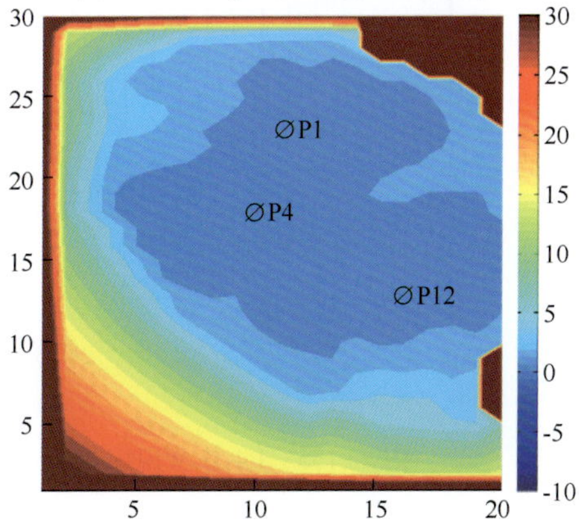

图 3-148　第 5 层网格飞行时间

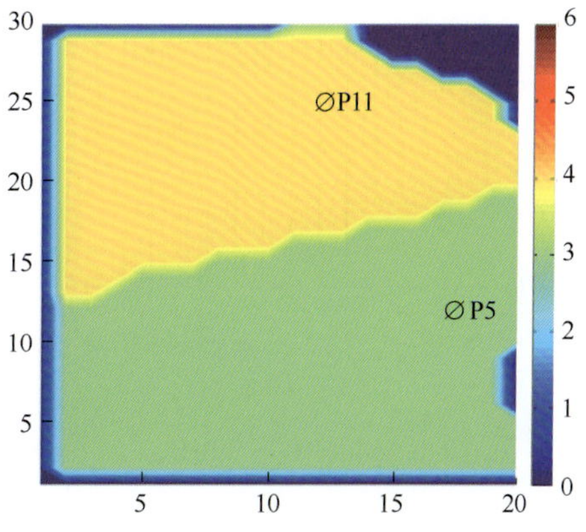

图 3-149　第 3 层敏感性分区

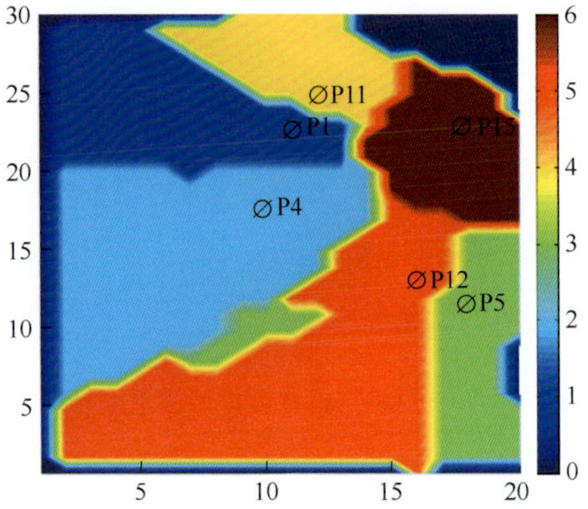

图 3-150　第 4 层敏感性分区

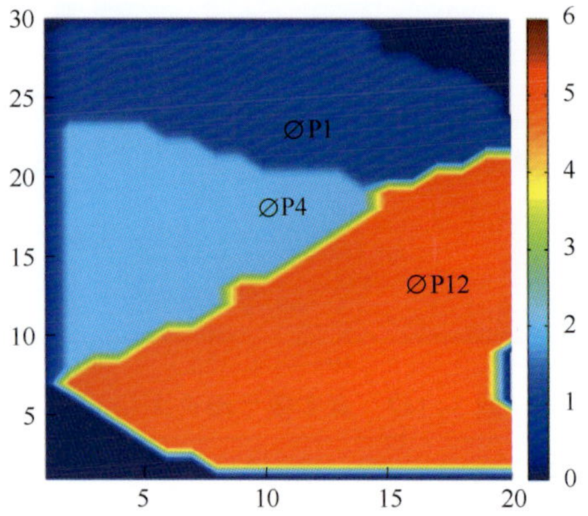

图 3-151　第 5 层敏感性分区

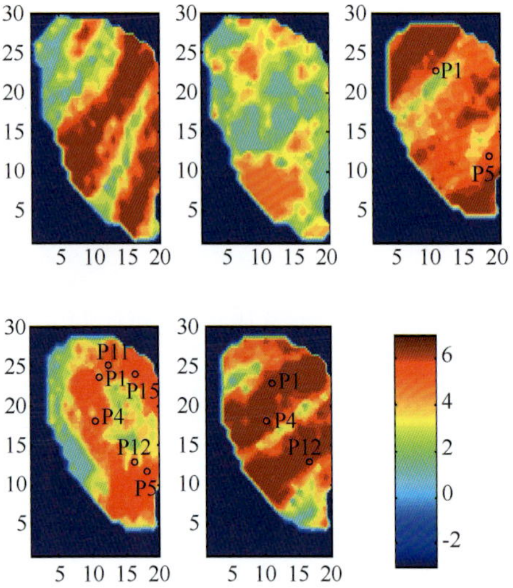

图 3-152　真实模型渗透率场

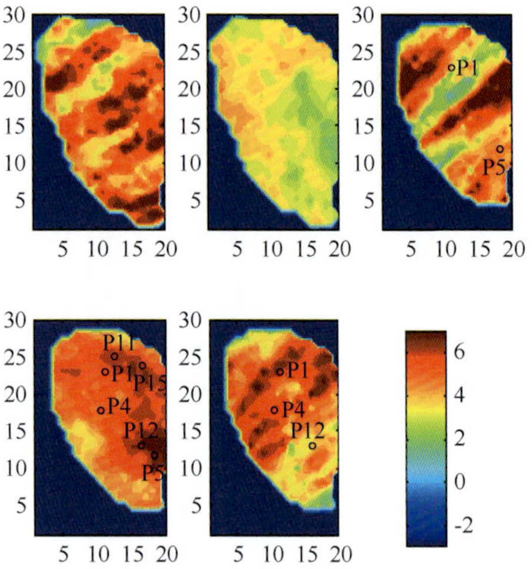

图 3-153　拟合后模型渗透率场

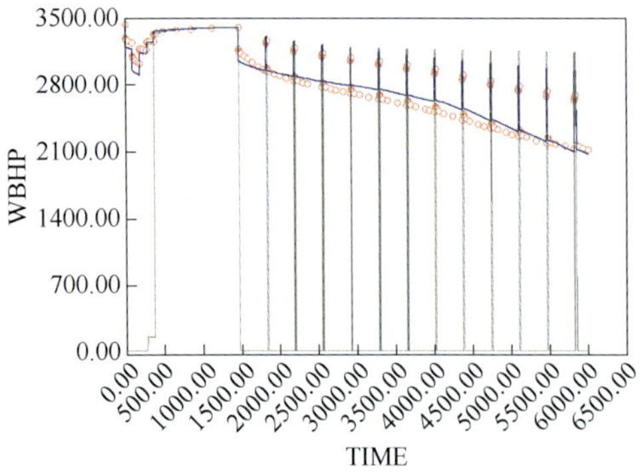

图 3-154　P1 井 WBHP

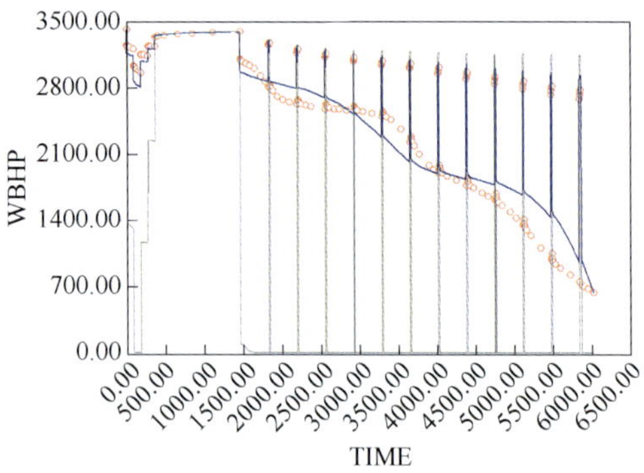

图 3-155　P4 井 WBHP

3）实际缝洞油藏

采用 AA80 缝洞油藏模型进行拟合，网格 76×115×20(174800)，共拟合生产井 22 口，注水井 7 口，拟合效果较好(见图 3-156~图 3-163)。

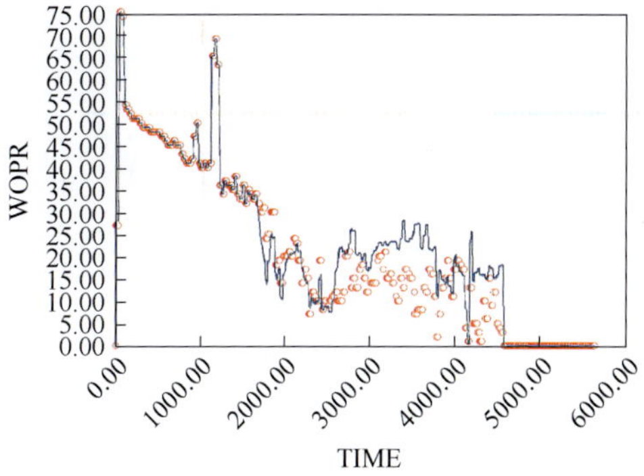

图 3-156　AA80 WOPR

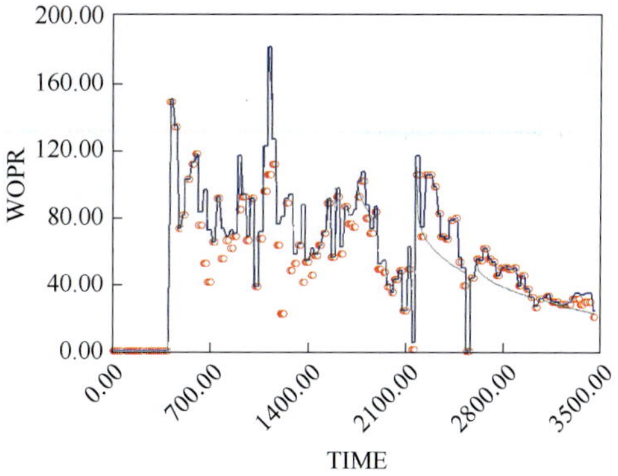

图 3-157　TK614 WOPR

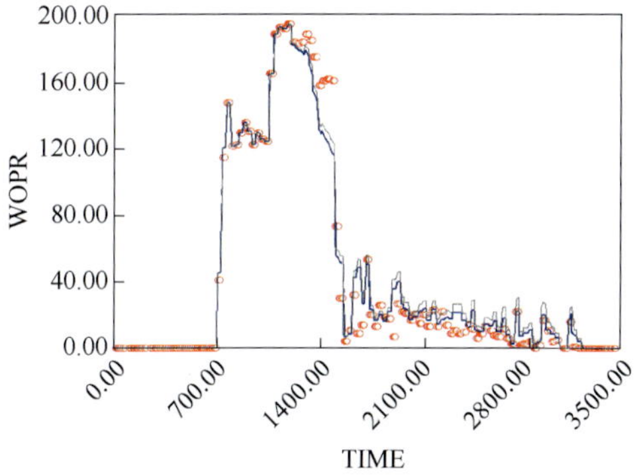

图 3-158　TK636H WOPR

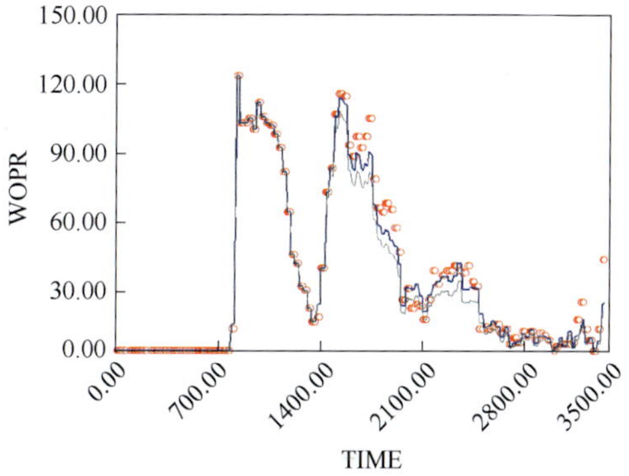

图 3-159　TK635H WOPR

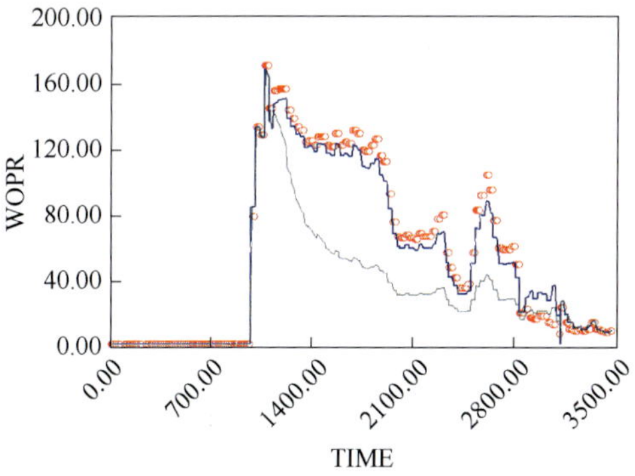

图 3-160　TK716 WOPR

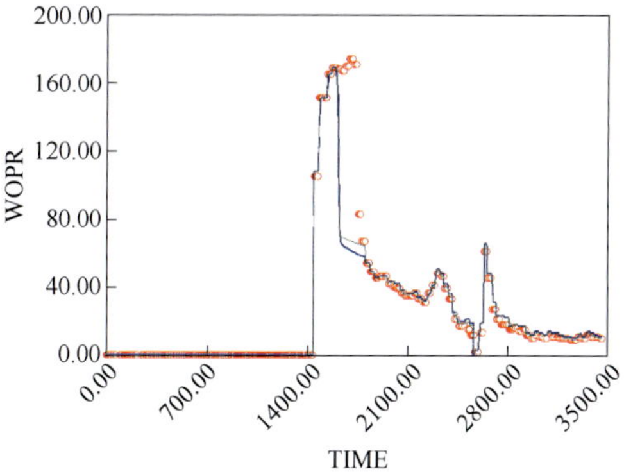

图 3-161　TK745 WOPR

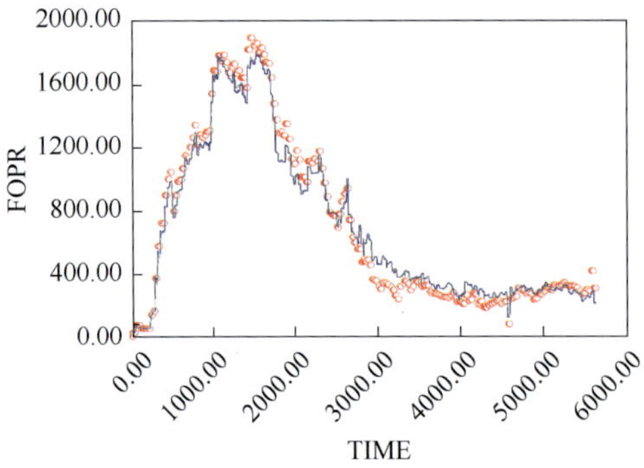

图 3-162　FOPR

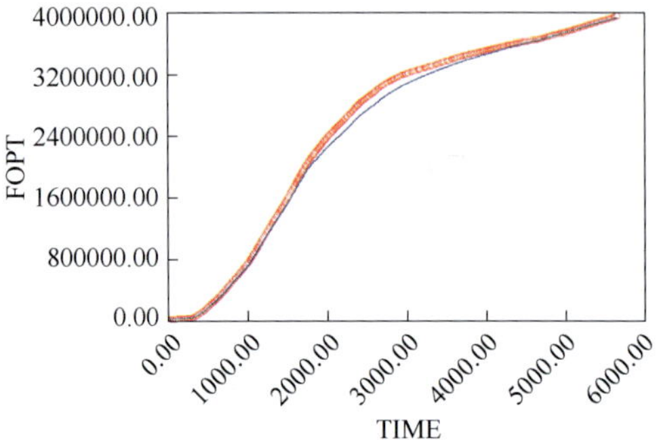

图 3-163　FOPT

3.4　基于局域化方法的不确定性模型数据同化方法

3.4.1　集合卡尔曼滤波

集合卡尔曼滤波(EnKF)方法最初主要应用在海洋动力学和气象学中，于 2002 年被引入石油工程自动历史拟合领域。基于一组油藏模型实现，该方法主要是通过不断吸收实际生产观测数据，来实时更新油藏地质模型，因此它是一种数据同化方法。由于 EnKF 方法避免了伴随梯度计算，便于程序开发、调试及维护，且更新得到油藏模型能够在一定程度上反映真实油藏的不确定性，因此受到越来越多学者的关注。

考虑共生成 N_e 个随机油藏模型，对于第 j 个模型的 EnKF 算法更新公式为：

$$m_j^u = m_j^p + C_M G^T \left(GC_M G^T + C_D\right)^{-1}\left(d_{\mathrm{uc},j} - Gm_j^p\right) \tag{3-57}$$

式中，m_j^p、m_j^u 分别为数据更新前后的参数向量；C_M 为初始模型协方差矩阵；G 为 $N_m \times N_e$ 维矩阵，其可认为是观测数据 $g(m)$ 对模型 m 的敏感系数矩阵或雅可比矩阵。

如果当油藏生产系统符合线性关系时，式(3-57)可进一步表示为：

$$m_j^u = m_j^p + C_M G^T \left(GC_M G^T + C_D\right)^{-1}\left[d_{\mathrm{uc},j} - g\left(m_j^p\right)\right] \tag{3-58}$$

式(3-58)即为 EnKF 方法模型更新方程。对于敏感系数矩阵 G 的求取往往是非常复杂的，通常需要采用伴随方法来获得。此处做如下近似处理，即 $G \approx \overline{G}$，其中 $\overline{G}$ 满足一阶泰勒展式：

$$\begin{aligned} g\left(m_j^p\right) &\approx g\left(\overline{m}^p\right) + \overline{G}\left(m_j^p - \overline{m}^p\right) \\ &\approx \overline{g}^p + \overline{G}\left(m_j^p - \overline{m}^p\right), \quad j = 1,\ 2,\ \cdots,\ N_e \end{aligned} \tag{3-59}$$

式中，模型均值 $\overline{m}^p = \dfrac{1}{N_e}\sum\limits_{j=1}^{N_e} m_j^p$；模型预测观测值均值 $\overline{g}^p = \dfrac{1}{N}\sum\limits_{j=1}^{N_e} g\left(m_j^p\right)$。令 $C_{M,G}$ 表示为模型参数 m 与 $g(m)$ 的相关矩阵，其计算表达式为：

$$
\begin{aligned}
C_{M,G} &\approx \frac{1}{N_e - 1}\sum_{j=1}^{N_e}(m_j^p - \overline{m^p})[g(m_j^p) - \overline{g^p}]T \\
&\approx \frac{1}{N_e - 1}\sum_{j=1}^{N_e}(m_j^p - \overline{m^p})(m_j^p - \overline{m^p})^T\overline{G}^T \approx C_M G^T
\end{aligned}
\tag{3-60}
$$

令 $C_{D,D}$表示预测观测值 $g(m_j^p)$的协方差阵，则：

$$
\begin{aligned}
C_{D,D} &\approx \frac{1}{N_e - 1}\sum_{j=1}^{N_e}(g(m_j^p) - \overline{g^p})[g(m_j^p) - \overline{g^p}]T \\
&\approx \frac{1}{N_e - 1}\sum_{j=1}^{N_e}\overline{G}(m_j^p - \overline{m^p})(m_j^p - \overline{m^p})^T\overline{G}^T \approx GC_M G^T
\end{aligned}
\tag{3-61}
$$

可以得到：

$$
m_j^u = m_j^p + C_{M,G}(C_{D,D}+C_D)^{-1}[d_{\mathrm{uc},j} - g(m_j^p)] \tag{3-62}
$$

经过上述推导，可以看出 EnKF 方法更新方程实际上是将平均模型 $\overline{m^p}$ 处的敏感矩阵 $\overline{G}$ 近似为真实敏感系数矩阵 G 推导而来。因此，根据 RML 方法原理，当油藏生产系统为线性系统时，EnKF 方法更新后油藏模型能够给出历史拟合问题正确概率估计。此时，如果油藏生产系统在每个时间步计算得到观测值关于状态参数(压力、流体饱和度)也为线性模型时，基于 RML 进行数据同化的思路，即可得到 EnKF 进行数据同化的模型更新方程。

定义随机向量模型 S，其包含地质参数 m 及状态变量 y，即：

$$
S = \begin{bmatrix} m \\ y \end{bmatrix} \tag{3-63}
$$

由 EnKF 计算公式，在 n 时刻对于第 j 个模型，数据同化更新方程为：

$$
S_j^{u,n} = S_j^{p,n} + C_{S^{p,n},G^{p,n}}(C_{D^{p,n},D^{P,N}} + C_{D^n}) \tag{3-64}
$$

式中，$S_j^{p,n}$ 为 n 时刻更新前向量；$S_j^{u,n}$ 为 n 时刻更新后向量；$d_{\mathrm{uc},j}^n$为 n 时刻观测数据向量；d_j^p 为 n 时刻第 j 个模型计算的观测数据向量。则 $C_{S^{p,n}}$和 $C_{D^{p,n}}$计算公式分别为：

$$
C_{S^{p,n},G^{p,n}} = \frac{1}{N_e - 1}\sum_{j=1}^{N_e}(S_j^{p,n} - \overline{S}^{p,n})(d_j^{p,n} - \overline{d}^{p,n})^T \tag{3-65}
$$

$$
C_{D^{p,n},D^{p,n}} = \frac{1}{N_e - 1}\sum_{j=1}^{N_e}(d_j^{p,n} - \overline{d}^{p,n})(d_j^{p,n} - \overline{d}^{p,n})^T \tag{3-66}
$$

式中，$\overline{S}^{p,n} = \frac{1}{N_e}\sum_{j=1}^{N_e} S_j^{p,n}$；$\overline{d}^{p,n} = \frac{1}{N_e}\sum_{j=1}^{N_e} d_j^{p,n}$ 。

显然，基于 EnKF 方法进行历史拟合，仅需要对每一个油藏模型在不同时间步进行重启计算即可，而不需要油藏模拟器从头算起。因此，其计算代价(模拟计算次数)可近似地认为仅与所使用的油藏模型个数 N_e 有关，适合于进行大规模油藏模拟历史拟合问题的求解。

3.4.2　基于局域化的 EnKF 方法

当模型集合数趋近于无穷大时，EnKF 计算才能逼近真实所得模型参数与生产动态的敏感性矩阵 $C_{Sp,n,Gp,n}$，考虑到油藏数值模拟耗时较大，实际应用时，只能使用较小规模集合数，这样会增大数据同化过程中的误差估计和降低数据同化的自由度，导致无法正确计算网格变量和生产数据变量之间的相关性。尤其是那些对单井动态影响较小的网格，通常也会得出较大的相关性，使集合对协方差矩阵的近似计算严重偏离实际。基于局域化的 EnKF 方法能够很好地解决这一问题。这一方法主要需要获得准确的敏感性矩阵。

具体实现过程如下：

（1）追踪模型飞行时间。

（2）拟合敏感性梯度与飞行时间得到当前时刻指数模型，建立网格敏感性梯度大小与飞行时间的对应关系，拟合结果如图 3-164 所示。

（3）将网格飞行时间代入指数模型，构建单井生产动态与网格敏感性矩阵 ρ_{MG}，矫正数据同化方法梯度。敏感性矩阵 ρ_{MG} 的形式如图 3-165 所示，构建矩阵时不在该井控制区域内的网格敏感性梯度设置为 0。

（4）将此网格敏感性矩阵代入 EnKF 数据同化公式中进行拟合。

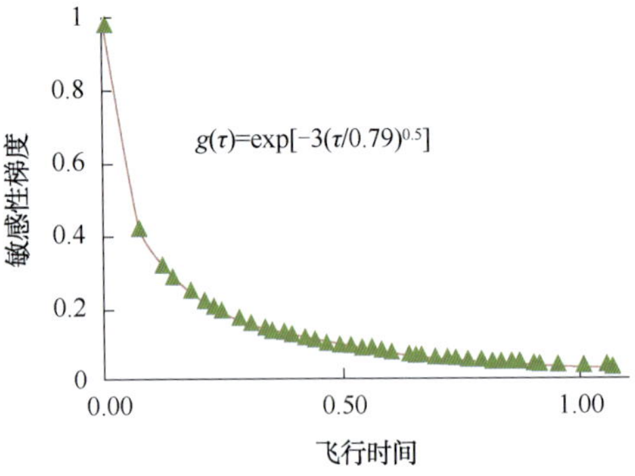

图 3-164　指数拟合模型

	井1	井2	井3	井4
τ_1	ρ_{11}	ρ_{12}	ρ_{13}	ρ_{14}
τ_2	ρ_{21}	ρ_{22}	ρ_{23}	ρ_{24}
τ_3	ρ_{31}	ρ_{32}	ρ_{33}	ρ_{34}
⋮	⋮	⋮	⋮	⋮
τ_N	ρ_{N1}	ρ_{N2}	ρ_{N3}	ρ_{N4}

图 3-165　敏感性矩阵形式

3.4.3　概念油藏及实际油藏模型测试

1）缝洞型概念油藏

以 5 注 4 采缝洞型模型为例，模型考虑 P1、P2、P3、P4 四口生产井进行拟合。真实模型平面孔隙度场分布如图 3-98 所示，渗透率场分布如图 3-99 所示，第 5 个模型追踪出来的飞行时间如图 3-100 所示，根据飞行时间确定的单井敏感性分区如图 3-101 所示。

基于局域化的 EnKF 多模型拟合效果如图 3-166～图 3-171 所示，各模型实现拟合前后地质参数场(X 方向的渗透率 PERMX)如图 3-166～图 3-171 所示。可以看到，各模型拟合后均向着真实模型地质场逼近，能够刻画真实地质模型的高渗条带。拟合后的生产观测数据与历史观测数据对比如图 3-172～图 3-175 所示。可以看到，拟合后模型的生产观测数据更接近真实观测数据。

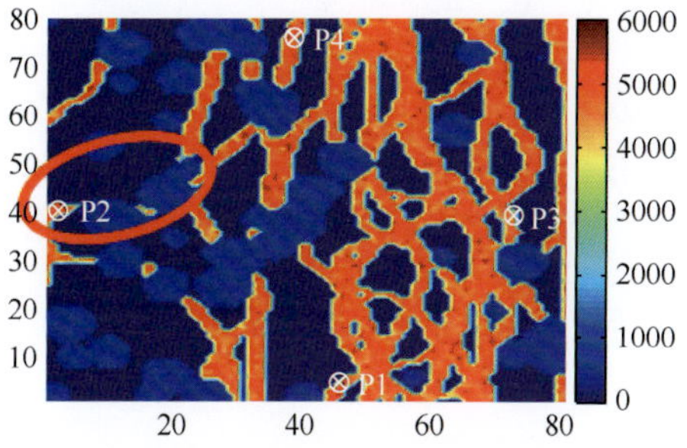

图 3-166　第 5 个模型拟合前

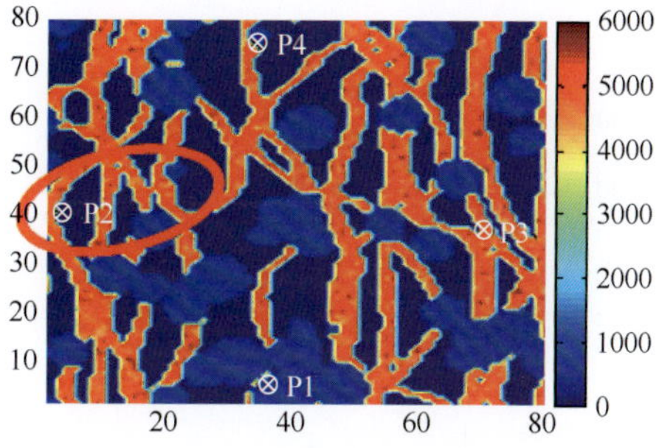

图 3-167　第 5 个模型拟合后

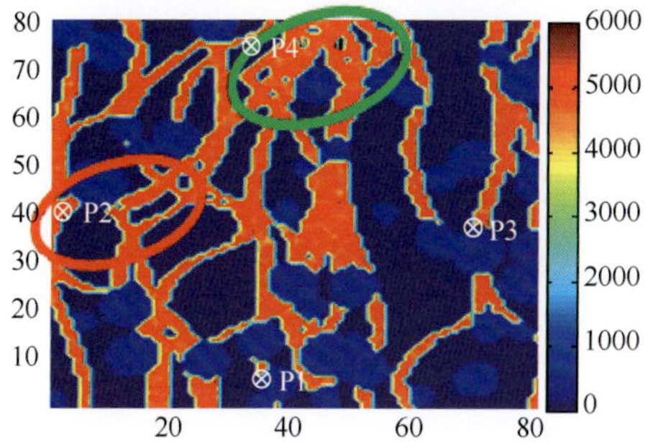

图 3-168　第 10 个模型拟合前

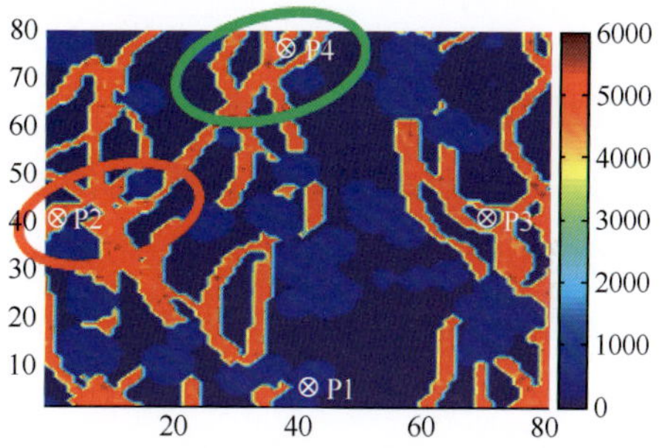

图 3-169　第 10 个模型拟合后

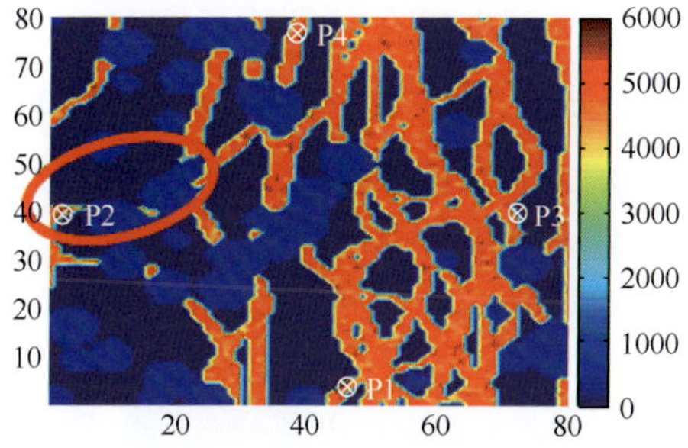

图 3-170　第 15 个模型拟合前

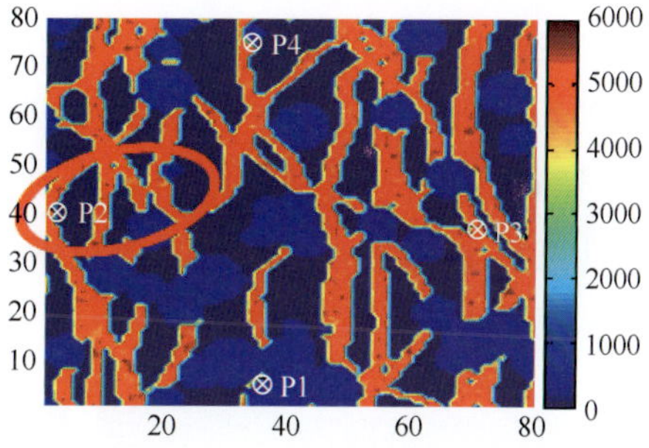

图 3-171　第 15 个模型拟合后

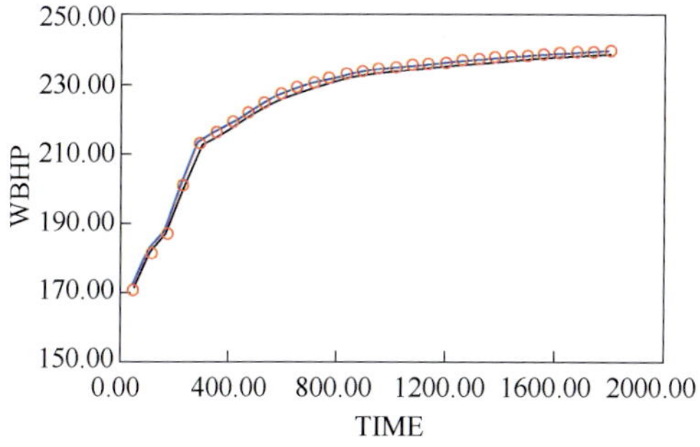

图 3-172　P1 WOPR

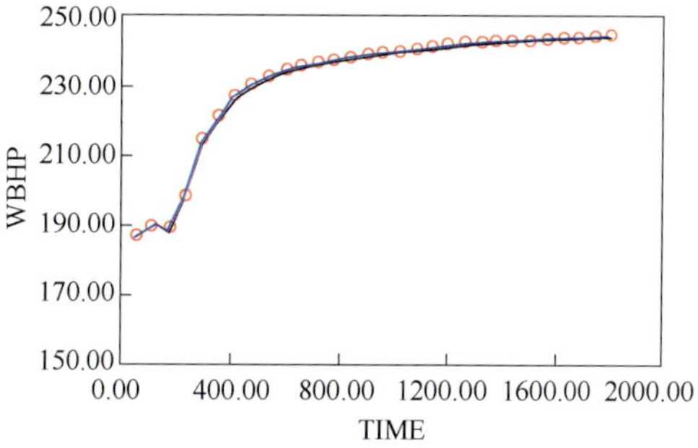

图 3-173　P2 WOPR

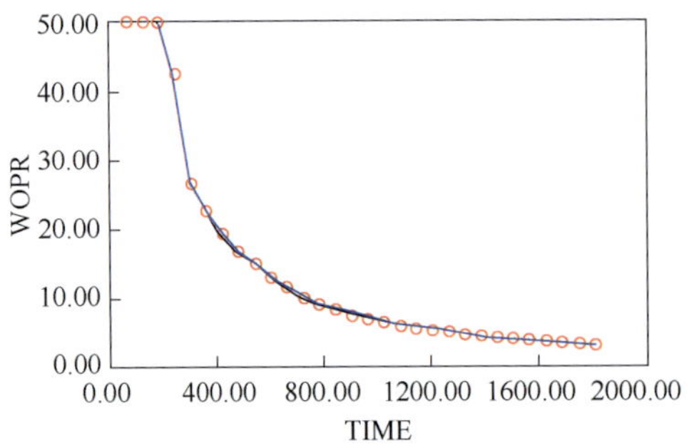

图 3-174　P3 WBHP

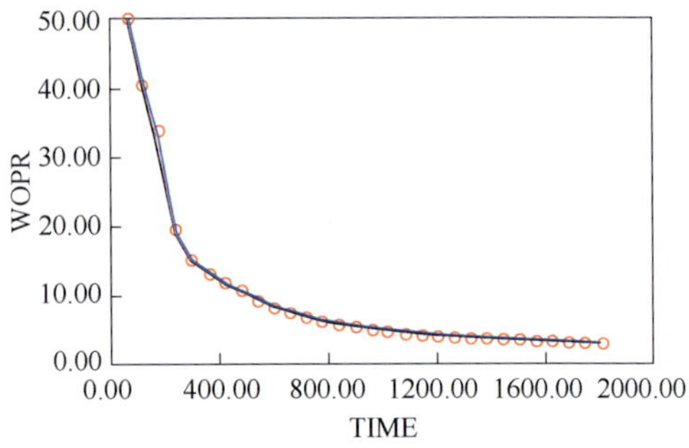

图 3-175　P4 WBHP

2）PUNQ-S3 油藏

PUNQ-S3 油藏为含有气顶和强边水的三维三相油藏，模型网格划分为 20×30×5，共有 6 口生产井，不含注水井，这些井的射孔位置主要在第 3 层和第 5 层。边水区域在模拟计算中设定其网格孔隙度为 0.95，初始含水饱和度为 1.0。

该油藏按照一定生产制度进行约 6000d 的模拟计算，产出的生产动态数据用于进行历史拟合，采用序贯高斯模拟方法生成 90 个初始随机油藏模型。拟合中反演的油藏参数包括每个网格处的孔隙度及平面渗透率值，拟合的生产动态数据包括井底流压、生产气油比、单井及区块日产油量等。

分别采用标准 EnKF、基于距离截断的 EnKF 和基于单井动态敏感性局域化的 EnKF 方法（FMM-EnKF）进行历史拟合及油藏参数反演，以油藏模型集合的平均值表示反演的油藏参数的估计值，并将 3 种方法拟合后的渗透率场与真实渗透率场进行对比。以平均油藏模型为例，历史拟合过程中不同时刻油藏模型第 4 层网格的飞行时间追踪结果如图 3-176 所示，根据飞行时间确定单井动态敏感性区域如图 3-177所示，黑色区域表示无效网格区域，在计算过程中不予考虑。

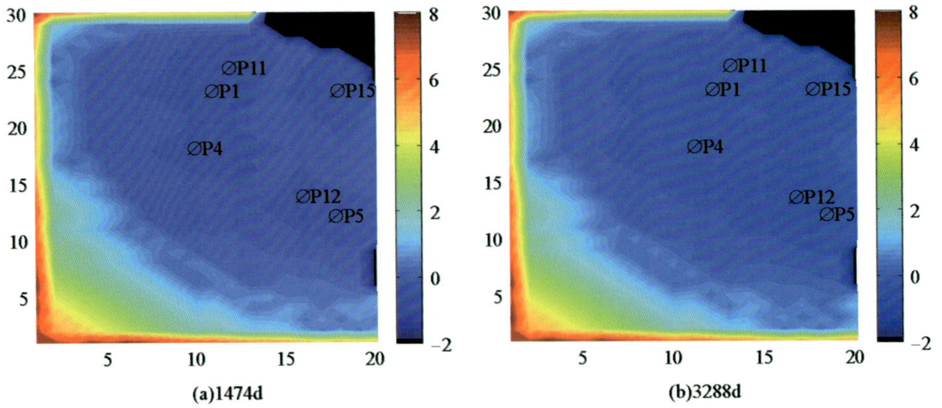

图 3-176　平均油藏模型第 4 层网格飞行时间

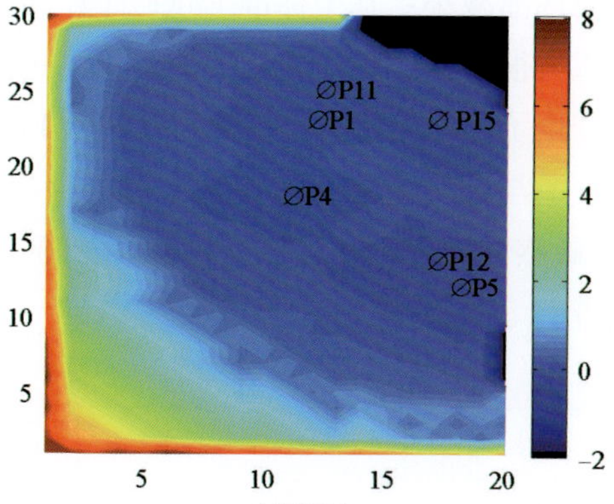

(c)5112d

图 3-176　平均油藏模型第 4 层网格飞行时间(续)

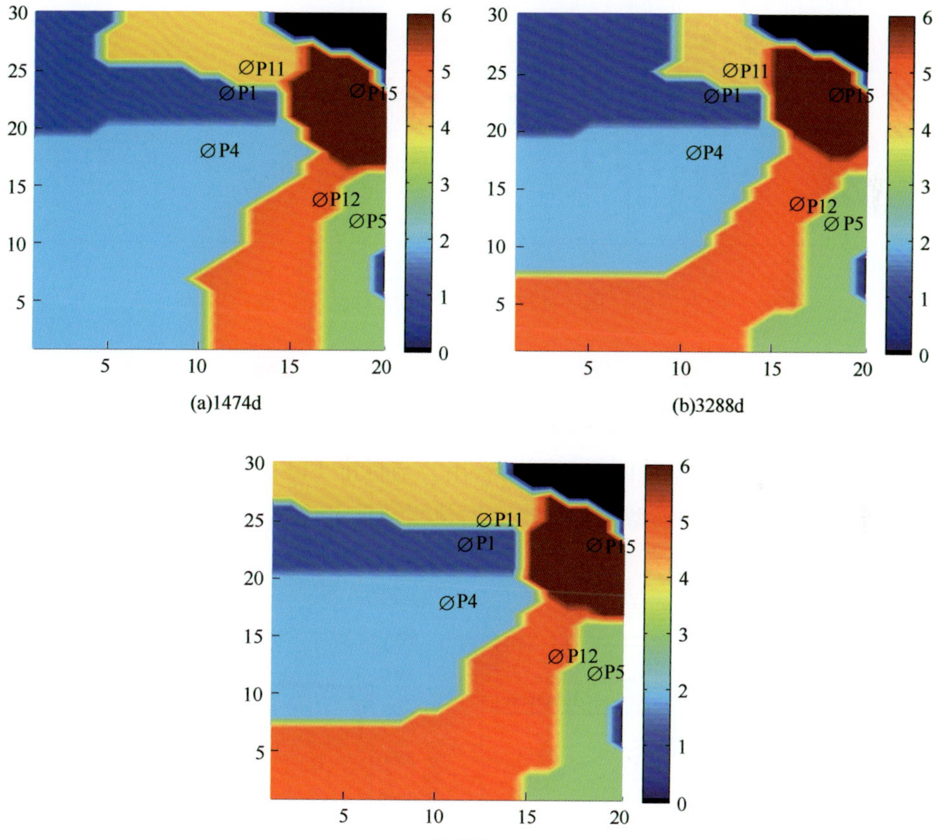

(a)1474d　(b)3288d

(c)5112d

图 3-177　平均油藏模型第 4 层网格单井动态敏感性区域

为了对比 FMM-EnKF 计算敏感性梯度矩阵的正确性，分别采用有限差分法、标准 EnKF、距离截断 EnKF 和 FMM-EnKF 计算了第 274d 时 P5 井生产气油比对网格渗透率的敏感性梯度，并进行了归一化处理，然后绘制了归一化梯度与对应的飞行时间的关系曲线，如图 3-178 所示。有限差分法可近似地看成是真实梯度，显然其值随着飞行时间的增大而逐渐减小；基于标准 EnKF 计算的敏感性梯度，在正相关网格处，计算值比真实值大很多，且飞行时间在 0.2~0.4 的网格的计算值与真实值正负相关性完全相反，产生了梯度伪相关；基于距离截断 EnKF 计算的敏感性梯度，虽相比于标准 EnKF 减小了与真实值之间的差别，但仍存在较大部分梯度伪相关。基于 FMM-EnKF 计算的敏感性梯度，几乎完全消除了标准 EnKF 中的梯度伪相关，计算值与真实值最为接近。

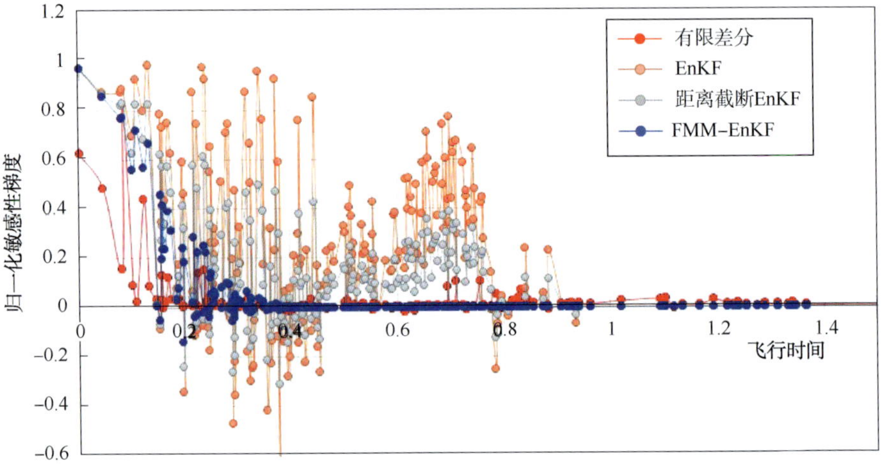

图 3-178　敏感性梯度对比

图 3-179~图 3-181 中的红色散点表示用来进行拟合的历史观测数据，蓝色曲线表示 90 个随机模型同化后平均模型的生产数据预测值，灰色曲线表示各个随机模型同化后得到的生产数据预测值。可以看出，与标准 EnKF 和距离截断 EnKF 相比，基于 FMM-EnKF 得到的模型集合生产数据预测结果更加接近于历史观测数据，较好地实现了动态拟合。

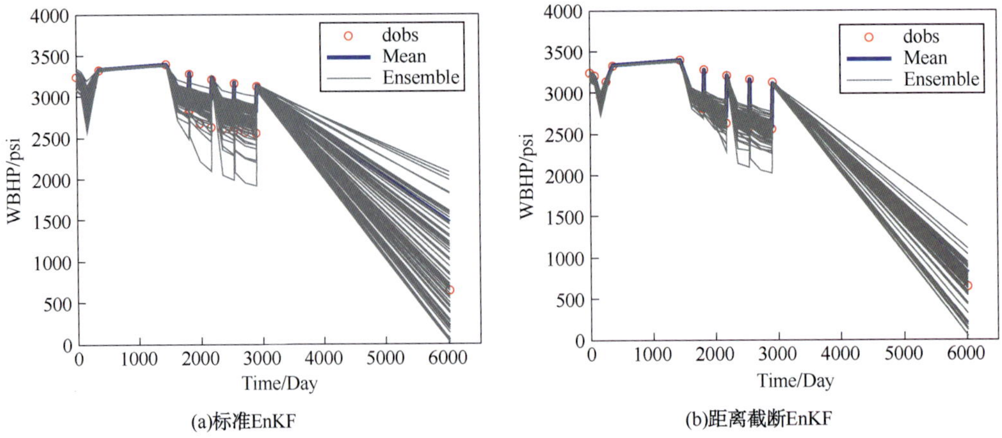

图 3-179　P4 井底流压拟合结果

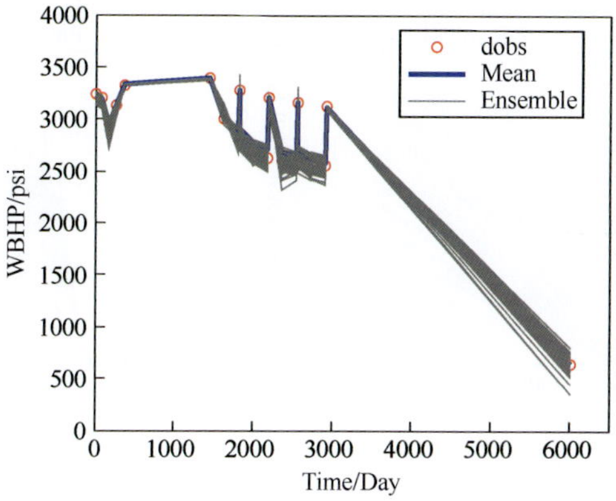

(c)FMM-EnKF

图 3-179　P4 井底流压拟合结果(续)

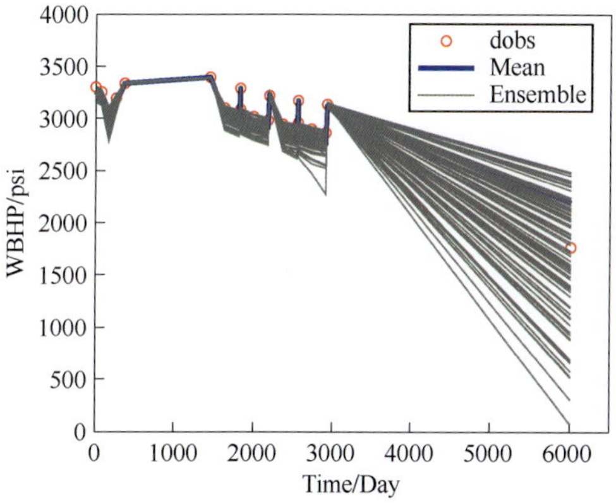

(a)标准EnKF

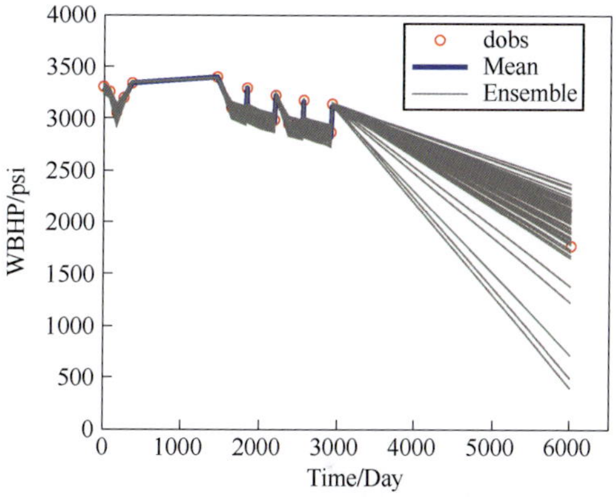

(b)距离截断EnKF

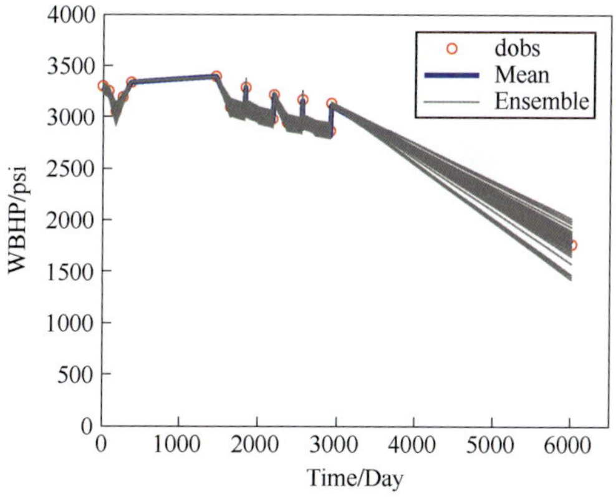

(c)FMM-EnKF

图 3-180　P12 井底流压拟合结果

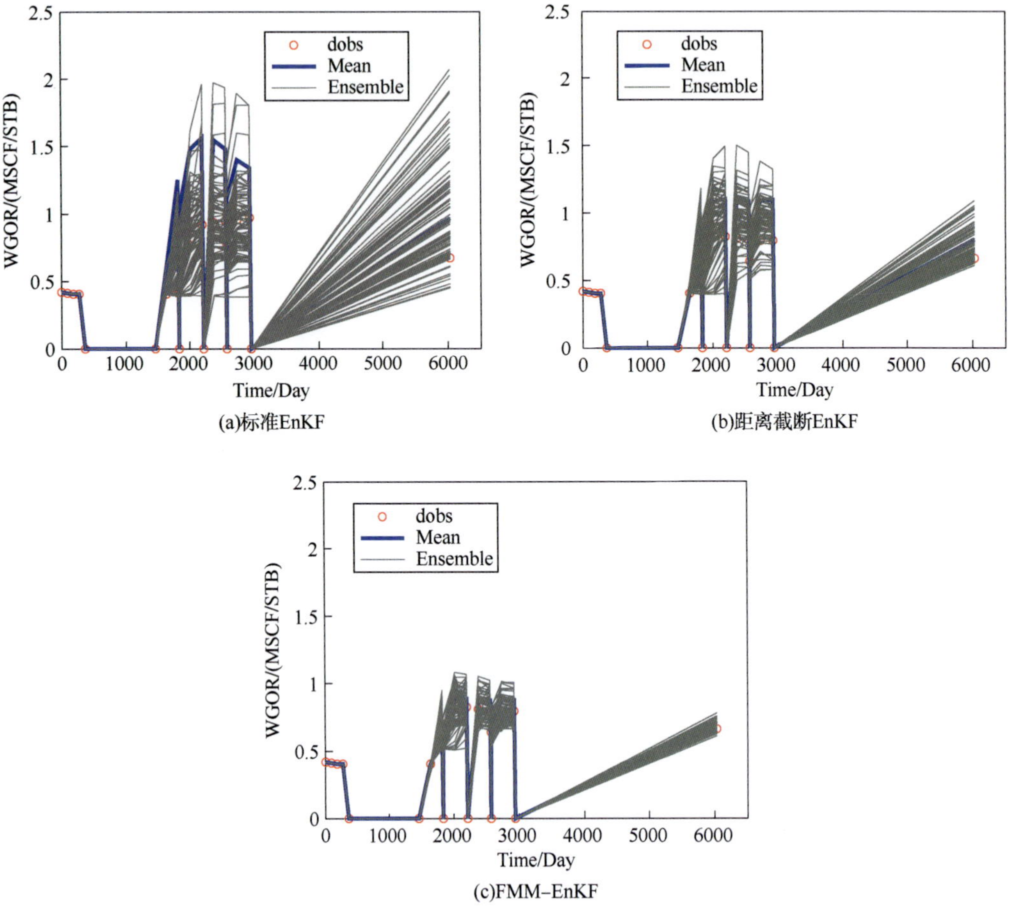

图 3-181　P1 气油比拟合结果

基于 FMM-EnKF 方法，不同时刻油藏模型平均渗透率场的更新情况如图 3-182 所示，随着同化时间的增加，更新后的油藏平均渗透率逐渐接近于真实值。

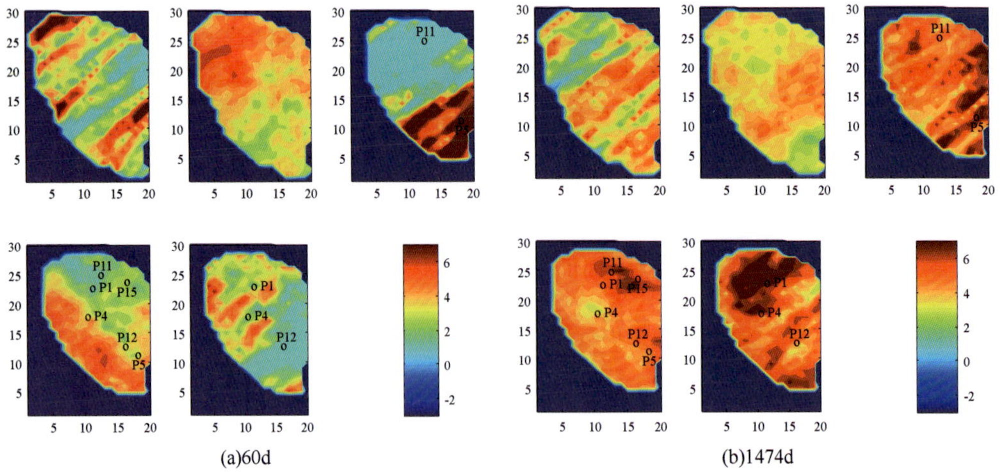

图 3-182　不同时刻更新后油藏模型平均渗透率场

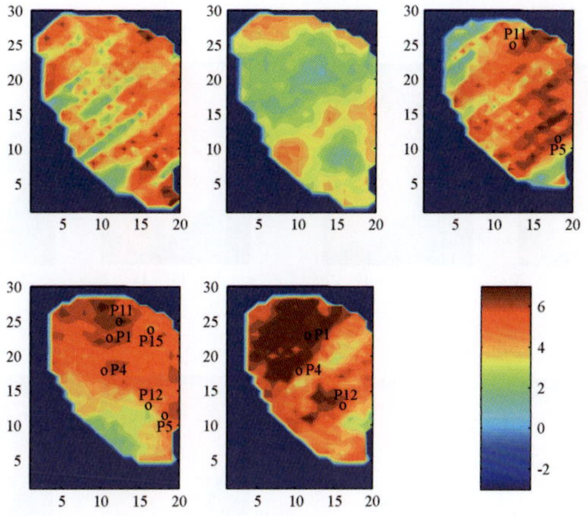

(c)3288d

图 3-182　不同时刻更新后油藏模型平均渗透率场(续)

油藏模型真实渗透率、基于标准 EnKF、距离截断 EnKF 和 FMM-EnKF 方法反演的油藏模型平面渗透率平均值最终结果如图 3-183 所示。从第 1 层结果可以看出，标准 EnKF 反演低渗和高渗条带的区域及渗透率值与真实场几乎相反，距离截断 EnKF 和 FMM-EnKF 反演结果稍好于标准 EnKF。从第 2 层结果可以看出，对于低渗区域的反演，标准 EnKF 和距离截断 EnKF 没有反演出低渗区域，而 FMM-EnKF 反演的低渗区域与真实场较为接近。对于其他 3 层，3 种方法反演结果明显性差异不大，总体来看，FMM-EnKF 反演结果最好。FMM-EnKF 提高了油藏参数反演结果的准确度，能够更加准确地描绘出油藏的非均质地质特征信息。

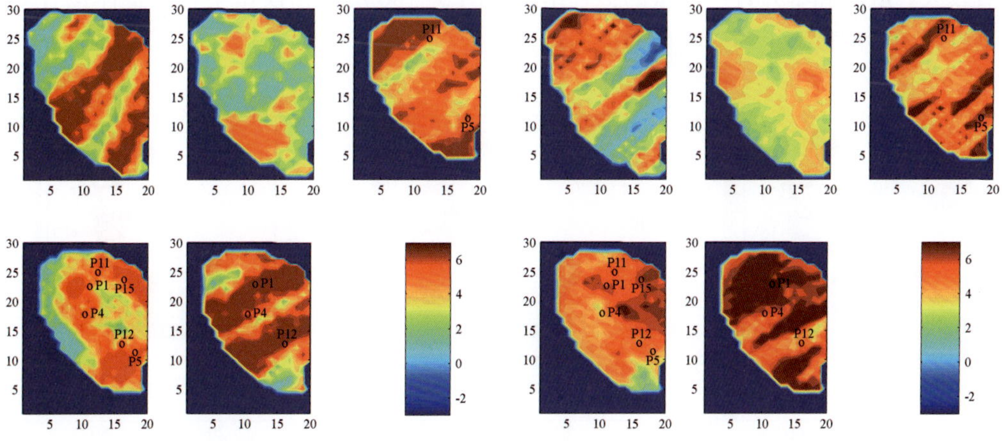

(a)真实值　　(b)标准EnKF

图 3-183　拟合后油藏模型平均渗透率场

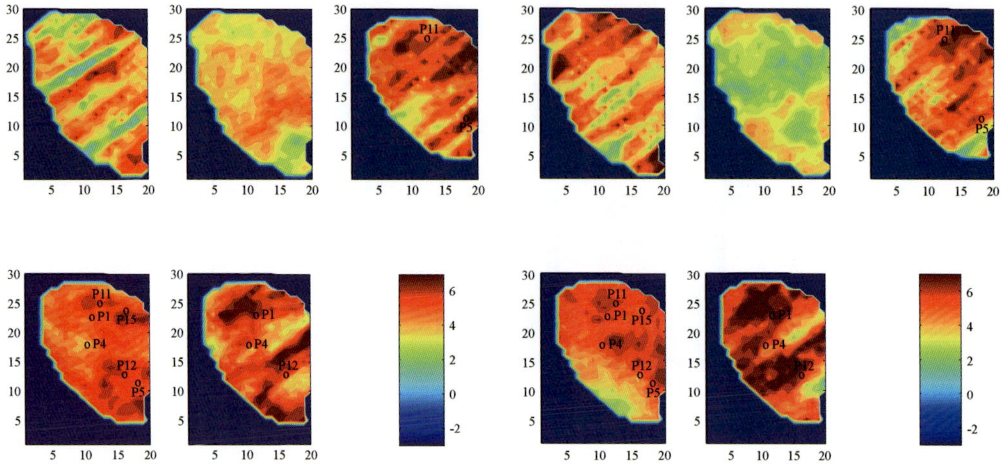

(c)距离截断EnKF (d)FMM-EnKF

图 3-183 拟合后油藏模型平均渗透率场(续)

3）实际缝洞油藏

历史拟合时，选取油藏模型集合大小为 40 个，反演油藏模型参数为渗透率和孔隙度，拟合的生产动态数据包括约 4500d 的区块日产油量和单井日产油量。初始油藏模型第 1 层、第 12 层飞行时间及拟合前后渗透率场分布如图 3-184、图 3-185 所示。该油藏上半区域地层中基质较少，裂缝发育，在网格体系中无效网格较多，有效网格区域比较离散；在下半区域，地层中基质较多，溶洞较为发育。采用 FMM-EnKF 进行拟合，拟合后渗透率场修改非常明显，油藏下半区域网格渗透率修改相对较大。区块和单井日产油量的拟合结果如图 3-186 所示，模型集合的整体拟合效果较好，平均模型也与历史生产动态较为接近。

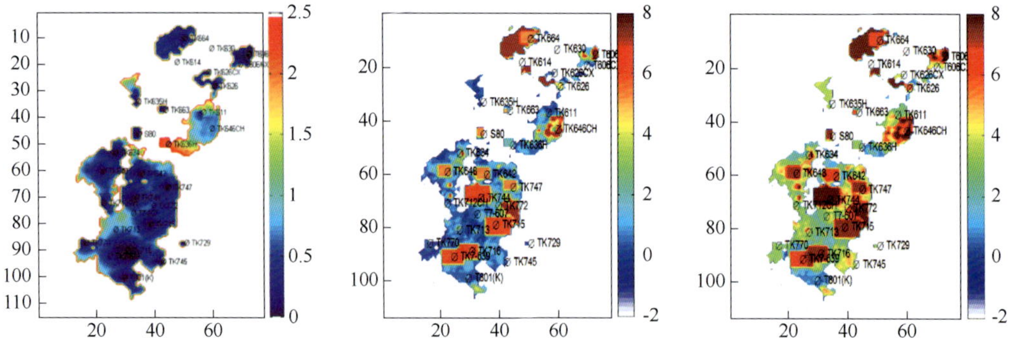

(a)飞行时间 (b)拟合前渗透率 (c)拟合后渗透率

图 3-184 第 1 层模型飞行时间及拟合前后渗透率分布

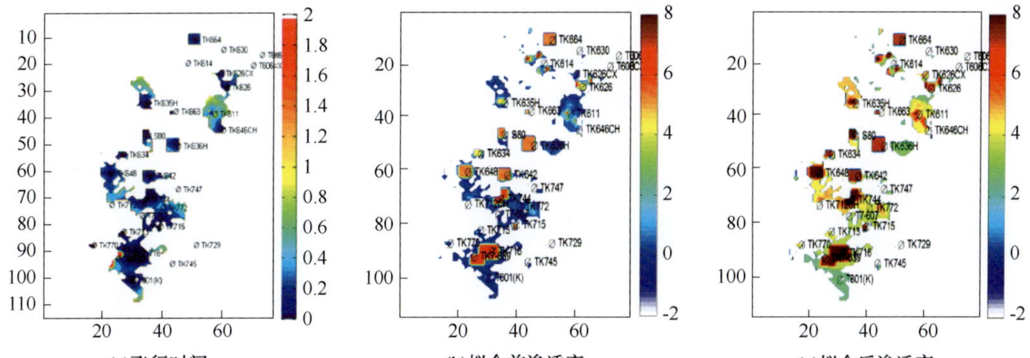

图 3-185　第 12 层模型飞行时间及拟合前后渗透率分布

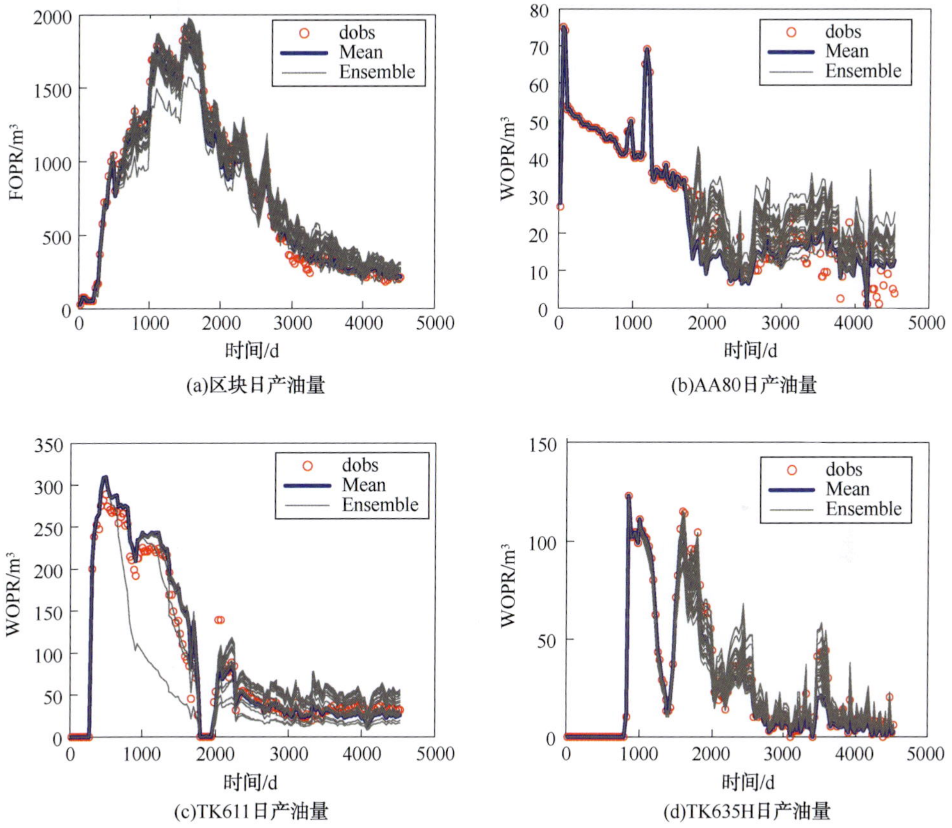

图 3-186　生产动态拟合结果

3.4.4　基于数据空间反演加速的局域化数据同化历史拟合方法

基于模型反演(model-driven)的传统生产历史拟合方法需要经过反复数值模拟计算过程，依旧存在耗时长、拟合不准确甚至无解等问题。数据空间反演(Data Space Inversion，DSI)历史拟合方法仅利用先验模型的生产动态建立代理模型，基于随机极大似然原理(RML)拟合实际观测数据，有效表征油藏的不确定性，无须经过重复的数值计算过程即可得到生产动态后验估计，通过代理模型进一步计算得到油藏状态场变化，有效匹配实际油藏。与基于模型反演的传统生产历史拟合方法相比，该方法能极大地节省历史拟合时间。

1）历史拟合数学模型

以 $m\in R^{N_m\times 1}$表示油藏地质模型，模型网格参数包括孔隙度、渗透率等。我们以 d_{status}描述其油藏状态场，其中包括了每个时间点的油藏每个网格的状态参数，包括压力及饱和度，其初始数值通过 ECLIPSE 数值模拟器计算得到：

$$d_{\text{status}} = [d^T_{\text{status},1},\ d^T_{\text{status},2},\ \cdots,\ d^T_{\text{status},N_{\text{h}}},\ \cdots,\ d^T_{\text{status},N_{\text{t}}}] \tag{3-67}$$

式中，$N_{\text{status}} = 2\cdot N_{\text{m}}\cdot N_{\text{t}}$；$N_{\text{h}}$ 为历史拟合阶段总的时间步数；N_{t} 为历史拟合阶段加上预测阶段总的时间步数，$d_{\text{status}}\in R^{N_{\text{status}}\times 1}$。

对于 N_{r} 个反映地质特征的油藏模型 m_i，其生产动态 d_i 与油藏模型 m 关系为：

$$d_i = g(m_i) = [d^T_{\text{hm}},\ d^T_{\text{p}}]^T,\ i=1,\ 2,\ \cdots,\ N_{\text{r}} \tag{3-68}$$

式中，m_i 为第 i 个油藏地质模型；$g(\cdot)$为油藏模拟器模拟过程；d_i 为第 i 个油藏地质模型生产动态，包含各个生产指标，例如井底流压、产油速率等。d 中包括历史阶段生产动态 d_{hm}及预测阶段生产动态 d_{P}，$d\in R^{N_{\text{d}}\times N_{\text{r}}}$，$d_{\text{hm}}\in R^{N_{\text{hm}}\times 1}$，$d_{\text{p}}\in R^{N_{\text{p}}\times 1}$，其中 N_{hm}表示观测数据维数，N_{p} 表示预测动态维数，$N_{\text{d}} = N_{\text{hm}} + N_{\text{p}}$。

对于 DSI，我们的目标是预测生产动态，同时能预测油藏状态场未来变化。为此，我们将 d_{status}加入数据空间 d_{full}中，即：

$$d_{\text{full}} = [d^T_{\text{hm}},\ d^T_{\text{p}},\ d_{\text{status}}]^T \tag{3-69}$$

式中，$d_{\text{full}}\in R^{N_{\text{f}}\times 1}$，$N_{\text{f}} = N_{\text{f}} + N_{\text{status}}$。由于在实际油藏生产中，油水井生产动态是已知的，地下流体饱和度场分布是未知的，所以我们仅以历史观测动态为拟合目标，然后基于训练后的代理模型来预测地下流体饱和度场变化。

则令 $d_{\text{obs}}\in R^{N_{\text{hm}}\times 1}$表示历史拟合阶段观测数据，其与每个油藏模型历史生产动态之间的关系为：

$$d_{\text{obs}} = Hd_{\text{full}} + \varepsilon \tag{3-70}$$

式中，$\varepsilon\in R^{N_{\text{hm}}\times 1}$为观测误差(measurement error vector)。假设观测误差为符合均值为 0，方差为 C_{D} 高斯型分布的变量；$H\in R^{N_{\text{hm}}\times N_{\text{f}}}$，用于从 d_{full}中选取历史阶段的生产动态。

则基于贝叶斯理论确定该优化问题的目标函数，其最大后验估计具有概率上的统计意义。由于油藏状态场不参与拟合，则概率密度分布函数为：

$$p(Ed_{\text{full}}\mid d_{\text{obs}}) = \frac{p(d_{\text{obs}}\mid Ed_{\text{full}})p(Ed_{\text{full}})}{p(d_{\text{obs}})} \propto p(d_{\text{obs}}\mid Ed_{\text{full}})p(Ed_{\text{full}}) \tag{3-71}$$

式中，k_1 为常数项；$E \in R^{N_d \times N_f}$，用于从 d_{full} 中选取整个时间段的生产动态；

$p(Hd_{full} | d_{obs})$ 为条件概率分布，即：

$$\begin{aligned} p(Hd_{full} | d_{obs}) &= p(\varepsilon = d_{obs} - Hd_{full}) \\ &\propto k_1 \exp\left(-\frac{1}{2}(Hd_{full} - d_{obs})^T C_D^{-1} (Hd_{full} - d_{obs})\right) \end{aligned} \quad (3-72)$$

式中，$p(Ed_{full})$ 为生产动态的先验概率分布，

$$p(Ed_{full}) \propto \exp\left(-\frac{1}{2}(Ed_{full} - d_{prior})^T C_d^{-1} (Ed_{full} - d_{prior})\right) \quad (3-73)$$

式中，$d_{prior} \in R^{N_d \times 1}$ 为先验生产动态均值；协方差矩阵 $C_d \in R^{N_d \times N_d}$ 为模型集合网格状态之间的相关性。则最初的目标函数为：

$$p(Ed_{full}) \propto \exp\left(-\frac{1}{2}(Ed_{full} - d_{prior})^T C_d^{-1} (Ed_{full} - d_{prior})\right) \quad (3-74)$$

通过最小化该目标函数可直接求得后验生产动态，然而当油藏生产周期较长，即 N_d 较大时，直接计算 C_d^{-1} 可能非常耗时，甚至无法计算。PCA 及直方图转换方法应用于解决该问题，保留了数据主要特征的同时减少了计算代价，然而在某些情况下并不适用。本文提出了更为简便的直接参数化数据空间全域的方法，接下来具体阐述。

2）*参数化方法*

通过运用 PCA 方法来参数化数据空间 d，以此来避免计算 C_d^{-1}：

$$X = [d_1 - d_{prior},\ d_2 - d_{prior},\ \cdots,\ d_{N_r} - d_{prior}] \quad (3-75)$$

式中，X 为所有模型生产动态的偏移量。对 $X/\sqrt{N_r - 1}$ 进行 SVD 分解：

$$X/\sqrt{N_r - 1} = U \Sigma V^T = \Phi V^T \quad (3-76)$$

式中，U 为 $N_d \times N_d$ 维酉矩阵；Σ 为 $N_d \times N_r$ 维对角矩阵，矩阵元素包含 $X/\sqrt{N_r - 1}$ 奇异值；V 为 $N_r \times N_r$ 维酉矩阵；Φ 为 $N_d \times N_r$ 维对角矩阵，$U\Sigma = \Phi$；d_i 则可被表示为：

$$d_i = Ed_{full,i} = \Phi \xi_i + d_{prior} \quad (3-77)$$

式中，初始的 ξ 为 V 的行向量，$\xi \in R^{N_r \times 1}$。通过该参数化方法可避免求取 C_d^{-1}：

$$(Ed_{full} - d_{prior})^T C_d^{-1} (Ed_{full} - d_{prior}) \approx \xi^T \xi \quad (3-78)$$

则目标函数为：

$$O(\xi) = (\Phi_H \xi + d_{prior}^H - d_{obs})^T C_D^{-1} (\Phi_H \xi + d_{prior}^H - d_{obs}) + \xi^T \xi \quad (3-79)$$

该优化问题则变为在给定 d_{obs} 条件下求取 ξ 的最大后验概率估计。ξ 中元素相当于对 d 中各个模型取最优权重系数。为简化计算过程，提高预测精度，本文通过参数化数据空间 d 全域的方式来避免求取 C_d^{-1}。令矩阵 $\Phi = X/\sqrt{N_r - 1}$，$\Phi \in R^{N_d \times N_r}$，令

对角矩阵 ξ 对角元素均为 $\sqrt{N_r-1}$，$\xi \in R^{N_r \times N_r}$。对于第 i 个模型生产动态 d_i，可表示为：

$$d_i = Ed_{\text{full},i} = \boldsymbol{\Phi}\xi_i + d_{\text{prior}} \tag{3-80}$$

C_d 可表示为：

$$\begin{aligned} C_d &= \frac{1}{N_e - 1}\sum_{j=1}^{N_e}[d_j - d_{\text{prior}}][d_j - d_{\text{prior}}]^T \\ &= \boldsymbol{\Phi\Phi}^T \end{aligned} \tag{3-81}$$

则可在一定程度上避免求取协方差矩阵 C_d^{-1}，且该目标函数的一阶梯度可求。则油藏状态可通过下式来估计：

$$d_{\text{state},i} = \boldsymbol{\Phi}_{\text{state}}\xi_{,i} + d_{\text{state,prior}},\ i=1,\ 2,\ \cdots,\ N_r \tag{3-82}$$

其中：

$$d_{\text{state, prior}} = \frac{1}{N_r}\sum_{i=1}^{N_r} d_{\text{state}} \tag{3-83}$$

$$\boldsymbol{\Phi}_{\text{state}} = (d_{\text{state}} - d_{\text{state,prior}})/\sqrt{N_r-1} \tag{3-84}$$

历史拟合目标函数为：

$$O(\xi) = (\boldsymbol{\Phi}^H\xi + d_{\text{prior}}^H - d_{\text{obs}})^T C_D^{-1}(\boldsymbol{\Phi}^H\xi + d_{\text{prior}}^H - d_{\text{obs}}) + (\xi - \xi^*)^T(\xi - \xi^*) \tag{3-85}$$

式中，$\xi^* \in R^{N_r \times 1}$，为 $N[0,\ I]$ 随机抽样。

3）实际油藏测试

（1）北海某油藏。油藏模型为三维三相模型，网格数约为 60048 个，给出 10 年的实际生产数据，根据测井及相态数据又给出了 104 个初始地质模型实现，便于各油藏工作者进行历史拟合研究。油藏模型含有 9 个小层，平面网格系统划分为 139×48，总有效网格数为 44550，油藏构造及井位分布如图 3-187～图 3-190 所示。本次使用 100 个油藏模型，将前 2700 天生产数据用于拟合并预测油藏状态场分布。

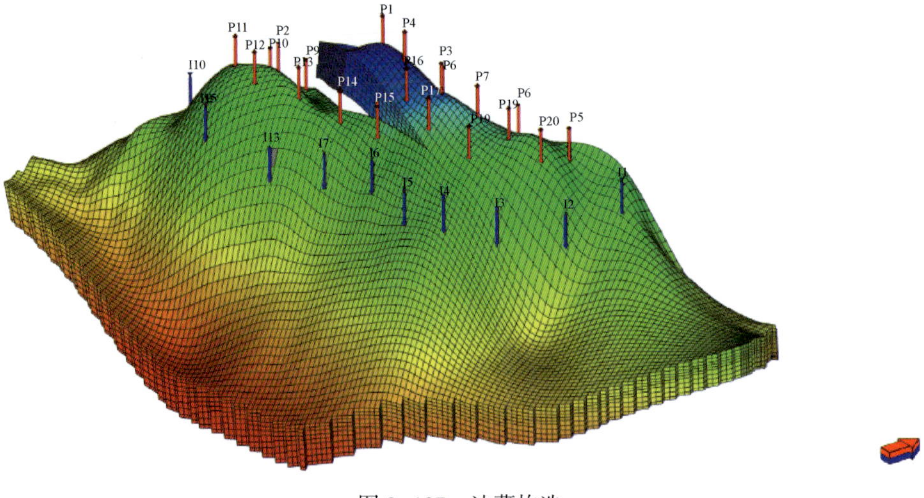

图 3-187　油藏构造

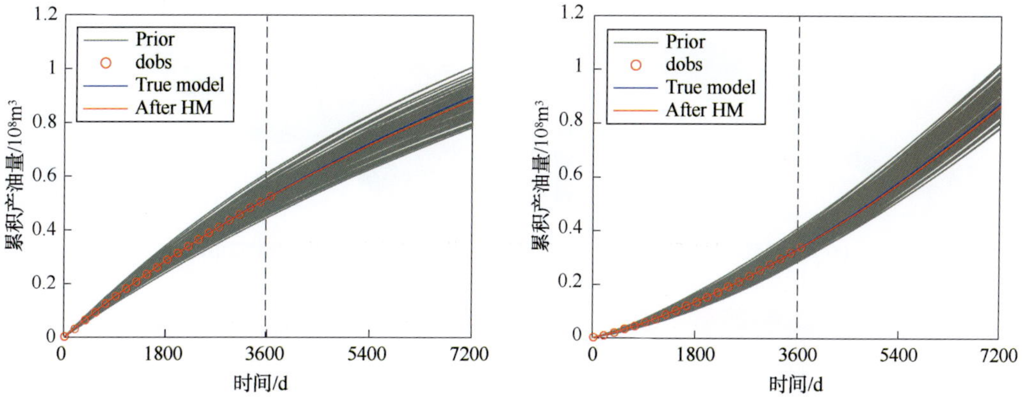

(a)FOPT　　(b)FWPT

图 3-188　历史拟合生产动态前后对比

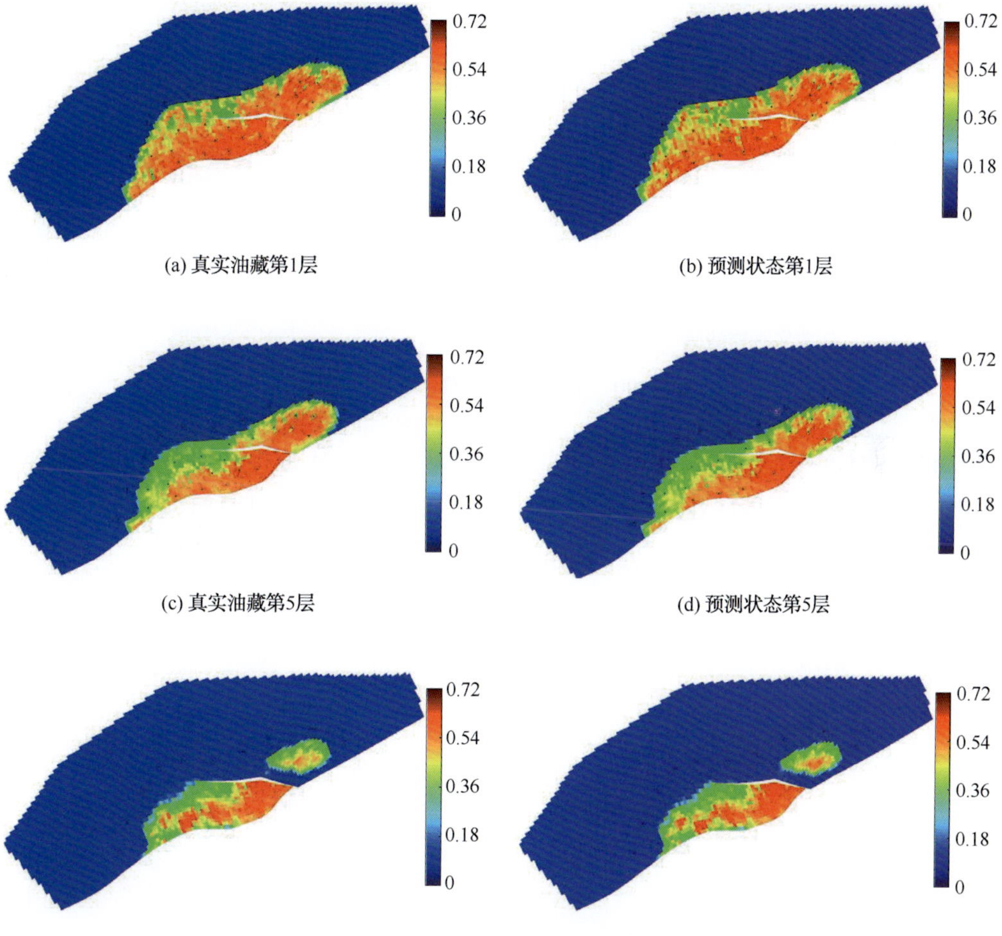

(a) 真实油藏第1层　　(b) 预测状态第1层

(c) 真实油藏第5层　　(d) 预测状态第5层

(e) 真实油藏第9层　　(f) 预测状态第9层

图 3-189　第 2700 天油藏饱和度场对比

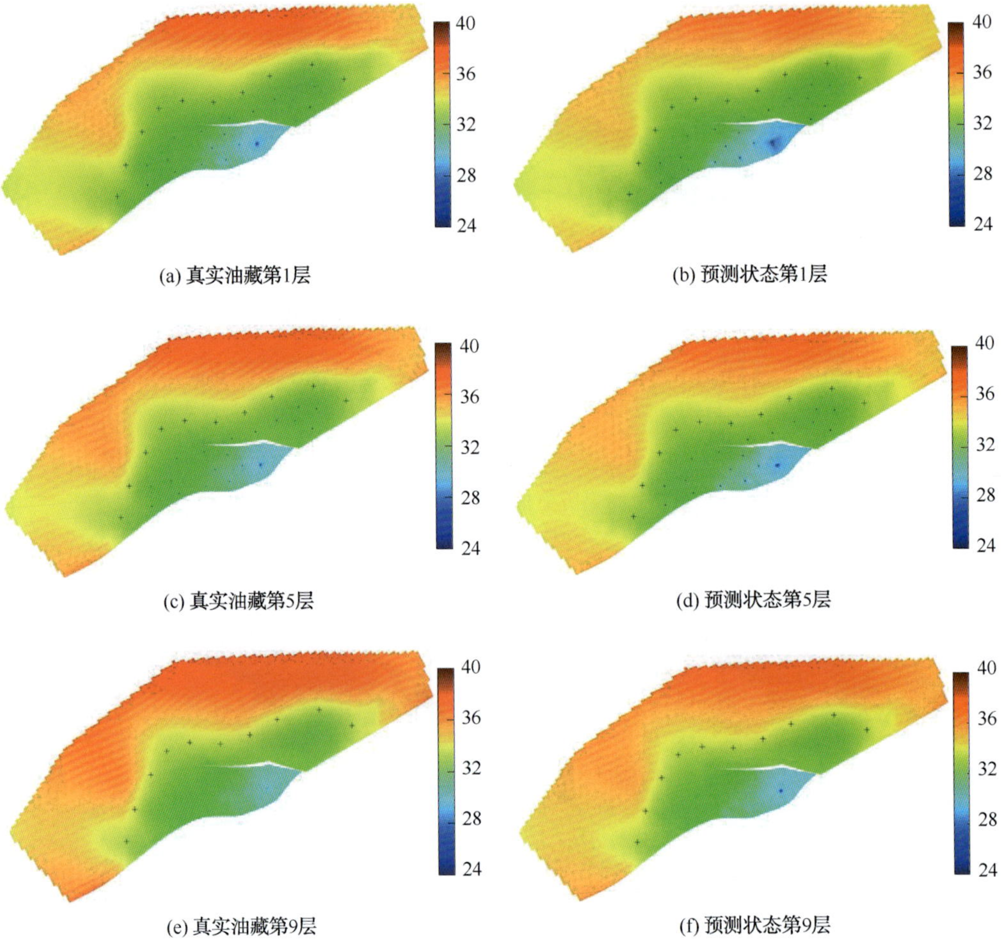

(a) 真实油藏第1层　(b) 预测状态第1层

(c) 真实油藏第5层　(d) 预测状态第5层

(e) 真实油藏第9层　(f) 预测状态第9层

图 3-190　第 2700 天油藏饱和度场对比

(2) S74 单元应用。应用数据空间反演方法对 S74 油藏进行拟合及优化测试，共拟合单井 21 口，生产 6279 天，采用 25 个模型实现，拟合计算时间仅需 52s。历史拟合结果如图 3-191～图 3-200 所示。

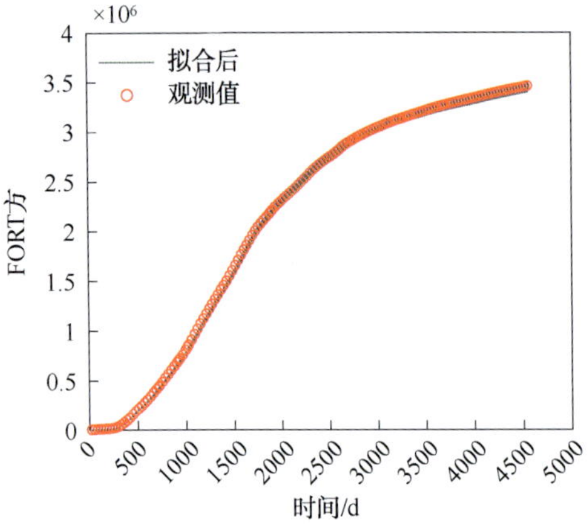

图 3-191　区块累产油

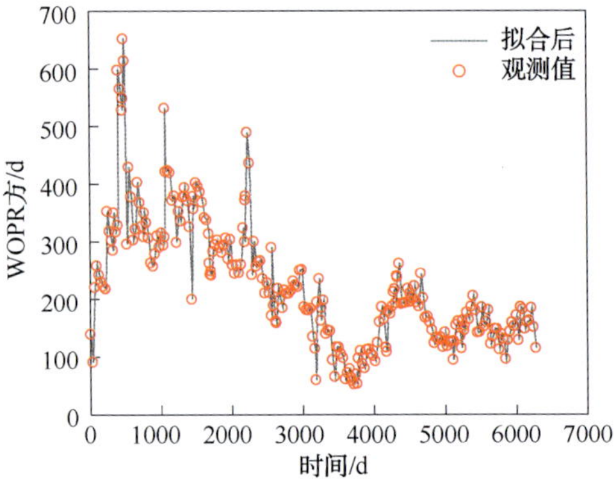

图 3-192　区块日产油

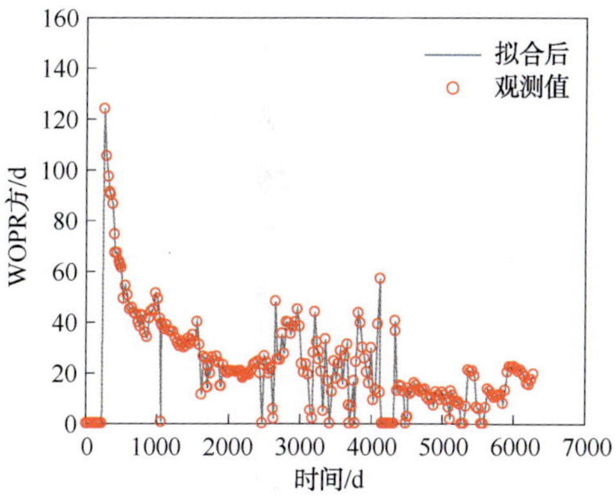

图 3-193　TK608 日产油

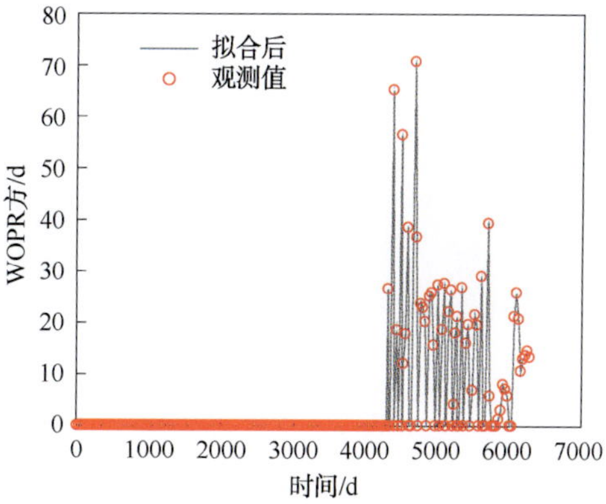

图 3-194　TH10129 日产油

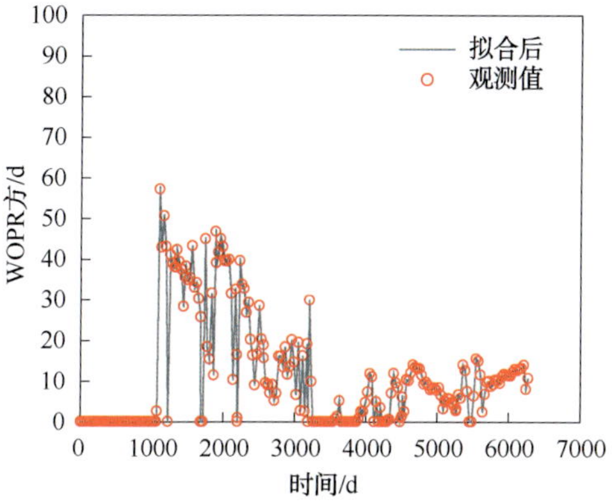

图 3-195　TK652 日产油

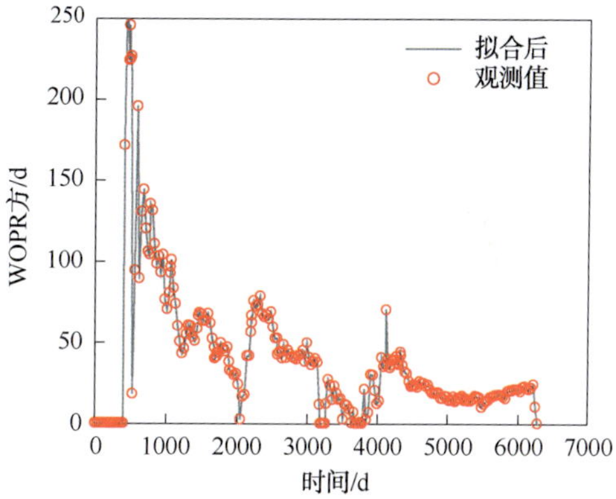

图 3-196　TK612 日产油

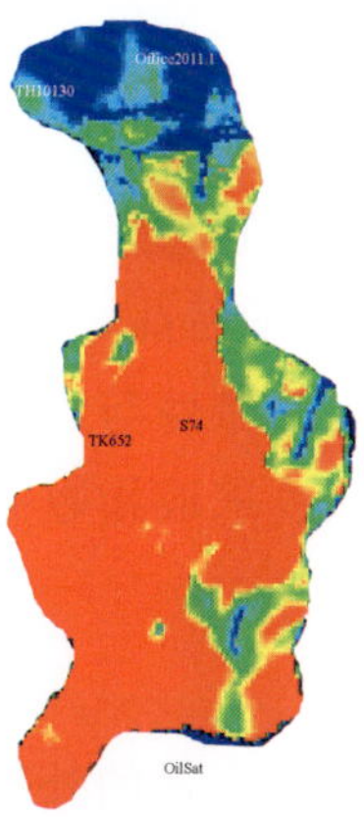

图 3-197　真实油藏第 8 层含油饱和度场

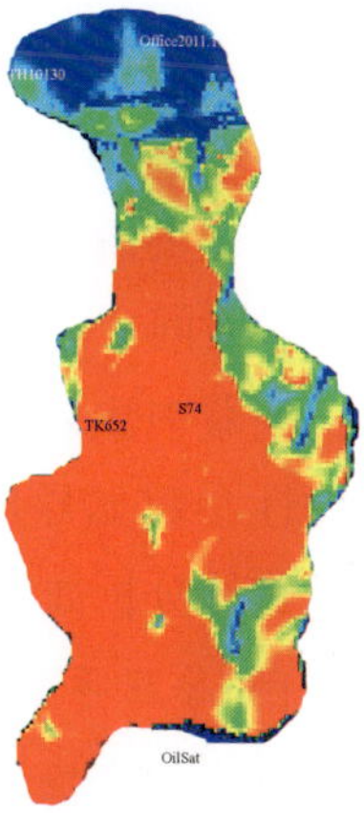

图 3-198　预测第 8 层含油饱和度场

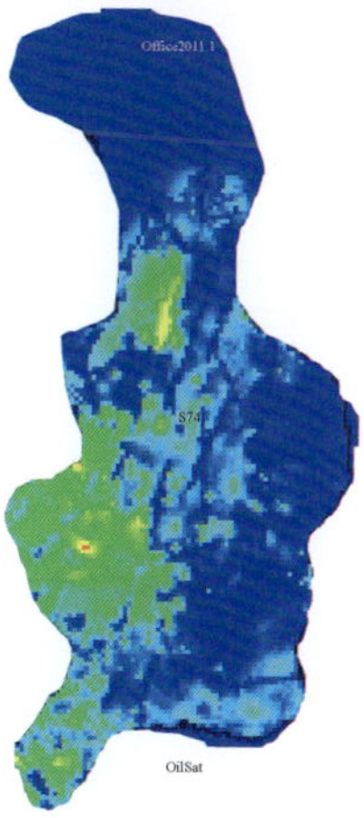

图 3-199　真实油藏第 9 层含油饱和度场

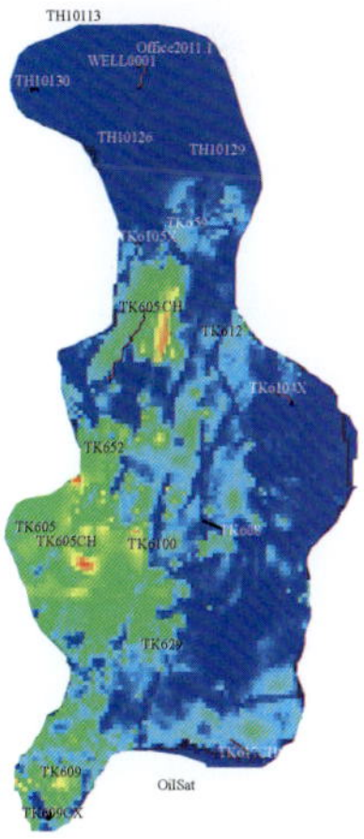

图 3-200　预测第 9 层含油饱和度场

4 缝洞型油藏井间连通程度智能评价技术

在井间连通性方面实现压力趋势下降、生产曲线相似性等多种自动判断方法，完成手工到自动、单一到综合多角度分析井间连通关系定性分析；在井间连通程度定量方面，提出基于高斯分布的补偿电容模型，优化参数求解，实现了基于改进电容模型的连通定量评价技术；通过多源静动态特征精细描述井间连通模式，自动提取各类静动态特征，采用机器学习方法，建立更加精细的定量评价模型，实现基于机器学习的定量评价技术。

4.1 基于高斯分布的补偿电容模型定量评价技术

4.1.1 注入信号时滞性和衰减性规律分析

缝洞型油藏储层类型多样，具有较强的非均质性。受注采井距、原油黏度等各种因素影响，注入信号存在损耗。该损耗表现在信号通过油藏介质传播，会有一定的衰减和延时，具体如图 4-1 所示。图中虚线表示注水井开始注水的时间，注水方式为脉冲注水。与注水井对应的生产井的产液量曲线上，并没有立即表现出等效的瞬时波动变化特征，而是滞后一段时间才有相应的响应特征。

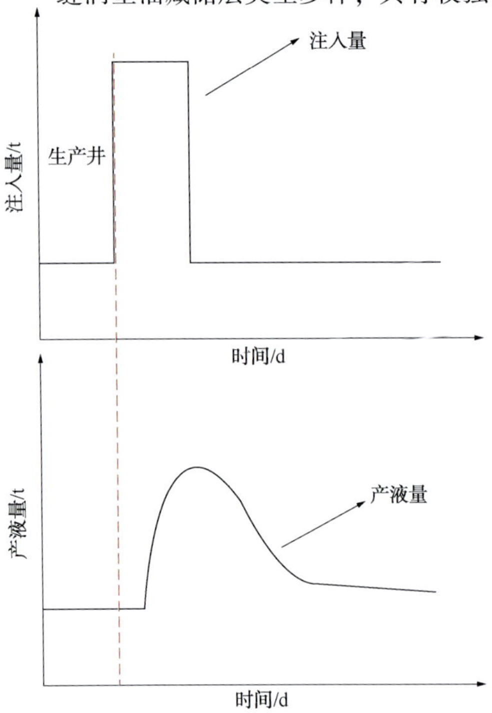

图 4-1　缝洞型油藏注入信号的时滞性与衰减性

油藏中注入信号的时滞性与衰减性和物性参数如导压系数、采液指数等相关，具体分析如下。

1) 导压系数 c

生产井产液量是地层能量的外在表现，其变化间接反映了地层压力的变化。根据渗流力学基本理论，导压系数 c 的物理意义为单位时间内压力波传播的地层面积，表征地层压力波传导的速率。

因此，注水井注入信号扩散传播特征可用导压系数表示，如式(4-1)和式(4-2)所示：

$$c=\frac{K}{\mu C_t} \tag{4-1}$$

$$C_t=C_f+\varphi C_l \tag{4-2}$$

式中，K 为储层渗透率；μ 为地层原油黏度；C_t 为综合压缩系数；C_f 为岩石压缩系数；C_l 为液体的弹性压缩系数；φ 为孔隙度。

2）采液指数 J

采液指数 J 定义为油井单位压差下的日产液量，反映的是生产井的产液能力，公式如下：

$$J=\frac{q}{\Delta p} \tag{4-3}$$

式中，q 为生产井的产液量；Δp 为地层压力变化。

3）时间常数 τ

引入时间常数 τ 表征油藏注采井间的时滞性和衰减性，如式(4-4)所示：

$$\tau=\frac{C_t V_p}{J} \tag{4-4}$$

式中，V_p 为控制孔隙体积。

注入信号的时滞性、衰减性与上述参数有着密切的关系，如表4-1所示。

表4-1 影响注入信号时滞性和衰减性规律的参数说明

参数	参数对注入信号时滞性和衰减性的影响说明
渗透率	渗透率与导压系数、产液量变化幅度成正比，与时间常数成反比。渗透率越小，采液指数越小，时间常数越大，注入信号响应的时间越滞后
孔隙度	孔隙度表征岩石储存能力的大小。孔隙度与导压系数成反比，孔隙度越小，导压系数越大，压力波在地层传递面积越大，信号衰减越小
岩石压缩系数	岩石压缩系数与注入信号的衰减性和时滞性成正比，压缩系数越大，衰减性和时滞性越明显
地层原油黏度	地层原油黏度越大，采液指数越小，时间常数越大，注入信号的时滞性越强
有效厚度	有效厚度是指地层中含油气层厚度，其变化对注入信号的时滞性与衰减性的影响较小，几乎可以忽略
井距	井距越大，注入信号的衰减越显著，时间常数越大

综上所述，由于受各因素影响，注入信号的传播存在时滞与衰减。注水期间，生产井的产液量变化特征间接反映了油藏的地质特征，表征注采井间的连通程度。

4.1.2 补偿电容模型

缝洞型油藏储层类型多样，大缝大洞的存在使得见水特征多样，进入开发中后期往往出现严重的水窜现象，关停井工作制度频繁，影响油田的正常生产。针对上述问题，在传统电容模型的基础上建立补偿电容模型，解决关停井情况下的注采井间连通程度计算，降低连通性判断的不确定性。

当实际生产中出现关停井或新开井情况时，注采井的数目发生变化，对应注采关系也随之改变。引入“虚拟井”技术，将关闭的生产井视为一口虚拟的新注水井，附近所有生产井均会受该虚拟注水井的影响。具体如图 4-2 所示。

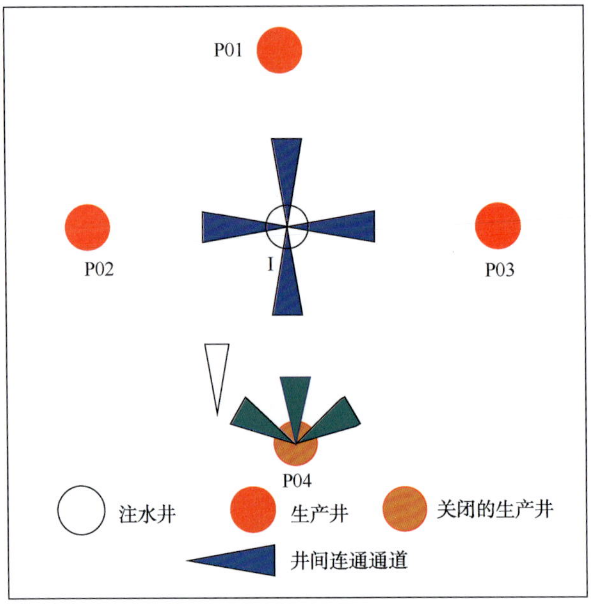

图 4-2　缝洞型油藏一注多采的补偿电容模型示意图

引入“虚拟井”后新的井组关系如式(4-5)所示：

$$i_i^{(x)}(t_n) = i_i(t_0)\, e^{\frac{-(t_n-t_0)}{\tau_{pi}}} + \sum_{j=1}^{N} \lambda_{ij}^{(x)} w_{ij}^{(x)}(t_n) \tag{4-5}$$

其中：

$$\lambda_{ij}^{(x)} = \lambda_{ij} + \beta_{xj}\lambda_{ix} \tag{4-6}$$

式中，x 为图 4-2 中关闭的生产井 P04；$i_i^{(x)}(t_n)$ 为生产井 x 关闭时注水井 i 注入量的估计值；$w_{ij}^{(x)}$ 为井组 i 中生产井 j 的产液量；新的参数$\lambda_{ij}^{(x)}$ 和β_{xj} 表征虚拟井和其他生产井间的连通关系；$\lambda_{ij}^{(x)}$ 为生产井 x 关闭时注采井间的连通系数；β_{xj} 为虚拟井处生产井 x 和生产井 j 间的连通系数。

当生产井井底流压恒定时，将补偿电容模型进行离散化处理：

$$i_i^{(x)}(n) = i_i(n_0)\, e^{\frac{-(t_n-t_0)}{\tau_{pi}}} + \sum_{j=1}^{N} \lambda_{ij}^{(x)} w_{ij}^{(x)\prime}(n) \tag{4-7}$$

其中：

$$w_{ij}^{(x)\prime}(n) = \sum_{m=n_0}^{m=n} \frac{\Delta n}{\tau_{ij}}\, e^{\frac{m-n}{\tau_{ij}}} q_{ij}(m) \tag{4-8}$$

式中，n 为采样时间点；Δn 为采样时间间隔；λ 和 τ 作用于估算出注水井 i 的注水量$\hat{i}_i$；λ_{ij}为注水井 i 和生产井 j 间的连通系数；τ_{ij}为注水井组中注水井 i 和生产井 j 间的时间常数；q_{ij}为注水井组 i 中的生产井 j 的日产液量。

4.1.3 基于补偿电容模型的井间连通性判断算法

1）原理概述

针对缝洞型油藏工作制度变化频繁的情况，特别是大缝大洞导致的高含水引起的关停井问题，考虑注水量信号时滞性和衰减性，采用补偿电容模型反演注采井间的连通程度。模型需要确定连通系数 λ 和时间常数 τ，参数众多，解集空间巨大，变量间的相互影响关系不明朗，计算求解复杂。

图 4-3 展示了 2 个迭代周期内采用高斯分布优化算法来判断井间连通性的流程，图 4-3(a)为基于高斯分布生成多组连通系数，图 4-3(b)根据模拟结果评估各组连通系数，图 4-3(c)基于较优的连通系数更新高斯分布，图 4-3(d)根据新高斯分布生成新一轮的连通系数并确定当前最优值。

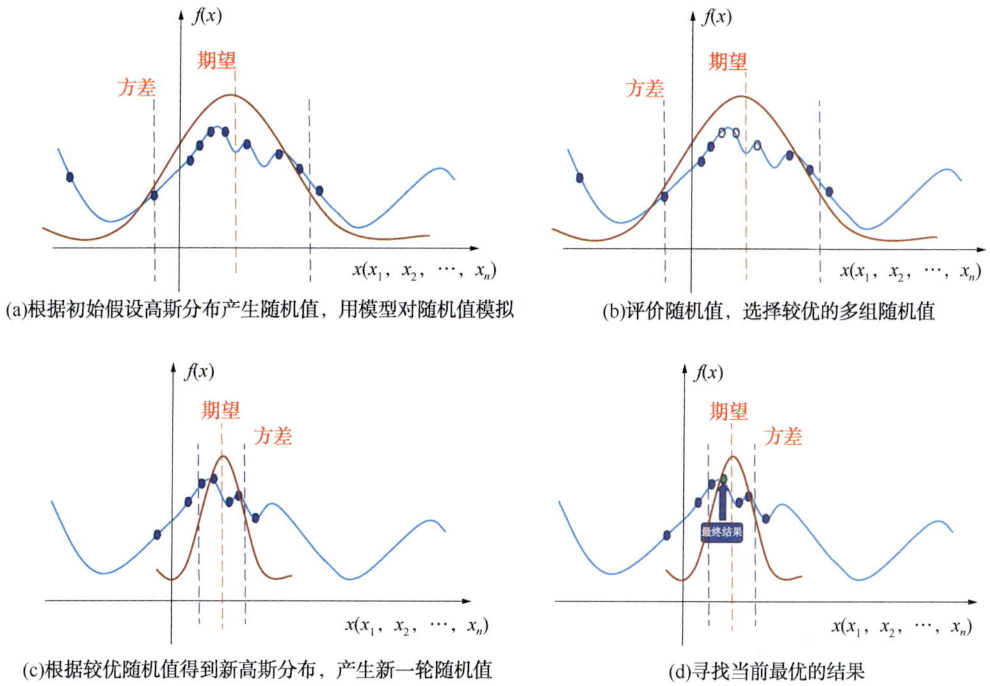

(a)根据初始假设高斯分布产生随机值，用模型对随机值模拟

(b)评价随机值，选择较优的多组随机值

(c)根据较优随机值得到新高斯分布，产生新一轮随机值

(d)寻找当前最优的结果

图 4-3　高斯分布优化算法流程(2 个迭代周期)

2）算法流程

结合注采生产动态数据，通过高斯分布优化求解连通系数 λ 和时间常数 τ，以此刻画井间连通程度。算法步骤设计如下：

步骤 1：读入注采生产动态数据包括注水数据、注水段、生产井数据等。

步骤 2：根据当前的解集空间，初始化高斯分布，确定均数 μ 和标准差 σ。

步骤 3：随机初始化每一轮每一组的连通系数 λ 和时间常数 τ。

步骤 4：各组参数 τ 和 λ 代入补偿电容模型中，比较估计值与真实值：

$$min\left\{\sum_{i=1}^{N}\left[i_i(n)-\hat{i}_i(n)\right]^2\right\} \tag{4-9}$$

其中 $i_i(n)$ 是注水井 i 的实际注水量值，$\hat{i}_i(n)$ 为注水井 i 注水量的估计值。

步骤 5：在每轮每组的累计误差中挑选 M 个误差最小的最优解。

步骤 6：判断每组参数得到的误差，当前最优组得到的误差是否满足预设条件，若满足直接进入步骤 8，否则进入步骤 7。

步骤 7：计算 M 个最优解参数 λ 的均值，更新高斯分布的参数均数 μ 和标准差 σ，将之映射到式(4-10)中：

$$f(x)=\frac{1}{\sigma\sqrt{2\pi}}e^{\frac{(\lambda_{x+1}-\lambda_x)^2}{2\sigma^2}} \tag{4-10}$$

步骤 8：重新随机生成参数 $\{\lambda_1, \lambda_2, \cdots, \lambda_n, \tau_1, \tau_2, \cdots, \tau_n\}$ 进行初始化，返回步骤 2。

步骤 9：直到参数收敛算法结束，得到补偿电容模型的参数。

步骤 10：计算并输出连通系数。

具体流程如图 4-4 所示。

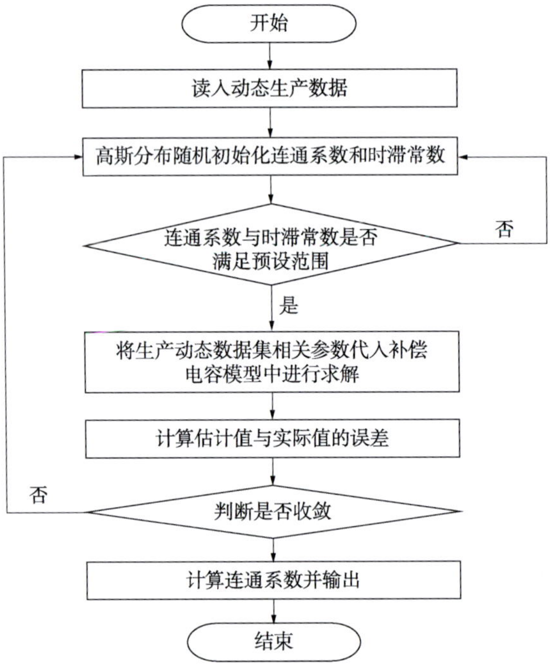

图 4-4　基于高斯分布求解模型参数流程图

4.1.4 应用实例

以塔河油田 AA80 单元 TK664 注水井组为例，井位如图 4-5 所示。

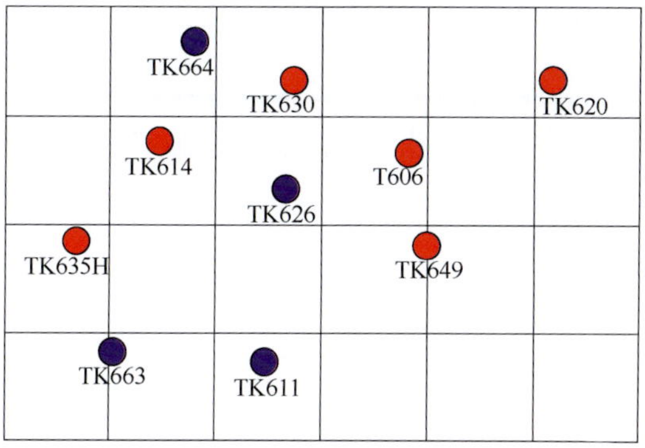

图 4-5 TK664 井组井位图

1）示踪剂测试

TK664 井于 2007 年 6 月 4 日开始注水和示踪剂测试，注入 BY-1 示踪剂，次日开始对 T606、TK611、TK614、TK620、TK626 和 TK630 等 6 口井取样。取样至 2007 年 10 月 10 日，历时 126 天，共取样 385 个。该井组示踪剂各生产井监测情况如表 4-2所示。

表 4-2 TK664 井组示踪剂监测情况

注水井	生产井	井距/m	背景浓度/cd	突破时间/d	突破浓度/cd	推进速度/(m/d)	峰值时间/d	峰值浓度/cd	回采率/%	累积浓度/cd	劈分系数/%
TK664	T606	1694. 7	92. 5	7	170. 5	242. 1	24	1085. 7	0. 0070	5585. 5	6. 37
	TK620	2536. 8	80. 2	5	306. 7	507. 3	16	1819. 3	0. 0515	31382. 2	46. 62
	TK626	1531. 5	163. 8	19	325. 6	80. 6	29	1467. 5	0. 0271	19168. 5	24. 56
	TK611	2184. 2	128. 4	68	302. 3	32. 1	70	537. 2	0. 0027	1882. 6	2. 47

由于存在储层物性的差别，平面和纵向非均质性较强，推进速度存在明显差异，TK620 方向上的渗透性最好，突破时间最短，水线推进速度最快，与该区域储层主裂缝发育方向基本一致。该井组的示踪剂浓度产出曲线如图 4-6 所示。

从示踪剂浓度产出曲线来看，T606、TK620、TK626 以及 TK611 生产井的峰值浓度分别为背景浓度值的 11. 74 倍、22. 68 倍、8. 96 倍及 4. 18 倍。其中，TK620 井见峰值时间短，峰值浓度高，渗透性好，可能存在大尺度裂缝沟通。

综上所述，根据示踪剂测试结果认为，TK664 井与 TK620 井、TK626 井、T606 井、TK611 井连通，主要连通通道为 TK620 井，其次为 TK626 井和 T606 井方向，TK611 方向的连通性最差。结合区域地质特征，井组储层具有强非均质性。

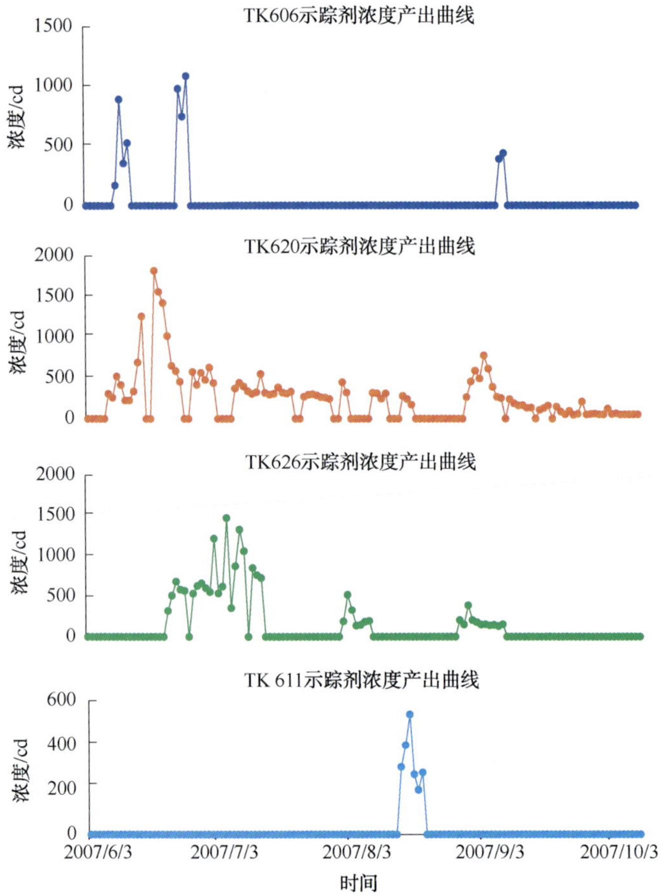

图 4-6　TK664 井组示踪剂浓度产出曲线

2）补偿电容模型评价

TK664 井组于 2006 年 1 月 19 日开始注水，累计注水共 10431m^3，应用相关文献建立的补偿电容模型得到井间连通程度的结果，并将结果与示踪剂测试及传统电容模型的结果进行对比，结果对比如表 4-3 所示。

表 4-3　TK664 井组连通程度评价

注水井	生产井	示踪剂注水分配比/%	补偿电容模型连通系数/%
TK664	TK611	2.5	14.66
	T606	6.4	18.34
	TK620	46.6	25.69
	TK626	24.5	21.31

对比分析可知，该井组连通程度最好的为 TK620 井和 TK626 井，T606 井和 TK611 井连通程度较差。该井组基于补偿电容模型的连通程度评价与示踪剂测试结果基本吻合，说明补偿电容模型的有效性。

4.2 基于机器学习的定量评价技术

在缝洞型油藏中，注水井、生产井及连通关系被视为复杂注采系统，基于各类静动态资料，采用多重分形技术、自回归模型计算得到静态特征指标和动态特征指标，基于层次聚类法建立注采模型，根据综合评判参数的相对大小来量化表征注采连通程度。其中主要包含井间连通模式自动判别研究、无因次控制体积特征提取、大尺度裂缝沟通通道特征自动提取、波动程度特征提取、最大波动特征提取、敏感系数特征提取以及基于层次聚类的连通关系定量综合评价技术等工作，与挖掘静动态数据相结合，利用手工到自动、单一到综合的缝洞型油藏井间连通程度评价的新途径，建立更加精细的连通模型，降低连通性判断的不确定性，有效提高评价效果。

该技术的主要思路分为两步：第一步，通过各种相关的算法来提取各类静动态特征；第二步，在提取的静动态特征基础之上定量表征井间连通程度。研究在不同尺度静态连通性特征研究基础上，结合动态数据井间连通模式自动识别技术研究，获取大尺度裂缝连通通道、无因次控制体积、井间连通模式等综合静态特征参数，实现定量评价模型，减少评价中的不确定性(见图 4-7)。

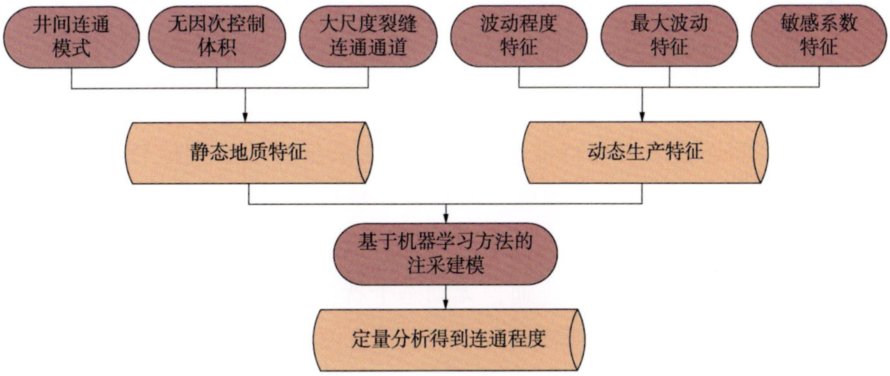

图 4-7 研究思路

4.2.1 静态特征提取技术

静态特征是井间连通研究的物质基础，裂缝是主要渗流通道。基于静动态数据，开展井间连通模式(连通通道、连通分级)研究，刻画不同级别裂缝的井间连通关系；基于动态数据，开展无因次控制体积计算研究；初步获取裂缝等地质参数作为动态计算约束条件和特征参数。

1) 井间连通模式自动判别

奥陶系碳酸盐岩储层是以岩溶和构造运动形成的溶洞、溶蚀孔洞和裂缝系统为主的储集空间；裂缝是主要的流动通道。分析注采响应特征和示踪剂浓度产出特征，分析井间能量干扰情况，实现连通模式自动判断。

井间连通模式可分为 3 类，如表 4-4 所示。

表 4-4　井间连通模式类别

连通模式	示踪剂特征	注采响应特征	特征描述
井间大缝连通 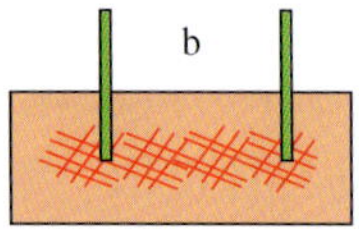 	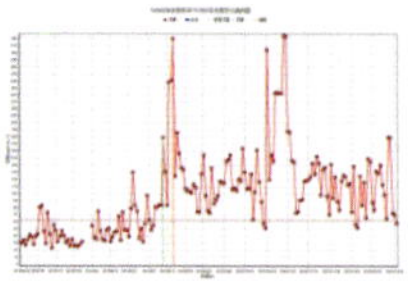	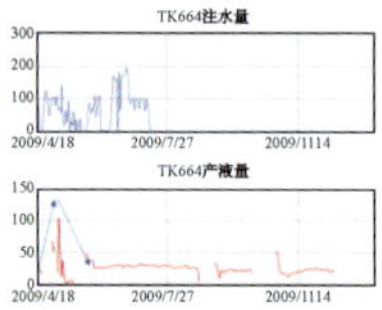 	动态响应明显，波动程度强；示踪剂浓度曲线为单峰模式，呈铅垂上升
井间溶洞连通 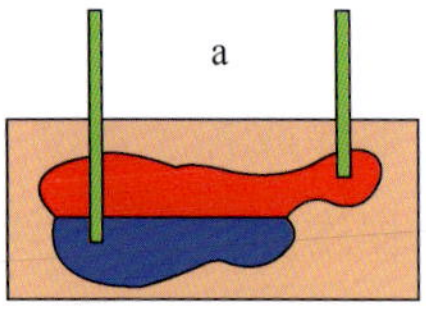 	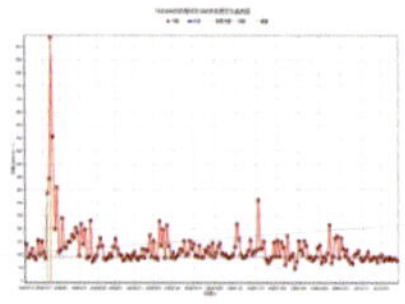	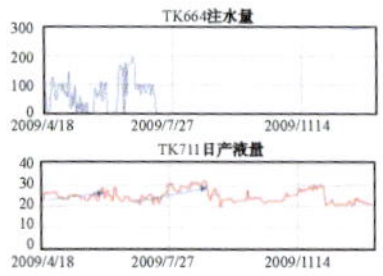 	动态响应不明显；示踪剂浓度曲线为平缓式抛物线，峰值较低，波动范围大
井间缝洞复合连通 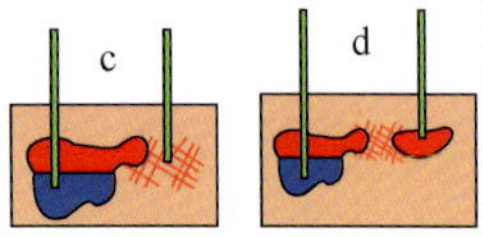 	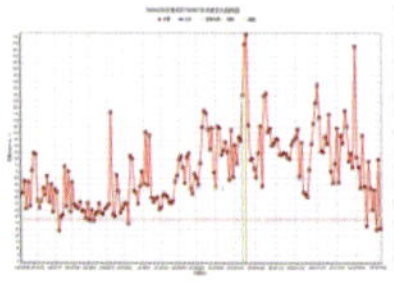	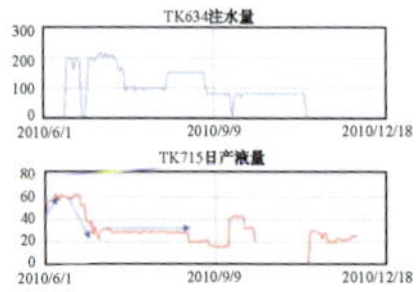 	动态响应特征一般，波动程度一般；示踪剂浓度曲线呈波动上升，时高时低

基于上述井间连通模式和特征研究，结合注采生产动态响应特征（最大波动、波动程度），综合基于滑动参考的最大波动特征提取技术、多重分形技术实现井间连通模式自动判断。井间生产动态强干扰的为大缝连通，较强干扰的为缝洞复合连通，井间生产动态干扰弱的为洞连通，无动态干扰的为不连通。同时采用示踪剂测试结果加以对比验证。井间连通模式自动判别示意图如图 4-8 所示。

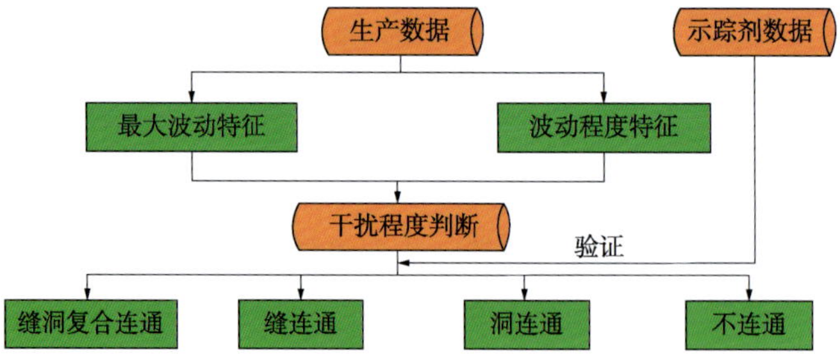

图 4-8　井间连通模式自动判别示意图

2）无因次控制体积特征提取

油藏可看成是由一系列井与井之间的控制单元构成，其中井间控制体积特征参数在一定程度上能够反映井间连通模式，井间控制体积小的以大缝沟通为主，井间控制体积大的以洞连通为主，其他为缝洞复合连通。井间控制体积可先通过 Blasingame 生产数据分析法计算单井储量，该方法充分考虑了生产动态中压力变化特征，由径向流动段和拟稳定流动段特征曲线计算得到油藏参数。然后利用单井控制储量，通过对应生产井的储集体物性关系进行劈分，计算得到井间控制体积。

具体实现如下：

（1）单井控制储量计算。

Blasingame 法的核心方程如下：

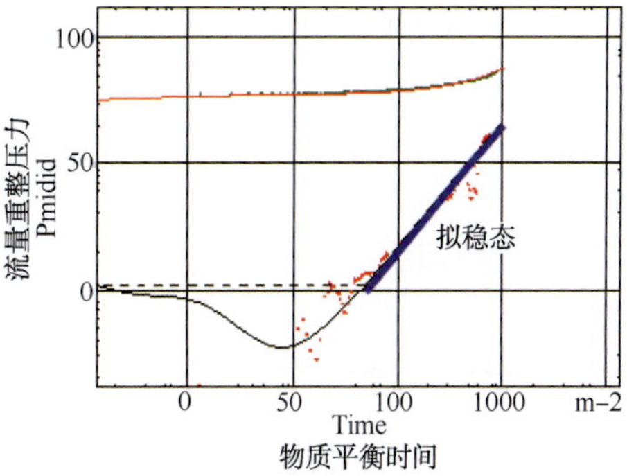

图 4-9　压力变化图

$$\frac{\Delta p(t)}{q(t)}=mt_{cr}+b\begin{cases}t_{cr}=\dfrac{1}{q(t)}\displaystyle\int_0^t q(\tau)\,\mathrm{d}\tau=\dfrac{Q(t)}{q(t)}\\ m=0.2339\dfrac{B}{\varphi hC_tA}\\ b=70.6\dfrac{B\mu}{kh}\ln\dfrac{r_e^2}{r_w^2\mathrm{e}^{3/2}}\end{cases}\tag{4-11}$$

当封闭油藏流体流动达到拟稳态流动阶段时，$\dfrac{\Delta p(t)}{q(t)}$与$t_{cr}$呈现直线段。加载生产液量数据及流压数据，按公式求出物质平衡时间与流量重整压力，绘制得到压力变化图。选择拟稳态数据段进行拟合，反求解析式求出参数 m 和 b，进一步计算出单井控制储量。

（2）井间控制储量计算。

利用单井控制储量，通过对应生产井的储集体物性关系（如孔隙度、有效厚度和井距的乘积）按比例进行劈分，计算得出井间控制储量（见图 4-10）。

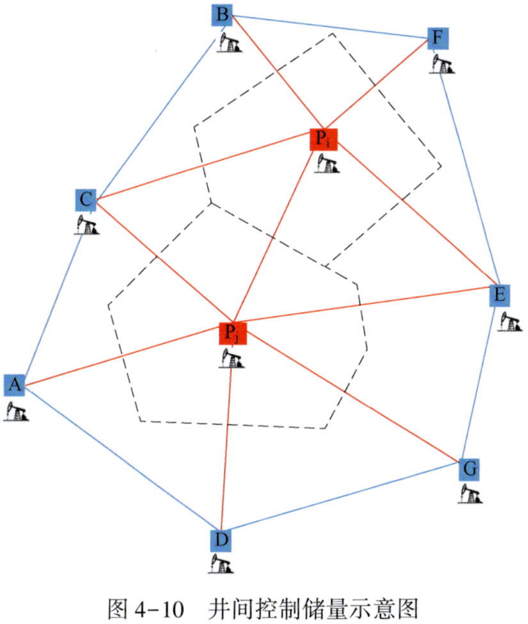

图 4-10　井间控制储量示意图

井 1 为中心分配的控制储量：

$$V_{p1} \cdot \frac{h_{12}\, d_{12}\, \varphi_{12}}{\sum_{i=1}^{n} h_{1r}\, d_{1r}\, \varphi_{1r}} \tag{4-12}$$

井 2 为中心分配的控制储量：

$$V_{p2} \cdot \frac{h_{21}\, d_{21}\, \varphi_{21}}{\sum_{i=1}^{n} h_{2i}\, d_{2i}\, \varphi_{2i}} \tag{4-13}$$

井 1、井 2 间的控制储量计算如下：

$$V_{P_{12}} = V_{p1} \cdot \frac{h_{12}\, d_{12}\, \varphi_{12}}{\sum_{i=1}^{n} h_{1r}\, d_{1r}\, \varphi_{1r}} + V_{p2} \cdot \frac{h_{21}\, d_{21}\, \varphi_{21}}{\sum_{i=1}^{n} h_{2i}\, d_{2i}\, \varphi_{2i}} \tag{4-14}$$

(3) 无因次控制体积。

根据井间控制储量、地面原油密度、体积系数、含油饱和度得到表征井间连通程度的无因次控制体积。总的控制储量如下：

$$N_P = \sum_{i=1}^{n} \sum_{j=1}^{n} V_{P_{ij}} \tag{4-15}$$

井间无因次控制体积计算如下：

$$W_{V_{P_{ij}}} = V_{P_{ij}} / N_P \tag{4-16}$$

计算流程如图 4-11 所示。

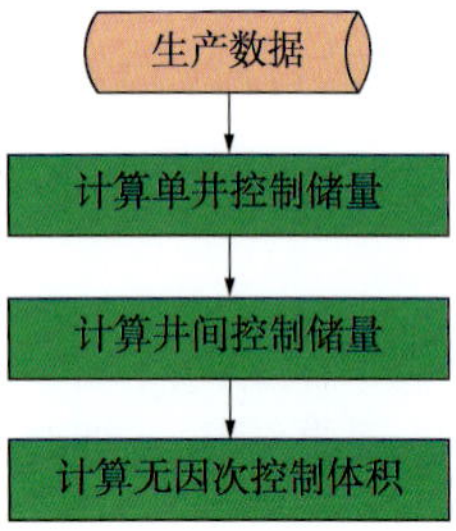

图 4-11　无因次控制体积计算示意图

3) 大尺度裂缝沟通通道特征识别

裂缝是井间主要渗流通道，基于地震解释数据和井轨迹数据自动识别井间连通通道。研究主要是获取相应的地震资料，基于地震解译的裂缝数据和井轨迹数据，首先进行读取相应的大尺度断裂数据集井轨迹数据，然后构造主断裂面，再结合深度搜索策略和相应的生产井坐标，追踪并识别井间窜流通道，获取井距等地质静态空间分布参数，完成井间连通通道特征参数的提取。

具体的广度搜索策略识别井间窜流通道，首先需要获取断裂数据以及生产数据，之后需要遍历所有裂缝数据文件，计算数据范围、裂缝数据平均间隔和栅格大小，再将裂缝数据映射到栅格以及将生产井映射到距离最近的裂缝所属的栅格坐标，再建立 BFS 网络遍历整个裂缝相通的部分，得出注水井至各生产井的路径长度、最短距离、各路径的共同距离，作为大尺度裂缝的井间窜流通道特征。流程示意图如图 4-12 所示。

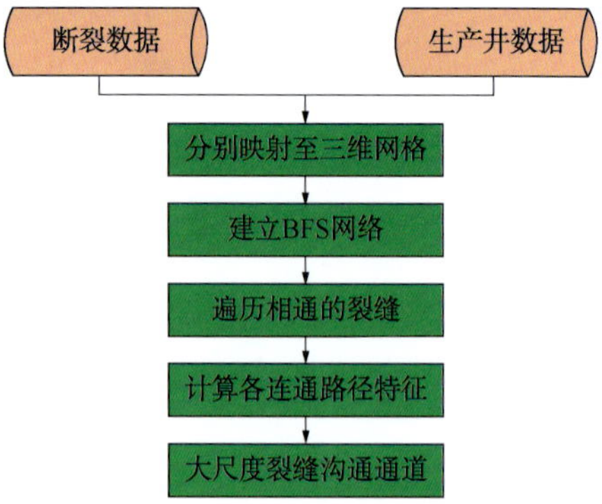

图 4-12　大尺度裂缝沟通通道流程示意图

4.2.2 动态特征提取技术

生产动态曲线是工程因素和地质因素共同作用的结果，波动变化复杂，分布呈现尖峰肥尾的非线性动力系统特征。传统随机模型只能描述波动某一方面的特征，如长程相关性或随机性，无法细致刻画波动程度。通过基于滑动窗口的波动特征提取，基于多重分形的波动程度提取等技术，认识注水后生产井生产指标的波动特征。

1）注采响应波动程度特征提取

多重分形借助统计物理的方法计算概率分布情况。结合多重分形谱计算相关谱参数，分析注水、类干扰、关停井、洗井等工作制度改变后生产数据波动特征的局部奇异性，刻画数据波动程度特征。多重分析采用 k 维空间 $R^k(k=1, 2, 3, \cdots, n)$ 分割的多个等分盒子描述数据的随机空间分布。设盒子的线度为 ε，第 i 个盒子的测度为 $\mu_i(\varepsilon)$，集合 S 在其中的测度为 $\mu(S)$，则奇异性指数 α 记为：

$$\alpha=\frac{\log\mu_i(\varepsilon)}{\log\varepsilon}\text{或}\mu_i(\varepsilon)\sim\varepsilon^{\alpha_i} \tag{4-17}$$

多重分形谱 $f(\alpha)$ 就是具有相同 α 值子集的 Hausdorff 维数：

$$f(\alpha)=d_H\{x\in supp\mu,\ \alpha(x)=\alpha\} \tag{4-18}$$

矩方法是计算多重分形谱的常用方法，通过幂指数加权处理，将一个多重分形分成不同奇异程度的区域。用分割函数可得 $f(\alpha)$ 的分布特性。

$$\chi_q(\varepsilon)=\sum_{i=1}^{N(\varepsilon)}\mu_i^q(\varepsilon)\ \sim\ \varepsilon^{\tau(q)}(-\infty\leqslant q\leqslant+\infty) \tag{4-19}$$

式中，$\tau(q)$ 为关于 q 的凸函数。

$$\tau(q)=\lim_{\varepsilon\to 0}\frac{\log\chi_q(\varepsilon)}{\log\varepsilon} \tag{4-20}$$

通过勒让德变换（Legendre transformation），由 q 和 $\tau(q)$ 得到 $\alpha(q)$ 和 $f(\alpha)$：

$$\begin{cases}\alpha(q)=\dfrac{\mathrm{d}\tau(q)}{\mathrm{d}q}\\ f(\alpha)=q\cdot\alpha(q)-\tau(q)\end{cases} \tag{4-21}$$

多重分形谱 $f(\alpha)$ 反映测度子集的性质，通过分割函数、奇异性指数 α、多重分形谱 $f(\alpha)$ 计算出不同 q 对应的广义分形维数。在 $f(\alpha)\sim\alpha$ 图形中，$\Delta\alpha$ 表示数据变化的均匀程度，$\Delta\alpha$ 越大，区间数据越不规则。计算注水后一段时间内生产井含水、产油图形积分值作为注水波动的波及程度参数。

计算流程图如图 4-13 所示。

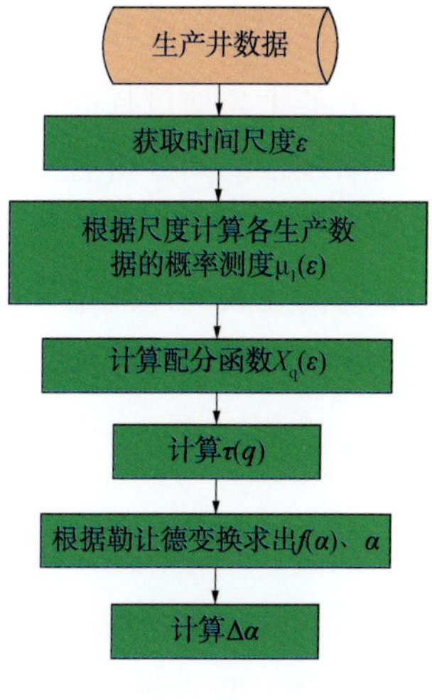

图 4-13　波动程度特征提取流程图

2）注采响应最大波动特征提取

基于系统分析理论，注水井、生产井及井间储层是一个复杂的动力平衡系统。注水量的变化会引起生产井生产指标的变化，变化越明显，连通性越好。通过注采响应法计算生产数据的瞬间最大波动值，描述生产数据的最大波动特征。

基于滑动窗口提取注水激励后生产井数据的响应特征。对于长度为 n 的生产数据序列 T，设置滑动窗口 Δt，该序列被划分为 $n-\Delta t+1$ 个子序列，各滑动窗口的子序列记为T_s；对各窗口求局部最大波动 Δw，$\Delta w=\max(T_s)-min(T_s)$，其中 $\max(T_s)$ 与 $min(T_s)$分别表示当前滑动窗口数据的最大值与最小值，即波峰与波谷；对于整个生产数据序列，其最大波动是所有窗口中局部最大波动的最大值，记为：

$$w=max\{\Delta w_1,\ \Delta w_2,\ \cdots,\ \Delta w_{n-\Delta t+1}\} \tag{4-22}$$

基于滑动窗口计算持续注水后压力、动液面、含水率、产液量等生产动态数据持续变化特征，根据设定阈值综合判断注采井连通关系。

具体计算思路：首先要选取注水后时间跨度为 T 的生产井的生产数据(如含水率)，如果待判断生产井在含水率波动期间出现了生产制度干扰(如更改油嘴大小、洗井、停井等操作)，根据具体情况决定是否筛去该井；若该井数据点充足，则以时间窗口为单位计算局部窗口内生产数据(如含水率)波动的幅值，采用滑动时间窗口记录其中最大的生产数据(如含水率)波动幅值。

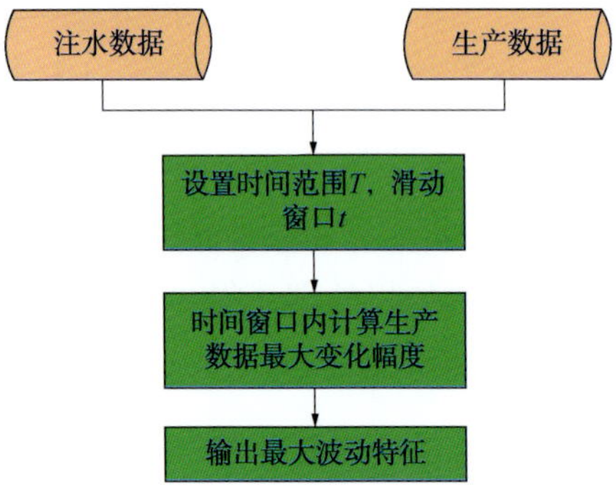

图 4-14　最大波动特征计算流程图

流程图如图 4-14 所示。

3) 敏感系数特征提取

缝洞型油藏生产数据作为一种非线性时间序列，在利用统计分析提取生产数据自相关特征的基础上，通过建立缝洞型油藏基于高斯回归过程的非线性自回归模型定量表征缝洞型油藏井间连通性。

(1) 基于高斯过程的自回归模型训练过程。

高斯过程回归分析有一个先验的过程，利用已知的输入输出求解高斯过程回归的内在参数。训练样本采用 $D=(X,\ y)$格式，式中，X 为 $n\times m$ 的数据，表示 n 组数据；m 为前几天的产液量和注水量组成；y 为 n 组对应当天的结果值。如此，可将训练样本代入高斯过程回归分析中进行训练：

$$y=f[x(n-1),\ x(n-2),\ \cdots,\ x(n-p),\ u(n),\ u(n-1),\ \cdots,\ u(n-q)] \tag{4-23}$$

式中，函数 f 为高斯过程回归函数；$x(n)$为 n 时刻产液量数据；$u(n)$为 n 时刻注水量数据；参数 p 为自回归阶数；参数 q 为滑动平均阶数。

对于缝洞型油藏，已知历史产液量数据 $x(n)$、历史注水量数据 $u(n)$以及当前时刻产液量值 y，先进行先验处理，构建该井组基于高斯过程的自回归模型。

（2）基于高斯过程的自回归模型预测过程。

在已知高斯过程的基础上，将要预测样本代入高斯过程回归分析中，得到预测结果。公式如下：

$$[y^*, lp] = g(hyp, inf, \cdots, mean, cov, lik, D) \tag{4-24}$$

式中，y^* 为产液量预测结果；lp 为概率；函数 g 为高斯过程函数；D 为预测样本；hyp 为超参数；inf 为推理参数；$mean$ 为平均函数；cov 为协方差函数；lik 为似然函数。

利用高斯过程实现油藏产液量的预测，获取预测结果可信度的概率。同理，对于井间连通性，模型先分别预测有无注水两种情况，然后利用注水差异求解连通系数，其公式如下：

$$R(u_{ij}) = \frac{f[x_i(n-1), x_i(n-2), \cdots, x_i(n-p), u_j(n), u_j(n-1), \cdots, u_j(n-q)]}{f[x_i(n-1), x_i(n-2), \cdots, x_i(n-p)]} = \frac{GP(X_i, U_j)}{GP(X_i)} \tag{4-25}$$

式中，$R(u_{ij})$ 为注水井 j 对生产井 i 的敏感程度，即连通系数；函数 GP 为高斯过程回归函数；X_i 为生产井 i 的产液量序列；U_j 为注水井 j 的注水量序列。

将注水预测结果与无水预测结果做差值，然后除以预测结果，结果作为敏感系数（见图 4-15）。

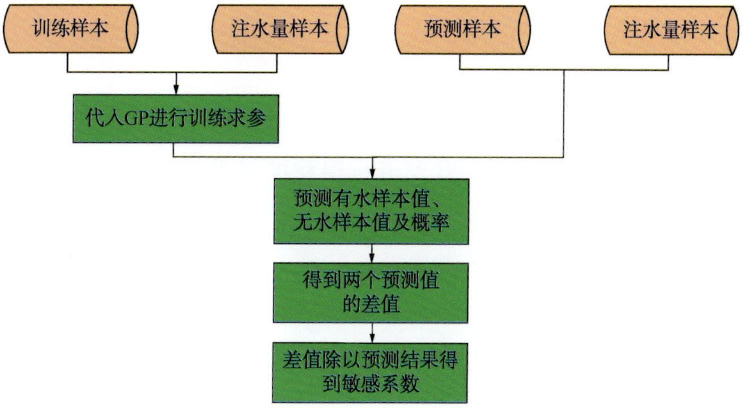

图 4-15 基于高斯过程的敏感系数特征计算流程图

4.2.3 基于机器学习的连通程度定量评价研究

基于前面提取的各类井间静动态特征参数，在掌握静态连通分布和属性特征基础上，采用数据挖掘中的层次聚类方法建立精细的动态连通计算模型，定量评价井间连通程度。由于缝洞型油藏非均质性太强，因此研究以井组开展。聚类是一种将具有多个属性的一群样本进行无监督分类的方法。用于层次聚类结果不易受随机因素的影响，设计采用层次聚类法。

1）层次聚类基本原理

基于机器学习的定量评价技术基于层次聚类算法，这是一种用于进行层次性结构划分的聚类方法，它对样本的划分是以一种贪心方式来确定的。层次聚类算法根据聚类策略不同可划分为两种，即一种是自底向上（凝聚），另一种为自顶向下（分裂）。本小节则将两种策略混合使用。

在自底向上策略中，首先将每个对象作为单独的一个原子簇，然后合并这些原子簇形成越来越大的簇，直到所有的对象都在一个簇中（层次的最上层），或者达到一个终止条件。绝大多数层次聚类方法属于这一类。

在自顶向下策略中，首先将所有对象置于一个簇中，然后逐渐细分为越来越小的簇，直到每个对象自成一个簇，或者达到某个终止条件，例如：达到某个希望的簇的数目，或者两个最近的簇之间的距离超过了某个阈值。层次聚类示意图如图4-16所示。

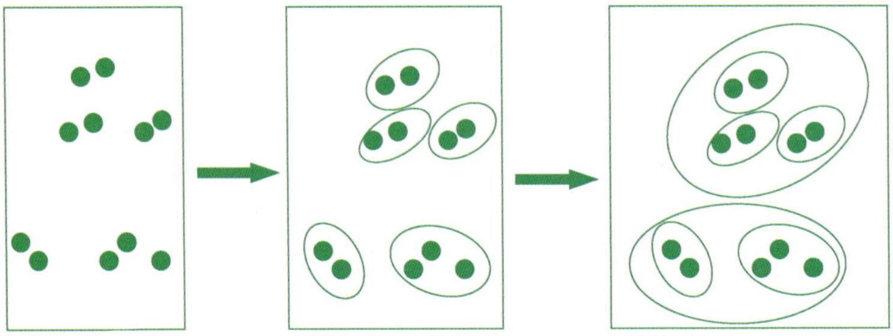

图4-16　层次聚类示意图

2）连通程度定量评价具体流程

基于静动态特征相结合的层次聚类连通性定量评价在层次聚类的基础上，采用静动态特征进行不同粒度的计算，首先进行粗粒度聚类，然后在每大类中进行细粒度评价。算法基本步骤如下所示：

步骤1：读取单元内生产井各类静动态特征，如无因次控制体积、井间连通模式、敏感系数特征。

步骤2：根据静动态特征，采用层次聚类法粗粒度分类建模。

（1）将每个对象归为一类，共得到 N 类，每类仅包含一个对象。类与类之间的距离就是它们所包含的对象之间的距离。

（2）找到最接近的两个类并合并成一类。

（3）重新计算新的类与所有旧类之间的距离。

（4）重复第（1）步和第（3）步，直到最后合并成一个类为止（此类包含了 N 个对象）。

步骤3：以无因次控制体积和井间连通模式作为约束，对粗粒度分类结果排序。

步骤4：对静态连通通道特征同一连通分支上的生产井，构建各类内部静态参数不等式约束矩阵。

步骤5：结合多重分形动态特征和不等式约束条件，通过细粒度排序计算得到注采连通系数。

基于机器学习的定量评价流程如图 4-17 所示。

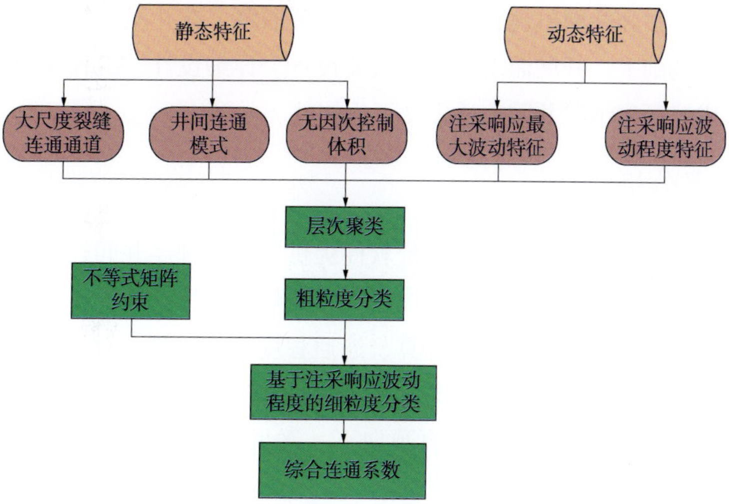

图 4-17　机器学习定量评价流程图

4.2.4　基于机器学习的定量评价技术实例应用

采用开发的基于机器学习的井连通综合定量评价方法对 AA80 单元、S86 单元等进行连通性评价，并将计算结果与示踪剂测试结果进行横向对比。以 AA80 单元的 TK634 井组为例，该井组示踪剂测试时间为 2009 年，示踪剂判断连通井有 3 口，其余井示踪剂报告中认为不连通。定量评价结果如表 4-5、图 4-18 所示。

表 4-5　TK634 井组示踪剂时间 2009 年机器学习劈分结果

井名	机器学习劈分比/%	注水劈分/%
TK747	34	32. 1
TK715	21	22. 8
TK713	24. 8	25. 1

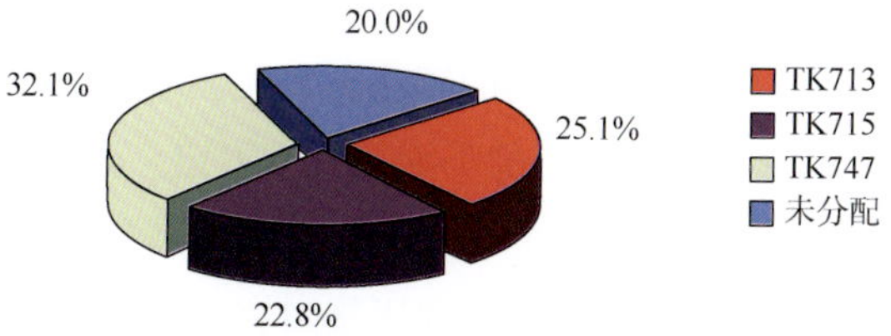

图 4-18　TK634 井组示踪剂 2009 年水量劈分图

实验分析：TK634 井组在示踪剂检测的 2009 年内，机器学习的劈分比与示踪剂注水的劈分比，两者的大小与比例基本一致，其结果匹配度为 3/3 = 100%，表明机器学习结果与示踪剂结果相符。

4.3 缝洞型油藏井间连通程度评价软件

针对非均质性和井网不规则性较强的缝洞型油藏，在井间连通关系定性和定量评价方法研究基础上，开展需求分析、概要设计、详细设计、编程实现、软件测试等工作，形成缝洞型油藏井间连通程度评价软件。

4.3.1 业务分析

缝洞型油藏井间连通程度综合评价软件提供数据管理、井间连通性判断、井间连通程度定量评价、可视化等功能模块，方便油藏工程技术人员在统一的前后处理软件平台上完成数据录入、连通性计算、连通程度定量评价、对比分析等工作，能较为直观地揭示注水驱油的潜力方向，方便后期生产优化、工作制度调整等。

基于软件工程开发流程，采用自顶向下、逐步求精的面向对象软件设计方法，整个软件的业务主要包括以下方面的内容：

(1) 前处理模块(包括各类数据管理)。

(2) 井间连通性评价模块(包括定性计算、定量评价)。

(3) 后处理模块(连通参数二、三维可视化的综合展示)。

4.3.2 概要设计

根据缝洞型油藏井间连通性研究的需求分析，对软件进行模块化设计，力求在一个统一的平台上实现静动态数据的高效管理、井间连通动态计算、结果可视化等功能模块，实现从多源数据输入、连通计算到结果输出全过程的自动化，完成多个缝洞单元的连通性分析。软件总体功能框架图如图 4-19 所示。

1) 系统开发环境

系统开发环境需要 Windows7 或以上版本的 64 位操作系统、SQL Server 2000 数据库、Visual Studio 2010 集成开发环境和 VTK3.0、TeeChart8.0 等开发工具包。

(1) VTK 开发工具包。

VTK(Visualization Toolkit)可视化类库是美国 Kitware 公司基于面向对象的编程技术设计和开发的软件工具包，将常用的算法封装成类库，提供强大的可视化功能。用户可在 VTK 基类的基础上开发自己的类库，具有稳定、开源、跨平台及可并行操作的特点。VTK 在 OpenGL 基础上封装优化，内核采用 C++语言编写，支持 Windows、Unix 等操作系统，提供多语言调用接口，主要包括图形模块和可视化模块两个对象模型。

① 图形模块。图形模块的作用是，将数据转换为图形、图像显示在屏幕上，提供 vtkRenderWindow 渲染窗口、vtkRenderer 渲染器、vtkLight 灯光(可缺省)、vtkCamera照相机(可缺省)、vtkActor 演员及 vtkMapper 映射器等。具体 VTK 结构对

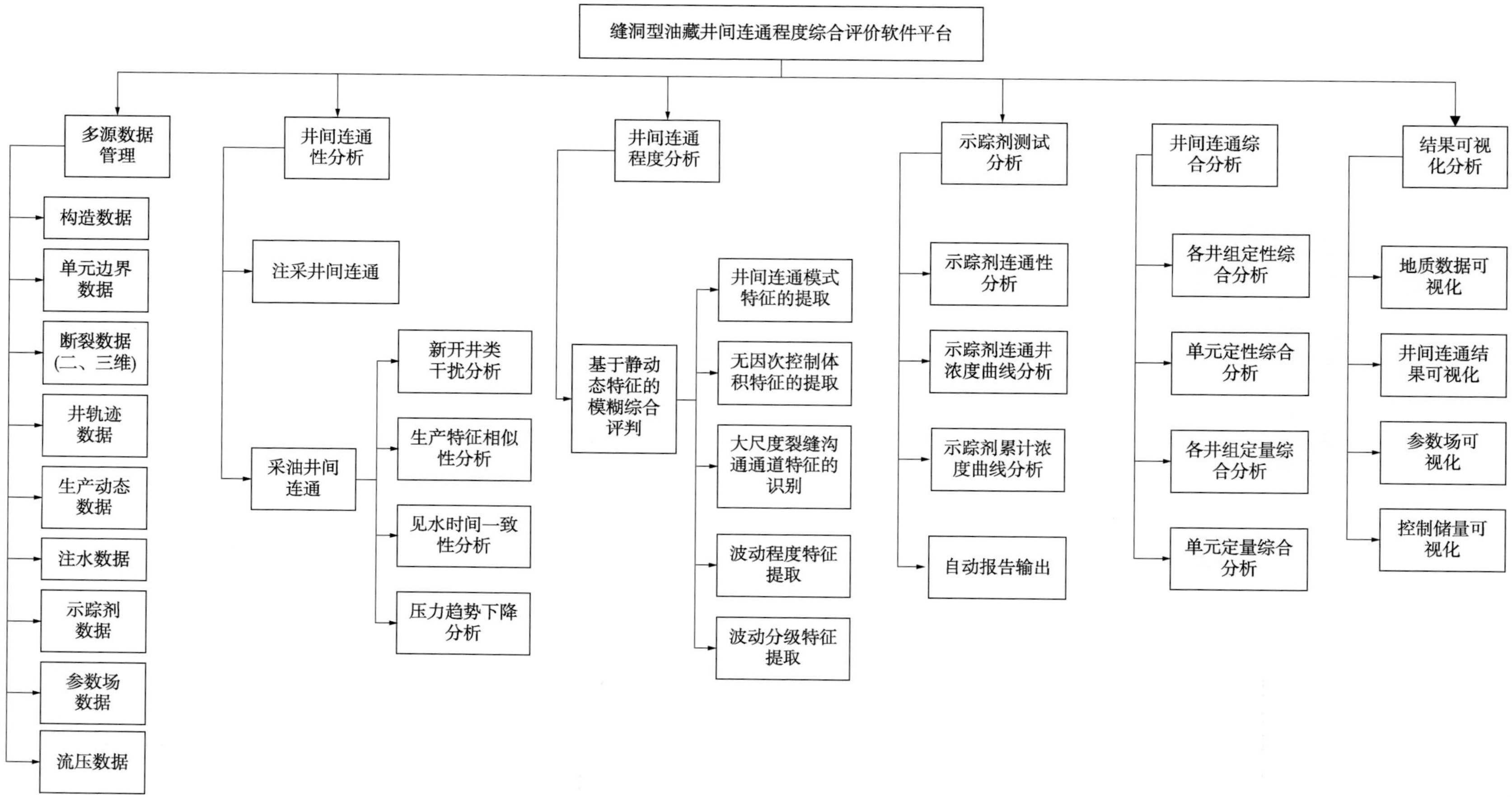

图4-19　软件总体功能框架图

象模型图如图 4-20 所示。

② 可视化模块。可视化模块有两个作用，一个是将数据转换为图形单元，另一个是创建具有代表性的几何图像，基于数据流形成类似流水线的管道基础。管道概念贯穿整个 VTK 的核心，具体步骤如下：

步骤 1：将数据分解成一个个小模块。

步骤 2：对各模块分别进行特定数据操作。

步骤 3：连接各模块形成管道网络。

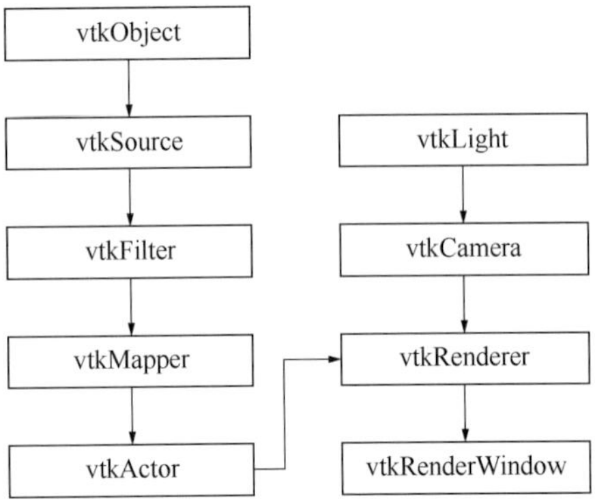

图 4-20　VTK 结构对象模型图

步骤 4：通过管道将数据流从一个模块流向另一个模块。

整个过程如图 4-21 所示。

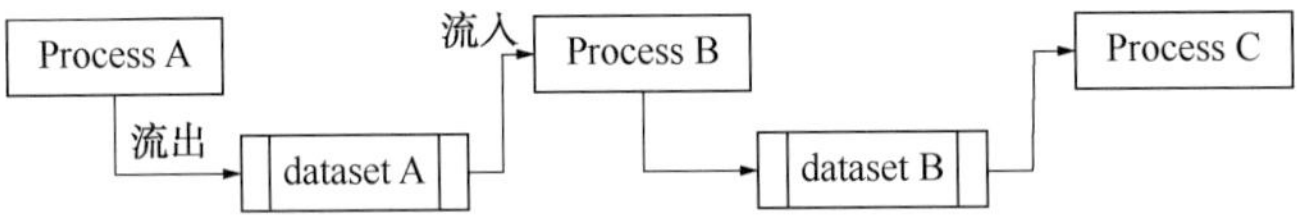

图 4-21　VTK 可视化实现过程流程图

平台开发基于 MFC 框架，使用 VTK 库进行图形渲染和显示。

（2）TeeChart 绘图控件。

TeeChart Active X 是西班牙 Steema Software 公司开发的图表类控件，提供柱状图、折线图、饼状图等多种复杂图表，支持上百种二维和三维图表风格，提供 40 多个数学和统计函数、22 个调色板、25 个图表组件、6 个种类序列、37 个函数、27 个图表工具等，支持 JPEG、PNG、PDF、GIF 等格式，支持动态放大、缩小及滚动等二维图形的绘制及交互操作。平台采用 TeeChart 绘图控件提供的工具类与接口绘制生产数据产出曲线等各类二维图件。

2）功能模块设计

基于需求分析，平台各功能模块具体设计如下。

（1）前处理模块。

数据类型多样，包括静态数据和动态数据。数据管理平台提供将输入或导入的地质数据分类，可生成连通性计算的模型数据、示踪剂数据、流压数据、构造数据、断层数据，并对这些数据分别进行读写操作。系统采用数据管理器功能，对大量的地质数据分类管理，采用直接导入 DATA、交互类似 ECLIPSE 输入生成 DATA 和通过粘贴表格等方式生成需要的 DATA 3 种数据管理方式，生成适合井间连通计算的数据文件，对数据进行错误及合理性检验并做出提示。系统能够编辑或修改油藏模型和其他参数，针对井间连通性分析模拟器生成兼容的数据文件。

（2）井间连通性评价模块。

井间连通性评价模块是平台的核心，主要包括连通性计算和连通程度评价两个模块。

① 定性评价子模块。定性评价子模块设计主要包括注采井间连通性判断和采油

井间连通性判断两部分。其中，注采井间连通性判断主要提供基于滑动窗口的多个生产指标波动特征综合判断功能；采油井间连通性判断主要综合缝洞单元压力趋势下降一致分析法、见水时间一致性分析法，以及新井投产、注水、关井等工作制度改变引起相邻生产井相似生产动态特征变化相似性等判断功能。

② 定量评价子模块。定量评价子模块设计主要包括电容模型和机器学习模型。

(3) 后处理模块(井间连通计算结果输出模块)。

二、三维可视化功能是井间连通程度评价后处理的核心，将井间连通计算结果以图表形式直观显示。将各类连通参数分别绘制成连通图、连通程度图、注入水流向及流量比图、推进速度图、累计油水贡献图等，提供线、管、三角面片等多种表示形式，实时描述井间连通情况，反映井间渗流方向和流量分配情况。

4.3.3 主界面

本软件平台的设计拟采用多对多的数据组织方式，提供不同的模拟(开发)方案。软件操作平台(主界面)模仿 Petrel 的风格，窗体顶部是菜单栏和工具栏，下部是状态栏，主体部分左侧是数据管理器、模型管理器、方案管理器、模拟计算结果管理器以及窗口管理器，中间是图形显示区，右边是各类操作控制面板(见图 4-22)。

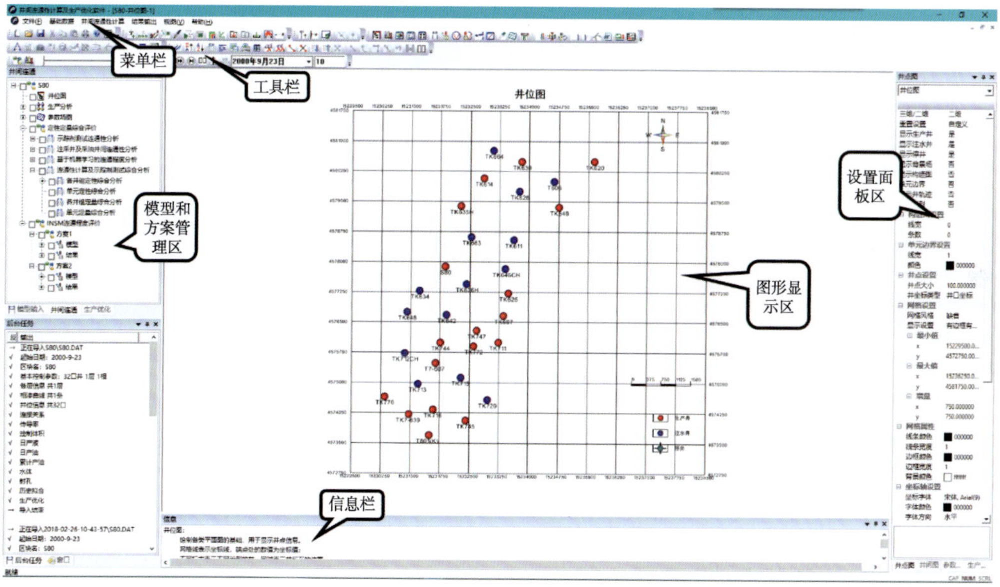

图 4-22 主界面

主菜单包括文件、基础数据、井间连通计算、结果输出、设置和帮助等子菜单，实现基础数据管理、井间连通性计算、可视化等功能；工具栏显示常用功能的快捷按钮；信息栏描述当前图形显示区的内容；图形管理区提供模型数据、井间连通参数等子页面，可同时批量打开多个单元数据的多个方案，并管理不同方案的模型和计算结果；图形显示区提供井位信息、静态地质参数、生产动态数据、井间连通参数等的可视化；设置面板区提供图形显示的设置、修改和恢复操作。

5 基于缝洞结构的注采参数智能优化技术

建立缝洞型油藏生产优化数学模型，通过尺度变换、梯度升级，研制 3 种适用于不同油藏规模的无梯度算法，相比差分梯度提高数 10 倍效率。同时，形成了基于连通性的数据驱动智能生产优化方法，将复杂油藏等效成一系列井点间(平面)、井点与水体间(垂向)的连通单元，每个单元由井间连通传导率和连通体积等表征，考虑注采量、水体体积等建立压力和饱和度追踪方程，通过历史拟合反演连通参数和预测生产动态，建立油藏流动计算模型，相比传统数模优化计算提速上百倍。

5.1 注采参数智能优化方法

对于油藏生产系统而言，由于油藏模型本身存在较大不确定性，因此如何降低开发方案对模型不确定性的敏感度、减小开发的风险、保证求解质量至关重要。鲁棒优化方法就是在寻求系统性能指标尽可能最优的同时，使系统敏感度或背景参数引起的性能变化最小。通过建立多个可能的地质模型，使优化得到的工作制度令所有模型的 NPV 期望值最优(见图 5-1)。

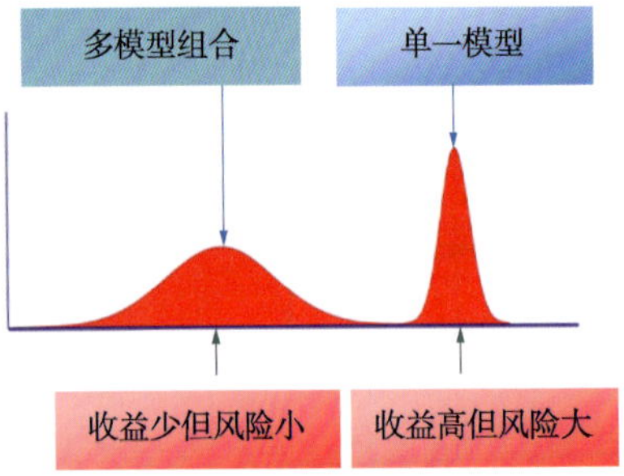

图 5-1　鲁棒优化特点

缝洞型油藏埋藏深，溶洞物性与裂缝开度等参数预测精度差，地质建模不确定性强，方案风险性高，基于单一地质模型的优化方法不适用，需建立基于多模型的鲁棒优化方法以降低风险。

5.1.1 生产优化模型建立

首先需要建立表征缝洞油藏特征的多个地质模型实现，对于任意一个(设第 k 个)地质模型的优化控制目标函数可以表示为：

$$J_k(u, y_k, m_k) = \sum_{n=1}^{L} \left[\sum_{j=1}^{N_P} \left(r_o q^n_{o,j,m_k} - r_w q^n_{w,j,m_k} \right) - \sum_{i=1}^{N_I} r_{wi} q^n_{wi,j,m_k} \right] \frac{\Delta t^n}{(1+b)^{t^n}} \tag{5-1}$$

式中，m_k 为第 k 个油藏模型实现，$k=1, 2, \cdots, N_e$；J_k 为模型 m_k 所对应的 NPV 值；

q^n_{o,j,m_k}为模型 m_k 中第 j 口生产井 n 时刻的平均产油速度，STB/d；q^n_{wi,j,m_k}为模型 m_k 中第 j 口生产井 n 时刻的平均产水速度，STB/d；q^n_{wi,j,m_k}为第 i 口注水井 n 时刻的平均注水量，STB/d。

对于鲁棒生产优化问题，这里选择函数J_k的数学期望作为优化目标函数求取极大值，结合约束条件其可最终描述为：

$$\text{Max } J_{ro} = E[J_k(u, y_k, m_k)] = \frac{1}{N_e}\sum_{k=1}^{N_e} J_k(u, y_k, m_k) \tag{5-2}$$

约束条件为：

$$e_i(u, y_k, m_k)=0, \ i=1, 2, \cdots, n_e \tag{5-3}$$

$$c_j(u, y_k, m_k)\leqslant 0, \ j=1, 2, \cdots, n_c \tag{5-4}$$

$$u^{\text{low}} \leqslant u \leqslant u^{\text{up}} \tag{5-5}$$

对于这个极大值问题，亦可采用改进的 SPSA 算法进行求解。显然，期望值 J_{ro} 与其他性能指标函数 J_k 为线性关系，因此 J_{ro}对控制变量 u 梯度$\nabla J_{\text{ro}}(u)$可表示为：

$$\nabla J_{\text{ro}}(u) = \frac{1}{N_e}\sum_{k=1}^{N_e} \nabla J_k(u) \tag{5-6}$$

式中，$\nabla J_k(u)$为模型m_k所对应性能指标函数J_k对控制变量 u 的梯度。由此，在第 l 个迭代步利用算法获得梯度估为：

$$\hat{g}^l_{\text{ro}}(u^l_{\text{opt}}) = \frac{1}{N_e}\sum_{k=1}^{N_e} \hat{g}^l_k(u^l_{\text{opt}}) \tag{5-7}$$

式中，$\hat{g}^l_k(u^l_{\text{opt}})$为模型 m_k 在最优点 u^l_{opt}所对应的改进 SPSA 梯度。

缝洞油藏注采开发鲁棒优化控制模型求解流程如图 5-2 所示。

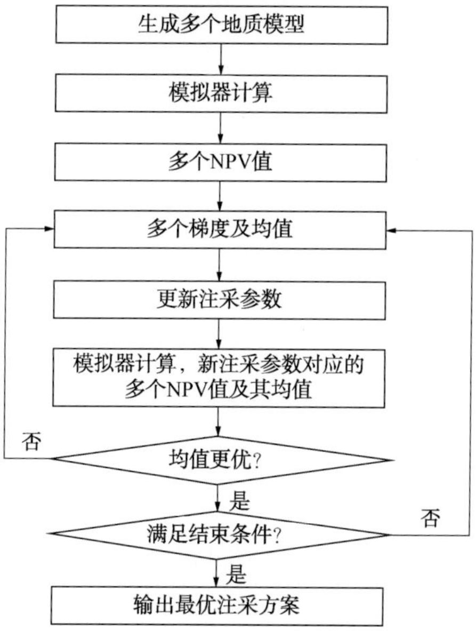

图 5-2　鲁棒优化计算流程图

5.1.2 模型求解

缝洞型油藏注采优化问题求解的关键是梯度的求取和约束条件的处理。解析梯度求取非常困难，这里选取改进的 SPSA 算法计算近似梯度，并根据投影梯度法对控制变量进行筛选，整个生产优化流程如图 5-3 所示。

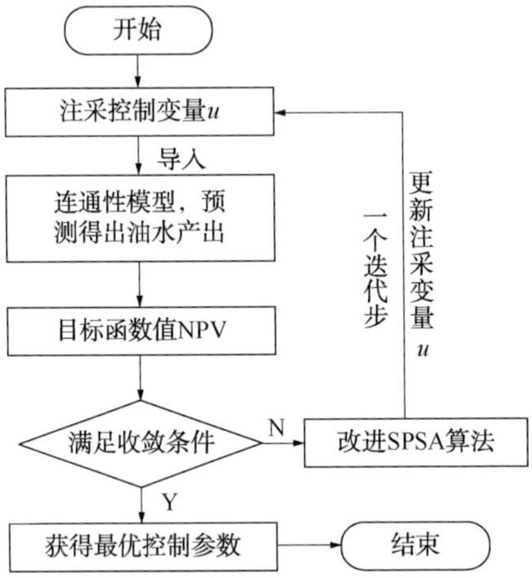

图 5-3 生产优化流程图

注采控制方案直接影响着油田开发效果，求取精度较高的梯度是十分有必要的，同时，注采控制变量维数一般小于历史拟合参数，求取精度较高的梯度也是具有可行性的。标准 SPSA 算法得到的梯度与真实梯度有较大差距，有必要对其进行改进。

假设控制变量维数为 N_u，考虑进行 N 次扰动，则 SPSA 平均近似梯度为：

$$\hat{\boldsymbol{g}}(\boldsymbol{u})=\frac{\Delta\boldsymbol{u}\times\Delta\boldsymbol{J}}{c_k} \tag{5-8}$$

其中，$\Delta\boldsymbol{J}=\begin{bmatrix} J(\boldsymbol{u}+c_k\Delta\boldsymbol{u}_1)-J(\boldsymbol{u}) \\ \vdots \\ J(\boldsymbol{u}+c_k\Delta\boldsymbol{u}_N)-J(\boldsymbol{u}) \end{bmatrix}$；$\Delta\boldsymbol{u}=\begin{bmatrix} \Delta\boldsymbol{u}_1 \\ \Delta\boldsymbol{u}_2 \\ . \\ . \\ \Delta\boldsymbol{u}_N \end{bmatrix}=\begin{bmatrix} \Delta\boldsymbol{u}_{11} & . & . & . & \Delta\boldsymbol{u}_{1N} \\ \Delta\boldsymbol{u}_{21} & . & & & \Delta\boldsymbol{u}_{2N} \\ . & & . & & \\ . & & & . & \\ \Delta\boldsymbol{u}_{N_u1} & & & & \Delta\boldsymbol{u}_{N_uN} \end{bmatrix}$

式中，$\Delta\boldsymbol{u}_k$ 为第 k 次扰动生成的控制变量扰动向量。

借鉴标准 SPSA 梯度，对其进行改进如下：

$$\hat{\boldsymbol{g}}(\boldsymbol{u})=\frac{1}{c_k}\Delta\boldsymbol{u}\boldsymbol{L}\boldsymbol{L}^T\Delta\boldsymbol{J} \tag{5-9}$$

式中，$\boldsymbol{L}$ 为 N 维上三角方阵，当 $\boldsymbol{L}$ 为单位阵时，$\hat{\boldsymbol{g}}$ 为标准 SPSA 算法。仿照上章 SPSA 收敛性分析得：

$$\boldsymbol{g}^T\hat{\boldsymbol{g}}=\boldsymbol{g}^T\Delta\boldsymbol{u}\boldsymbol{L}\boldsymbol{L}^T\Delta\boldsymbol{u}^T\boldsymbol{g}=\|\boldsymbol{L}^T\Delta\boldsymbol{u}^T\boldsymbol{g}\|^2=\frac{1}{c_k^2}\|\boldsymbol{L}^T\Delta\boldsymbol{J}\|^2\geqslant 0 \tag{5-10}$$

显然它依旧具有上山性。**L** 上三角方阵对近似梯度的精度具有影响，需要对它进行调整，使近似梯度更接近真实梯度。由于梯度为向量，近似梯度与真实梯度越接近，则两者的夹角 θ 越小，对应的余弦值越大，而余弦值计算公式为：

$$\cos(\theta)=\frac{g^T\hat{g}}{|g||\hat{g}|} \tag{5-11}$$

式中，真实梯度是未知的，但是每一个迭代步真实梯度是一定的，因此可以选择式(5-12)作为 **L** 的优化函数，使每个迭代步下计算梯度与真实梯度夹角最小：

$$F(\boldsymbol{L})=\frac{\boldsymbol{g}^T\hat{\boldsymbol{g}}}{|\hat{\boldsymbol{g}}|}=\frac{\|\boldsymbol{L}^T\Delta\boldsymbol{J}\|^2}{c_k|\Delta\boldsymbol{u}\boldsymbol{L}\boldsymbol{L}^T\Delta\boldsymbol{J}|} \tag{5-12}$$

为了验证方法的正确性，选取了一个简单函数进行验证，目标函数为：

$$f(x)=\sum_{i=1}^{10}[x(i)-i]^2 \tag{5-13}$$

自变量的维数为 10，分别基于改进的 SPSA 算法扰动 5、7、10 次，对目标函数进行优化，优化结果如图 5-4 所示。可以看出，在相同扰动次数下，改进后的 SPSA 算法下降收敛速度更快，验证了方法的正确性，因此，选取它作为注采参数的优化算法。

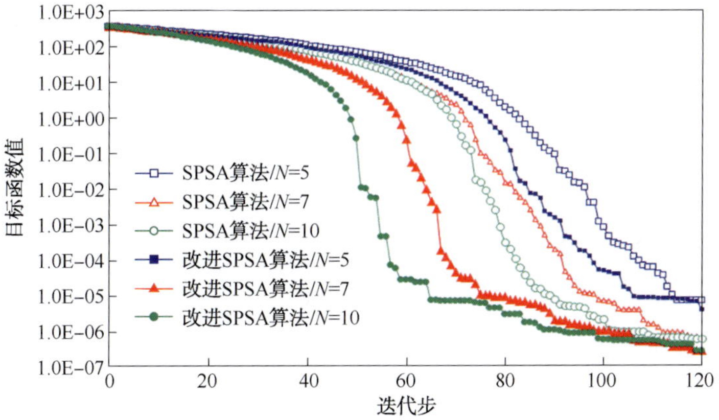

图 5-4 改进 SPSA 算法验证

5.1.3 边界条件的处理

对于边界约束，可以利用对数变化法进行处理；对于线性约束，可以利用投影梯度法进行处理。

对数变换法示意图如图 5-5 所示，对于每一个模型参数 $\boldsymbol{m}_i$，我们可以用一个变量 s_i 来等价它。它们可以通过式(5-14)来达到一一对应：

$$\boldsymbol{s}_i=\ln\frac{\boldsymbol{m}_i^{\mathrm{up}}-\boldsymbol{m}_i}{\boldsymbol{m}_i-\boldsymbol{m}_i^{\mathrm{low}}} \tag{5-14}$$

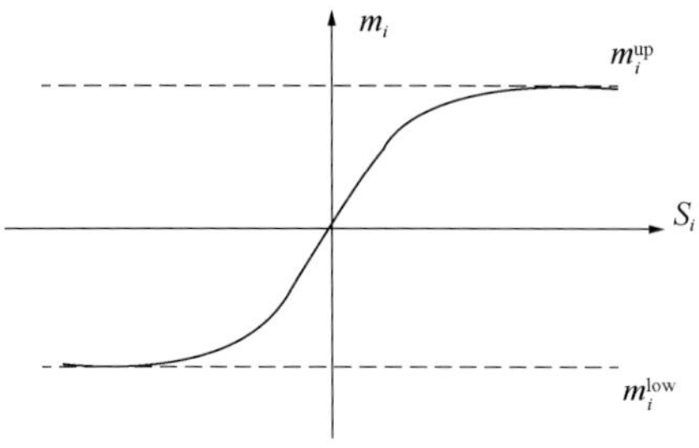

图 5-5　对数变换示意图

从图 5-5 可以看出，S 是没有边界的，从而去掉了边界约束。进行对数变换后，历史拟合自变量变成了 S，通过对 S 进行迭代使目标函数 O 下降直至收敛；最后利用 S 与 m 之间的关系，反求出 m，从而完成模型反演。这个过程中的线性约束还是存在的，需要利用投影梯度法进行处理。

投影梯度法是由 Rosen 在 1960 年提出来的，能够用于处理线性约束和非线性约束问题。投影梯度法的基本思想是：当迭代点在可行域的内部时，以该点的负梯度方向为下降可行方向；而当迭代点位于可行域的边界上且其梯度方向指向可行域外部时，则取它的负梯度方向在边界上的投影为下降可行方向；若这个投影为零向量，则停止迭代，得到问题的极小点。

历史拟合中的线性约束条件可以整理成：

$$Nm \leqslant b \tag{5-15}$$

式中，N 为各约束条件系数组成的矩阵；b 为各约束条件约束值组成的向量。

投影梯度法的基本假设是自变量初始值需满足约束条件，求取梯度后，更新自变量，需要检查各约束条件是否激活，从而对梯度进行修正。对于不等式约束，如果不满足，则对应的不等式约束条件激活；对于等式约束，都会被激活。

假设第 l 迭代步，激活的线性约束条件组成的约束系数矩阵为 N_r，则对数变换后的自变量迭代公式为：

$$\boldsymbol{s}_{l+1} = \boldsymbol{s}_l + \alpha \boldsymbol{P} \hat{g}(s_l) \tag{5-16}$$

式中，α 为迭代步长；$\boldsymbol{P} = N_r^T (N_r N_r^T)^{-1} N_r$。下面以等式约束进行推导。

由于自变量初始值满足等式约束，在第 l 个迭代步，对于等式约束有：

$$N_e m_l = b_e \tag{5-17}$$

式中，N_e 为等式约束系数组成的矩阵；b_e 为等式约束值组成的向量。

如果要求第 l+1 个迭代步也满足等式约束，则：

$$N_e \boldsymbol{m}_{l+1} = b_e \tag{5-18}$$

同时迭代过程满足：

$$\boldsymbol{m}_{l+1} = \boldsymbol{m}_l + \alpha \boldsymbol{g}_m \tag{5-19}$$

式中，$\boldsymbol{g}_m$ 为对 SPSA 近似梯度修正后的梯度，使迭代过程满足约束。

结合上述式(5-17)、式(5-18)、式(5-19)可得：

$$N_e \boldsymbol{g}_m = \boldsymbol{0} \tag{5-20}$$

在保证满足约束条件下，还需要尽量保证修正后的梯度接近 SPSA 近似梯度，为此，定义一下约束问题：

$$\begin{aligned} &\mathbf{min} L(\boldsymbol{g}_m) = \boldsymbol{g}_m^T \boldsymbol{g}_s \\ &\boldsymbol{st} \\ &N_e \boldsymbol{g}_m = \mathbf{0} \end{aligned} \tag{5-21}$$

使用拉格朗日乘子 $\boldsymbol{\lambda}$ 和 u，则上述最小化问题变为：

$$L(\boldsymbol{g}_m,\ \boldsymbol{\lambda},\ \mathrm{u}) = \boldsymbol{g}_m^T \boldsymbol{g}_s + \boldsymbol{\lambda} \boldsymbol{g}_m^T \boldsymbol{N}_e + u(\boldsymbol{g}_m^T \boldsymbol{g}_m - 1) \tag{5-22}$$

将 L 对 g_m 求导：

$$\frac{\partial L}{\partial \boldsymbol{g}_m} = \boldsymbol{g}_s + \lambda \boldsymbol{N}_e + 2u \boldsymbol{g}_m = 0 \tag{5-23}$$

式(5-23)两边同时乘以 N_e^T，得：

$$\boldsymbol{\lambda} = -(N_e^T N_e)^{-1} N_e^T \boldsymbol{g}_s \tag{5-24}$$

所以，

$$\boldsymbol{g}_m = -\frac{1}{2u}[1 - N_e^T (N_e N_e^T)^{-1} N_e] \boldsymbol{g}_s = -\frac{1}{2u} P \boldsymbol{g}_s \tag{5-25}$$

$$P = 1 - N_e^T (N_e N_e^T)^{-1} N_e \tag{5-26}$$

式中，P 为投影矩阵。因为 $\boldsymbol{g}_m$ 是一个搜索方向，所以式(5-25)中的$\frac{1}{2u}$项并不重要，通常在计算时使用 $\boldsymbol{g}_m = -P \times \boldsymbol{g}_s$。

5.1.4 概念模型验证

利用变差函数，随机构建 51 个缝洞测试模型实现，真实油藏模型仍为前述；51 个模型利用多模型历史拟合方法对真实动态进行拟合，实现模型自动矫正；对矫正后的 51 个模型进行不确定性注采参数优化，并将优化方案代入真实油藏模型中模拟计算。部分模型缝洞分布示意如图 5-6 所示。

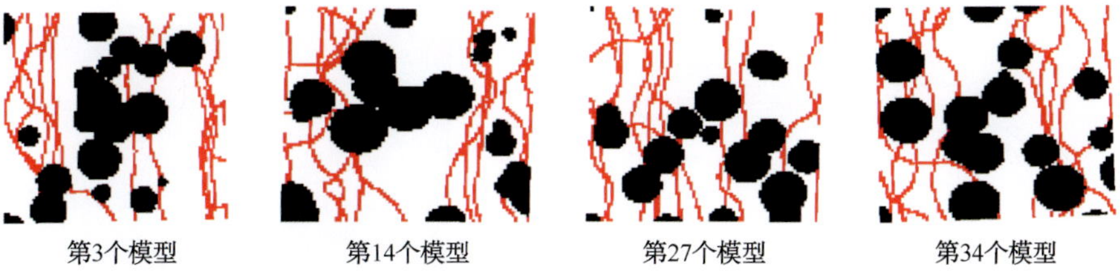

图 5-6　部分模型缝洞分布示意图

51 个模型进行多模型历史拟合，进行自动矫正，拟合结果如图 5-7 所示。

拟合后进行鲁棒优化可以减小模型的不确定性，使 NPV 概率分布更加集中，更好地提高经济效益。模型平均 NPV 从 385 万元提高到 644 万元，提高 67.2%。鲁棒方案处于概率分布曲线上的最右方，表明在相同概率下，鲁棒方案获得经济效益较高(见图 5-8、图 5-9)。

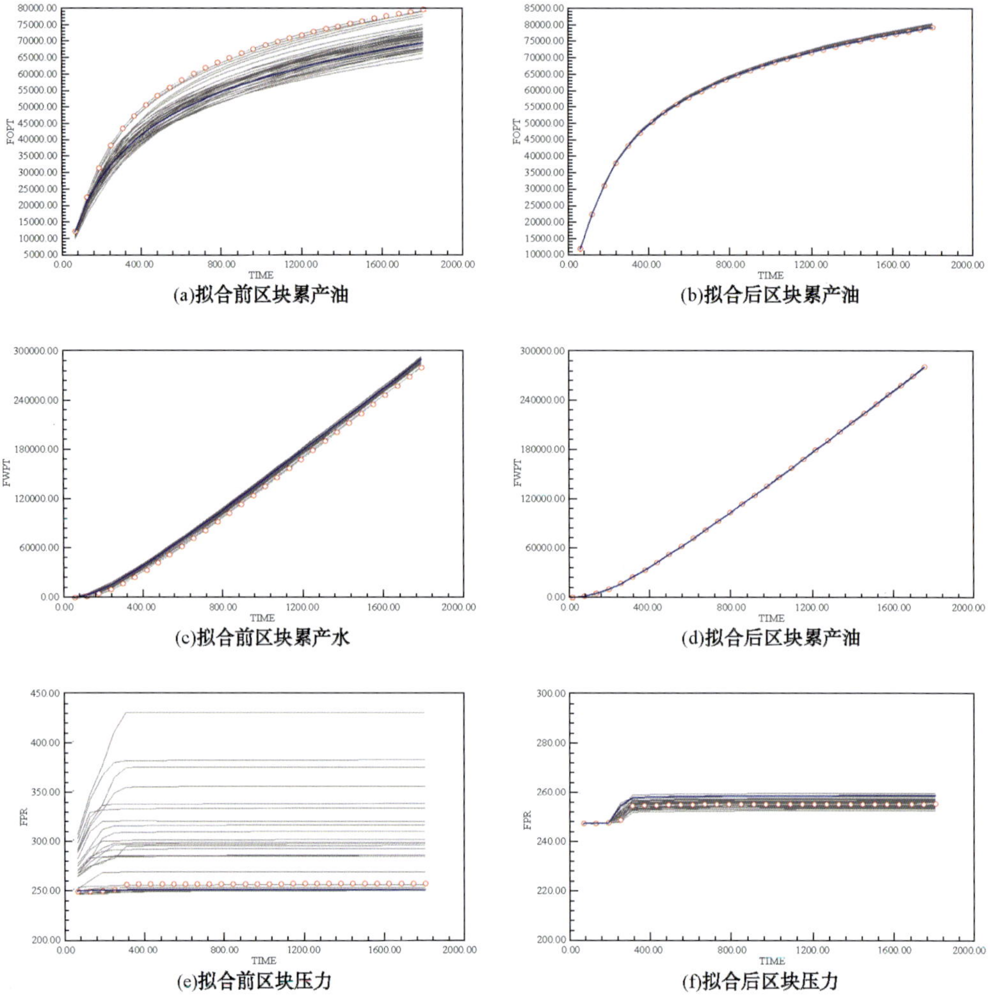

(a)拟合前区块累产油　(b)拟合后区块累产油

(c)拟合前区块累产水　(d)拟合后区块累产油

(e)拟合前区块压力　(f)拟合后区块压力

图 5-7　多模型生产指标拟合结果

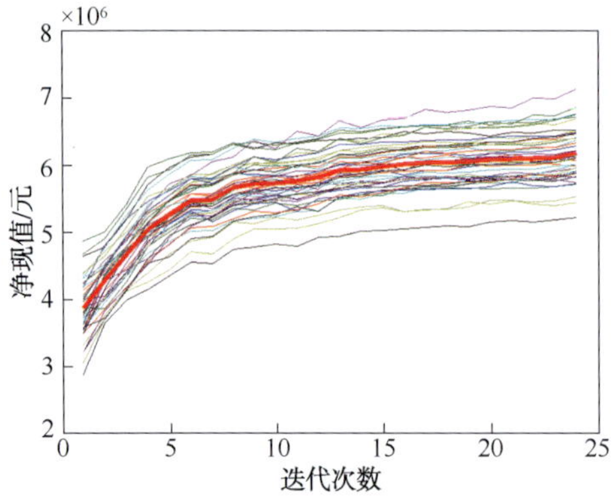

图 5-8　不同模型鲁棒优化结果

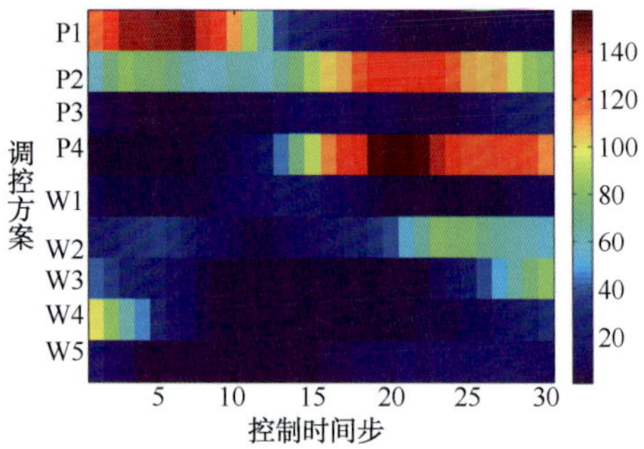

图 5-9　鲁棒优化单井工作制度结果

拟合后在降低模型不确定性的基础上进行鲁棒优化，所得到的优化制度可以使各模型的开发效果都得到改善，降低油藏开发风险(见图 5-10)。

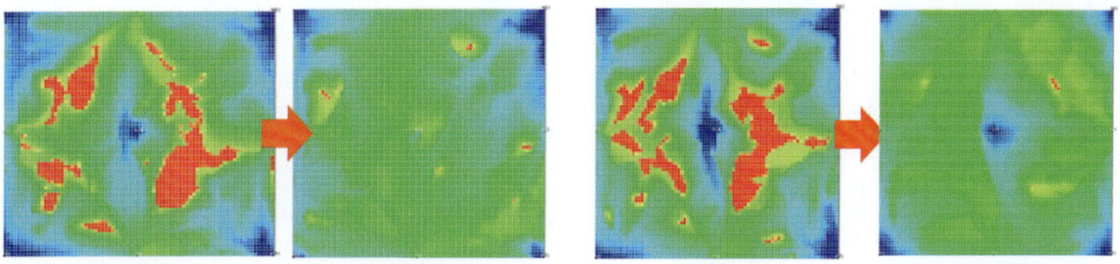

初始方案　鲁棒方案　初始方案　鲁棒方案

(a)模型12　(b)模型24

图 5-10　部分模型剩余油分布对比

将优化前与优化后的油藏模型集合鲁棒优化得到的注采方案代入真实油藏进行模拟计算，优化后剩余油驱替效果更好(见图 5-11)。

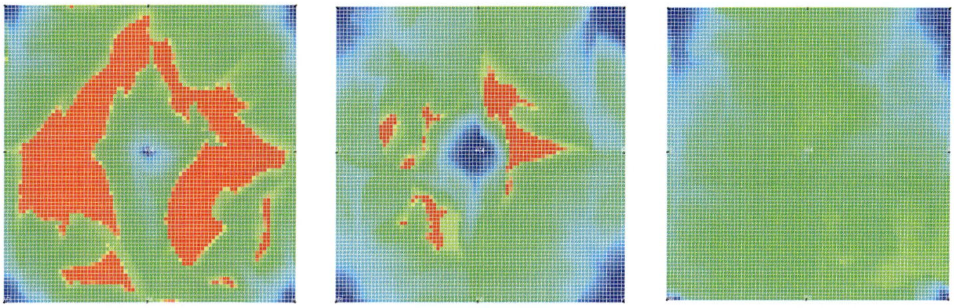

(a)初始剩余油　(b)优化前剩余油　(c)优化后剩余油

图 5-11　真实模型剩余油分布对比

5.2　基于连通性的注采优化方法

5.2.1　数据驱动模型

完善了连通性模型理论基础部分，可考虑在缝洞油藏中自由流物质的流动过程，此外更新了生产指数计算方法，计算压力更加准确。井间连通性动态模型示意图如图 5-12 所示，其中虚线圆圈区域为单井泄油区，灰色区域为井间连通单元。考虑自由流物质、油、水、岩石压缩性，忽略毛细管力、重力作用，其油藏条件下物质平衡方程为：

$$-(\nabla p_v-\rho g)=\frac{\mu}{k_v}v_v+\beta\rho v_v^{\ 2}\quad (5-27)$$

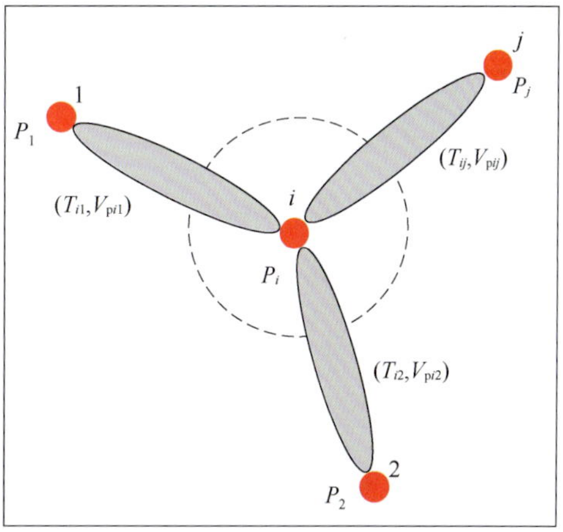

图 5-12　油藏井间连通单元示意图

式中，P_v 为孔隙压力，MPa；μ 为流体黏度，mPa·s；ρ 为流体密度，kg/m³；β 为

非达西流影响系数；v_v 为流动速度，m/s；g 表示重力常数，9.8N/Kg；k_v 为渗透率，mD。

式(5-27)经过整理和有限体积离散得：

$$-\int_{\Delta t}\int_{V}\nabla\cdot(\rho v_v)\mathrm{d}V\mathrm{d}t+\int_{\Delta t}\int_{V}q_v\mathrm{d}V\mathrm{d}t=\int_{\Delta t}\frac{\partial}{\partial t}(\int_{V}\rho\varphi\mathrm{d}V)\mathrm{d}t \tag{5-28}$$

根据渗流理论，传导率、连通体积和压缩系数随时间的改变而改变，其可根据上一时刻压力或饱和度进行估算：

$$T_{ij}^{n}=\frac{k_v^{n-1}A_{ij}}{\mu^{n-1}L_{ij}}\frac{1}{1+\frac{k_v^{n-1}}{\mu^{n-1}}\beta v_v} \tag{5-29}$$

$$V_{pi}^{n}=V_{pi}^{0}[1+C_{ti}(p_i^{n-1}-p_i^{0})] \tag{5-30}$$

$$C_{ti}^{n}=C_r+S_{wi}^{n-1}C_w+S_{oi}^{n-1}C_o \tag{5-31}$$

式中，A_{ij}和 L_{ij}分别为第 i 井和第 j 井间的平均渗流截面积和距离，其单位分别为 m^2、m；T_{ij}^0、T_{ij}^n分别为初始时刻和 n 时刻的第 i 井和第 j 井间传导率，m^3/d·MPa；V_{pi}^0、V_{pi}^n分别为初始时刻和 n 时刻第 i 井的控制体积，m^3；λ_{ij}^0、λ_{ij}^n分别为初始时刻和 n 时刻，第 i 井和第 j 井间的流度，$10^{-3}\mu m^2/(mPa\cdot s)$；$C_r$、$C_w$ 和 C_o 分别为岩石、油、水的压缩系数，MPa^{-1}；S_{wi}、S_{oi}分别为第 i 井处的含水和含油饱和度。λ_{ij}^n可采用数值模拟中上游权法由井点处的流度计算，即：

$$\lambda_{ij}^{n}=\begin{cases}\lambda_i^{n-1}=K_{ij}\left[\frac{k_{ro}(S_{wi}^{n-1})}{u_{ok}}+\frac{k_{rw}(S_{wi}^{n-1})}{u_{wk}}\right], & p_i^{n-1}\geqslant p_j^{n-1}\\ \lambda_j^{n-1}=K_{ij}\left[\frac{k_{ro}(S_{wj}^{n-1})}{u_o}+\frac{k_{rw}(S_{wj}^{n-1})}{u_w}\right], & p_i^{n-1}<p_j^{n-1}\end{cases} \tag{5-32}$$

式中，K_{ij}为第 i 井和第 j 井间平均渗透率，$10^{-3}\mu m^2$；λ_i、λ_j 分别为第 i 井和第 j 井的流度，$10^{-3}\mu m^2/(mPa\cdot s)$；$S_{wi}$、$S_{wj}$分别为第 i 井和第 j 井的含水饱和度；k_{ro}、k_{rw}分别为油、水的相对渗透率；u_o、u_w 分别为油、水黏度，mPa·s。

1）定液生产求解

定液生产即 q_i^n 为已知常数，式(2-10)可以整理成：

$$p_i^n-p_i^{n-1}=\omega_i\sum_{j=1}^{N_w}T_{ij}^{n}p_j^{n}-p_i^{n}\psi_i+\zeta_i \tag{5-33}$$

式中，$\omega_i=\frac{\Delta t^n}{\sum_{k=1}^{N_l}C_{tk}V_{ik}^{n}}$；$T_{ij}^{n}=\sum_{k=1}^{N_l}T_{ijk}^{n}$；$\psi_i=\omega_i\sum_{j=1}^{N_w}\eta_{ij}^{n}$；$\zeta_i=\omega_i q_i^n+\sum_{j=1}^{N_w}T_{ij}^{n}\gamma\Delta d$。

n 时刻与 $n-1$ 时刻压力关系可表示为：

$$\begin{pmatrix} p_1^{n-1} \\ p_2^{n-1} \\ \cdot \\ p_{N_w}^{n-1} \end{pmatrix} = \begin{pmatrix} \psi_1+1 & -\omega_1\eta_{12}^n & \cdot & -\omega_1\eta_{1N_w}^n \\ -\omega_2\eta_{21}^n & \psi_2+1 & \cdot & -\omega_2\eta_{2N_w}^n \\ \cdot & \cdot & \cdot & \cdot \\ -\omega_{N_w}\eta_{N_w1}^n & -\omega_{N_w}\eta_{N_w2}^n & \cdot & \psi_{N_w}+1 \end{pmatrix} \begin{pmatrix} p_1^n \\ p_2^n \\ \cdot \\ p_{N_w}^n \end{pmatrix} - \begin{pmatrix} \zeta_1 \\ \zeta_2 \\ \cdot \\ \zeta_{N_w} \end{pmatrix} \tag{5-34}$$

通过求解式(5-34)即可获得 n 时刻各单井泄油区的平均压力，进而可以得出各井间连通单元内流体流动方向及流量：

$$q_{ijk}^n = T_{ijk}^n(p_j^n - p_i^n) \tag{5-35}$$

式中，q_{ijk}^n 为第 k 层、n 时刻的第 i 井和第 j 井间的流速，m^3/d。

2）定压生产求解

定压生产即井底流压为已知常数，此时需要求得各井的生产(或注水)指数，其可通过各连通方向的生产指数叠加算得，加密后可引入产液指数等，便于流压计算。以第 i 井为例，其和第 j 井在第 k 层上的连通单元所形成的泄油区如图 5-13灰色区域所示，由渗流理论，该连通方向的生产指数 J_{ijk}^n 为：

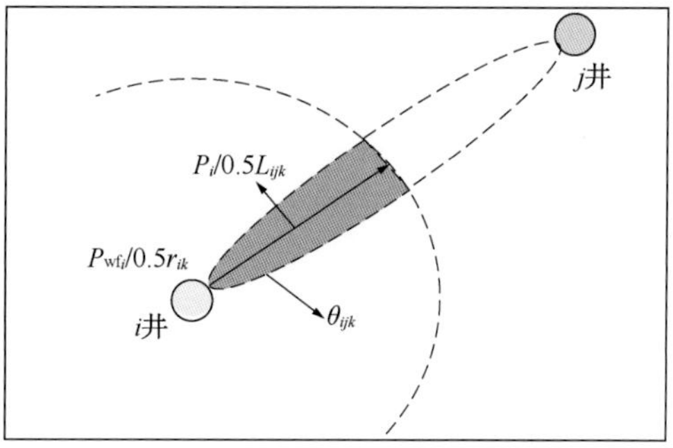

图 5-13　单井泄油区示意图

$$J_{ijk}^n = 2T_{ijk}^n L \frac{1}{\frac{\ln 2}{t}\sum_{i=1}^{N} V_i\left(\frac{\tanh(\sqrt{a_1}(L-r_w))}{s\sqrt{a_1}}\right) - \frac{1}{L}\int_{r_w}^{L}\left(\sum_{i=1}^{N} V_i\left(\frac{e^{\sqrt{a_1}(x-r_w)} - e^{2\sqrt{a_1}(L-r_w)}e^{-\sqrt{a_1}(x-r_w)}}{s\sqrt{a_1}(e^{2\sqrt{a_1}(L-r_w)}+1)}\right)\right)dx} \tag{5-36}$$

式中，α 为单位换算系数，取 11.57；r_w 为井筒半径，m；s 为表皮因子。

此外，由于传导率和连通体积满足：

$$T_{ijk}^n = \frac{\frac{V_{ijk}}{L_{ijk}}\lambda_{ijk}^{n-1}}{L_{ijk}} = \frac{V_{ijk}\lambda_{ijk}^{n-1}}{L_{ijk}^2} \tag{5-37}$$

$$V_{ijk} = \frac{1}{4}\theta_{ijk}L_{ijk}^2 h_{ijk} \tag{5-38}$$

式中，L_{ijk} 为第 i 井和第 j 井在第 k 层的距离，m。

可得：

$$J_{ijk}^n = \frac{4T_{ijk}^n\lambda_{ik}^{n-1}}{\lambda_{ijk}^{n-1}[\ln(0.5L_{ijk}/r_i)+s_i-0.75]} \tag{5-39}$$

则第 i 井总的生产指数 J_i^n 为：

$$J_i^n = \sum_{k=1}^{N_l}\sum_{j=1}^{N_w} J_{ijk}^n \tag{5-40}$$

由于 q_i^n 与 J_i^n 满足如下线性关系：

$$q_i^n = J_i^n (p_i^n - p_{wfi}^n) \tag{5-41}$$

式中，p_{wfi}^n 为第 i 井、n 时刻的井底流压，MPa。可得：

$$\sum_{k=1}^{N_l} \sum_{j=1}^{N_w} T_{ijk}^n p_j^n - p_i^n \sum_{k=1}^{N_l} \sum_{j=1}^{N_w} T_{ijk}^n + J_i^n (p_i^n - p_{wfi}^n) = \frac{(p_i^n - p_i^{n-1})}{\Delta t^n} \sum_{k=1}^{N_l} C_{tk}^n V_{ik}^n \tag{5-42}$$

经化简得：

$$p_i^n - p_i^{n-1} = \omega_i \sum_{j=1}^{N_w} \eta_{ij}^n p_j^n - p_i^n (\psi_i + \omega_i J_i^n) + \xi_i \tag{5-43}$$

由式(5-43)可得，n 时刻与 $n-1$ 时刻压力关系：

$$\begin{pmatrix} p_1^{n-1} \\ p_2^{n-1} \\ \cdot \\ p_{N_w}^{n-1} \end{pmatrix} = \begin{pmatrix} \psi_1+1 & -\omega_1 T_{12}^n & \cdot\cdot\cdot & -\omega_1 T_{1N_w}^n \cdot\cdot\cdot -\omega_A T_{1N_w}^n \\ -\omega_2 \eta_{21}^n & \psi_2+1 & \cdot\cdot\cdot & -\omega_2 \eta_{2N_w}^n \\ \cdot & \cdot & \cdot & \cdot \\ -\omega_{N_w} \eta_{N_w 1}^n & -\omega_{N_w} \eta_{N_w 2}^n & \cdot & \psi_{N_w} + \omega_{Nw} J_{N_w}^n + 1 \end{pmatrix} \begin{pmatrix} p_1^n \\ p_2^n \\ \cdot \\ p_{N_w}^n \end{pmatrix} - \begin{pmatrix} \xi_1 \\ \xi_2 \\ \cdot \\ \xi_{N_w} \end{pmatrix} \tag{5-44}$$

求解式(5-44)可得各时刻单井平均压力连通单元的流量，同时通过井底流压可反算单井日注采量。

实际计算中当采用定液生产模式、模型参数偏离正常范围较远时，计算出的井底流压较小甚至出现负值，这明显不符合事实。对此，可对井底流压设置一个下限值(如大气压或泡点压力)，当井底流压小于此值时，说明此井难以满足定液生产，需转成定压生产模式，且井底流压取该下限值。

3) 考虑边底水作用

此外，实际油藏中可能存在边底水，需要考虑它的影响。我们通过添加一个虚拟节点对水体进行表征，分为定压水体和定容水体，下面结合定压模式进行说明。对于体积特别大的水体，它的压力比较稳定，不随油藏的开发而下降，这种水体作为定压水体进行处理，它的表达方式为：

$$p_i^{n+1} = p_i^n = p_0 \tag{5-45}$$

结合定压模式压力求解方程得：

$$\begin{pmatrix} p_1^{n-1} \\ p_2^{n-1} \\ \vdots \\ p_i^{n-1} \\ \vdots \\ p_{N_w}^{n-1} \end{pmatrix} = \begin{pmatrix} \psi_1+1 & -\omega_1 T_{12}^n & \cdots & -\omega_1 T_{1i}^n & \cdots & -\omega_1 T_{1N_w}^n \\ -\omega_2 T_{21}^n & \psi_2+1 & \cdots & -\omega_2 T_{2i}^n & \cdots & -\omega_2 T_{2N_w}^n \\ \vdots & \vdots & \vdots & \vdots & \vdots & \vdots \\ 0 & 0 & \cdots & 1 & \cdots & 0 \\ \vdots & \vdots & \vdots & \vdots & \vdots & \vdots \\ -\omega_{N_w} T_{N_w 1}^n & -\omega_{N_w} T_{N_w 2}^n & \cdots & -\omega_{N_w} T_{N_w i}^n & \cdots & \psi_{N_w}+1 \end{pmatrix} \begin{pmatrix} p_1^n \\ p_2^n \\ \vdots \\ p_i^n \\ \vdots \\ p_{N_w}^n \end{pmatrix} + \begin{pmatrix} \zeta_1^n \\ \zeta_2^n \\ \vdots \\ 0 \\ \vdots \\ \zeta_{n_w}^n \end{pmatrix} \tag{5-46}$$

对于体积较小的水体，它的压力随着油藏的开发而下降，这种水体作为定容水体进行处理，它的表达方式为：

$$V_{p,i}=c \tag{5-47}$$

此时，定容水体与普通井点一样，只是没有注采量，结合定压模式压力求解方程得：

$$\begin{pmatrix} p_1^{n-1} \\ p_2^{n-1} \\ \vdots \\ p_i^{n-1} \\ \vdots \\ p_{N_w}^{n-1} \end{pmatrix} = \begin{pmatrix} \psi_1+1 & -\omega_1 T_{12}^n & \cdots & -\omega_1 T_{1i}^n & \cdots & -\omega_1 T_{1N_w}^n \\ -\omega_2 T_{21}^n & \psi_2+1 & \cdots & -\omega_2 T_{2i}^n & \cdots & -\omega_2 T_{2N_w}^n \\ \vdots & \vdots & \vdots & \vdots & \vdots & \vdots \\ -\omega_i T_{i1}^n & -\omega_i T_{i2}^n & \cdots & \psi_i+1 & \cdots & -\omega_i T_{iN_w}^n \\ \vdots & \vdots & \vdots & \vdots & \vdots & \vdots \\ -\omega_{N_w} T_{N_w1}^n & -\omega_{N_w} T_{N_w2}^n & \cdots & -\omega_{N_w} T_{N_wi}^n & \cdots & \psi_{N_w}+1 \end{pmatrix} \begin{pmatrix} p_1^n \\ p_2^n \\ \vdots \\ p_i^n \\ \vdots \\ p_{N_w}^n \end{pmatrix} + \begin{pmatrix} \zeta_1^n \\ \zeta_2^n \\ \vdots \\ 0 \\ \vdots \\ \zeta_{n_w}^n \end{pmatrix} \tag{5-48}$$

需要说明的是，水体与井点之间也是以连通单元方式进行影响的，只是孔隙体积很小，并且水体与单井之间是否存在影响需要进行动态分析。

4）考虑水平井压力方程

由于实际数据只有水平井总液量，将一个水平井简单表征为多个相连的井点，如图 5-14所示，忽略水平段内压力损失，将多个节点视为统一的一个节点系统。以第 i 井为例，结合定压生产模式：

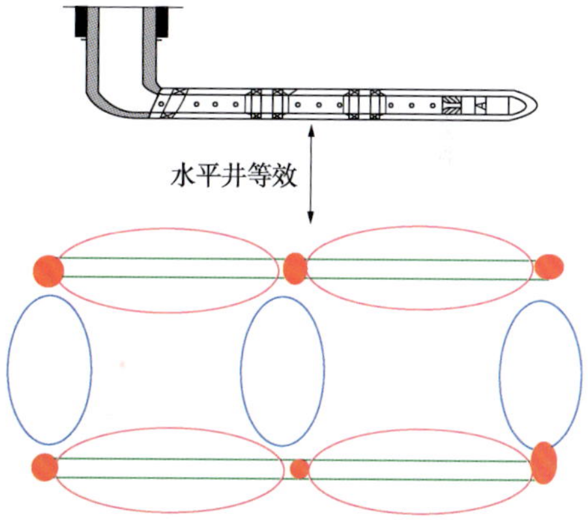

图 5-14　水平井等效示意图

$$\begin{pmatrix} p_1^t \\ p_2^t \\ \vdots \\ p_h^t \\ \vdots \\ p_n^t \end{pmatrix} = \begin{pmatrix} G_1+1 & -E_1 T_{12} & \cdots & -E_1 T_{1h} & \cdots & -E_1 T_{1n} \\ -E_2 T_{21} & G_2+1 & \cdots & -E_2 T_{2h} & \cdots & -E_2 T_{2n} \\ \vdots & \vdots & \vdots & \vdots & \vdots & \vdots \\ -E_h T_{h1} & -E_h T_{h2} & \cdots & G_h+1 & \cdots & -E_h T_{hn} \\ \vdots & \vdots & \vdots & \vdots & \vdots & \vdots \\ -E_n T_{n1} & -E_n T_{n2} & \cdots & -E_n T_{nh} & \cdots & G_n+1 \end{pmatrix} \begin{pmatrix} p_1^{t+1} \\ p_2^{t+1} \\ \vdots \\ p_h^{t+1} \\ \vdots \\ p_n^{t+1} \end{pmatrix} - \begin{pmatrix} M_1 \\ M_2 \\ \vdots \\ M_h \\ \vdots \\ M_n \end{pmatrix} \tag{5-49}$$

其中，$E_h^n=\dfrac{\Delta t_n}{\sum\limits_{m=1}^{N_{s,\ h}} c_{t,\ h,\ m}^{n-1} V_{p,\ h,\ m}^{n-1}}$，$M_h^n=\dfrac{\Delta t_n q_h^{n-1}}{\sum\limits_{m=1}^{N_{s,\ h}} c_{t,\ h,\ m}^{n-1} V_{p,\ h,\ m}^{n-1}}$，$G_h^n=E_h^n\sum\limits_{m=1}^{N_{s,\ h}}\sum\limits_{j=1}^{n_w} T_{i,\ j,\ m}^{n-1}$

得到各段地下流量分配为：

$$Q_{mjk}^n=T_{mjk}^n\left(p_{jk}^n-p_{hk}^n\right) \tag{5-50}$$

5.2.2 饱和度追踪计算

将每个时间步内连通单元内部的流动近似看成稳定渗流，连通单元内油水流动主要沿着井间最大压降梯度方向，对连通单元内的饱和度计算可近似看成一维两相渗流问题。根据贝克莱前缘推进理论可知，距离注入端任意位置处含水饱和度与累积流量间满足：

$$x=\frac{Q_t}{\varphi A}f'_w(s_w) \tag{5-51}$$

式中，φ 为孔隙度；A 为渗流横截面积，m^2；Q_t 为累积注入量，m^3；s_w 为位置 x 处的含水饱和度；$f'_w(s_w)$ 为水相分流量（含水率）f_w 对 s_w 的导数。另取一点 x_u，其为 x 的上游点，满足 $x_u<x$，则：

$$x_u=\frac{Q_t}{\varphi A}f'_w(s_{wu}) \tag{5-52}$$

式中，s_{wu} 为 x_u 处的含水饱和度。由式(5-51)、式(5-52)可得：

$$x-x_u=\frac{Q_t}{\varphi A}[f'_w(s_w)-f'_w(s_{wu})] \tag{5-53}$$

定义 F_V 为从 x_u 流入 x 的无因次累积流量，即：

$$F_v=\frac{Q_t}{\varphi A(x-x_u)} \tag{5-54}$$

则由式(5-53)可得：

$$f'_w(s_w)=f'_w(s_{wu})+\frac{1}{F_v} \tag{5-55}$$

式(5-55)说明：储集层中某位置的含水率导数是其上游值加上流入两者间控制单元的无因次累积流量的倒数。

在处理实际的油藏计算过程当中，由于关停井、注采转换等油田措施，导致井底流型剧变，该方法无法处理。因此，为了保证饱和度稳定性，赵辉等人基于贝克莱前缘推进理论提出了液流转向后的饱和度反向追踪计算方法，从而在每一次计算饱和度过程中，都按照正向的方向追踪一次，取其最小值，保证在频繁液流转向的情况下都实现饱和度的精确计算。含水率导数计算公式如下：

$$f'_w(s^n_{wijk})=\min\left\{f'_w(s^n_{wjk})+\frac{1}{F^n_{vijk}},\ f'_w(s^n_{wik})\frac{F^{n\prime}_{vjik}}{F^n_{vjik}}\right\} \tag{5-56}$$

式中，$F^n_{vjik}=F^{n\prime}_{vjik}-F^n_{vijk}$，其中 F^n_{vijk} 代表从 n' 时刻到 n 时刻从 j 井流向 i 井的反向无因次累计流量，$F^{n\prime}_{vjik}$ 与 F^n_{vjik} 代表从 0 时刻直到 n' 时刻及 n 时刻的 i 井流向 j 井的无因次累计流量。

连通单元内部的等饱和度面移动规律与波的传播规律类似，油水饱和度分布计算可转化为黎曼问题，采用激波理论求解。根据初值条件下等饱和度间断面左右饱和度情况，可将油水等饱和度面的移动方程分解为激波、疏散波和复合波 3 种形式求解。

由贝克莱驱油理论可知，任意等饱和度面推进速度等于该点处含水率对其饱和度导数。例如，某个连通单元上游井点 j 与下游井点 i，初始饱和度均大于前缘饱和度，如图 5-15 蓝色线条所示。在该连通单元饱和度分布上，两个任意指定的饱和度面对应的推进速度分别为 $f'_w(s_{w1})$ 和 $f'_w(s_{w2})$，由其饱和度可知 $f'_w(s_{w1})<f'_w(s_{w2})$，从而两个等饱和度面距离随着时间推移而逐步疏远，因此该饱和度追踪计算属于疏散波。当某个连通单元上下游井点饱和度均小于前缘饱和度（如红色线条所示），则间断面上下的饱和度面推进速度为 $f'_w(s_{w3})$ 和 $f'_w(s_{wc})$，由其饱和度可知 $f'_w(s_{w3})>f'_w(s_{wc})$，两个饱和度面随着时间推移会相遇，并接着以 $f'_w(s_{w3})$ 的速度向下游推进，波及过的区域，饱和度变为 s_{w3}，这种类型为激波。而复合波则是由疏散波和激波组合而成的，如黑色线条所示，上游井点饱和度大于前缘饱和度，下游井点饱和度小于前缘饱和度。从上游井点至油水前缘处，为疏散波，而油水前缘至下游井点则为激波。

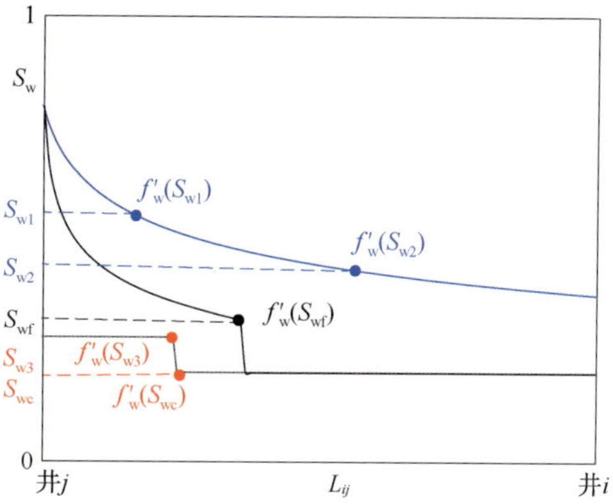

图 5-15　饱和度追踪示意图

式（5-55）能够很好求解上游井点含水饱和度大于前缘饱和度时连通单元内饱和度分布问题，如图 5-15 中蓝色和黑色线条所示两种饱和度分布状况。然而在驱替过程中，假如上游井点饱和度介于束缚水饱和度和驱替前缘饱和度之间，那么该上游井点所属下游连通单元内，实际上仍以低于前缘饱和度激波在向下游推进（如图 5-15中红色线条所示），式（5-56）则无法描绘这一现象，从而导致含水前缘突破相比于实际情况会存在滞后效应，突破后含水上升相比实际更快。

针对该问题，我们对饱和度追踪方法进行了改进，针对存在上游井点 j 饱和度介于前缘饱和度和束缚水饱和度之间，下游井点 i 为束缚水饱和度状态时，利用激波的求解方法，将饱和度面在连通单元中的推进速度记为 ν_{ijk}：

$$\nu_{ijk}=\frac{Q_{ijk}}{\varphi_{ijk}a_{ijk}}\left[\frac{f_w(s_{wjk}^n)-f_w(s_{wik}^n)}{s_{wjk}^n-s_{wik}^n}\right] \tag{5-57}$$

设井间连通单元长度为 L，上游井点 j 为坐标原点，记饱和度面从上游节点出发运动 Δn 时间，从而此时井点 i 饱和度计算结果表达如下：

$$s_{wijk}^n=\begin{cases}s_{wjk}, & v_{ijk}\Delta n>L_{ij}\\ s_{wik}, & v_{ijk}\Delta n<L_{ij}\end{cases} \tag{5-58}$$

当 $v_{ijk}\Delta n>L_{ij}$时，则该饱和度面驱替至下游井点 i 处，此时，井点 i 处含水率可按分流量方程进行计算，否则井点产出仍为纯油流流动。

综合上述饱和度计算过程，最后改进后的井点饱和度计算公式如下：

$$s_{wijk}^{n}=\begin{cases}(f')^{-1}\left\{\min\left[f'_{w}(s_{wjk}^{n})+\dfrac{1}{F_{vijk}^{n}},\ f'_{w}(s_{wik}^{n})\dfrac{F_{vjik}^{n\prime}}{F_{vjik}^{n}}\right]\right\}, \\ s_{wjk}>s_{wf} \\ s_{wjk},\quad s_{wjk}<s_{wf}\&v_{ijk}\Delta n>L_{ij} \\ s_{wik},\quad s_{wjk}<s_{wf}\&v_{ijk}\Delta n<L_{ij}\end{cases} \tag{5-59}$$

5.2.3 动态指标计算

求得单井含水率后，可以求取单井和区块等其他生产动态指标。对于生产井，单井产油、产水速度为：

$$q_{oi}^{n}=q_{i}^{n}(1-f_{wi}^{n}) \tag{5-60}$$

$$q_{wi}^{n}=q_{i}^{n}f_{wi}^{n} \tag{5-61}$$

区块产油速度、产液速度、含水率、累产油计算公式为：

$$FOPR^{n}=\sum_{i=1}^{N_w}q_{oi}^{n} \tag{5-62}$$

$$FLPR^{n}=\sum_{i=1}^{N_w}q_{i}^{n} \tag{5-63}$$

$$FWCT^{n}=1-\frac{FOPR^{n}}{FLPR^{n}} \tag{5-64}$$

$$FOPT^{n}=FOPT^{n-1}+FOPR^{n}\Delta t^{n} \tag{5-65}$$

此外，本文方法还能实时得到注采井间流量分配系数，对油藏平面进行动态刻画，与当前连通性模型中的连通性系数是定值相比，更能准确地反映工作制度及措施变化，便于分析油藏实际生产状况：

$$\lambda_{ij}^{n}=\frac{q_{ij}^{n}}{\sum_{j=1}^{N_w}q_{ij}^{n}} \tag{5-66}$$

其他一些信息如井间累积流量、单井注水效率、单井控制储量和剩余储量的计算过程如下。

井间累积油量：

$$CntQo_{ij}^{n}=\sum_{t=1}^{n}q_{ij}^{n}\Delta t^{n}\times(1-f_{wij}^{n}) \tag{5-67}$$

井间累积水量：

$$CntQw_{ij}^{n}=\sum_{t=1}^{n}q_{ij}^{n}\Delta t^{n}\times f_{wij}^{n} \tag{5-68}$$

单井瞬时注水效率：

$$Wef_i^n = \frac{\sum_{j=1}^{N_w} q_{ij}^n \times (1 - f_{wji}^n)}{\sum_{j=1}^{N_w} q_{ij}^n} \tag{5-69}$$

单井控制储量：

$$N_{ci} = 0.5 \sum_{j=1}^{N_w} V_{pij} \tag{5-70}$$

单井剩余储量：

$$N_{ri}^n = (1-s_{wi}^n) N_{ci} \tag{5-71}$$

假设水体节点记为 A，则单井水侵速度和区块水侵速度计算公式为：

$$V_{wi}^n = T_{iA}^n (p_A^n - p_i^n) \tag{5-72}$$

$$V_F^n = \sum_{i=1}^{n} T_{iA}^n (p_A^n - p_i^n) \tag{5-73}$$

5.2.4 流动路径追踪计算

1）路径与劈分系数

本文研究建立的井间连通性模型的一大特点是快速揭示井间连通关系，即井间连通性。在水驱油油藏的开发过程中，井间连通性是水驱油藏开发的一项重要诊断技术，通过揭示井间的连通关系可以得到注采井间的主要连通趋势，分析注入水的主要流向，认识注采井组间的优势渗流通道，判断剩余油富集区，为水驱开发的下一步开发方案、水淹水窜的治理措施提供重要的指导意见。其中，判断井间连通性的一个重要参数是劈分系数，其定义如下：对于以注水井为中心的注采井组，劈分系数表示了流向某一口生产井的液量占注入水总量的百分比。假设在第 n 个时间步，注入井的编号为 j，与其相连的生产井编号为 i，从 j 井流向 i 井的劈分系数为：

$$\lambda_{i,j}^n = \frac{q_{i,j}^n}{\sum_{k=1}^{n_c} q_{k,j}^n} \tag{5-74}$$

式中，n_c 表示与注水井 j 相关联的生产井的个数。

根据上述定义，容易发现式(5-74)有一定的使用范围限制，即对于某一井间连通性模型而言，此模型的注水井与生产井必须直接关联，式(5-74)才有意义。因此，当采用提出的新的井间连通性模型时，由于注采井(甚至是注注井、采采井)之间存在“虚拟井”，没有注采井的直接相连，因此需要提出新的计算方法对劈分系数进行计算。本文研究采用一种路径追踪方法，定义新的劈分系数、动态连通体积等参数，实现对存在“虚拟井”条件下相关参数的计算。本小节将首先介绍本模型中“路径”的定义，进一步引出通过路径来劈分系数、动态连通体积的相关定义，并采用一种新的路径追踪算法搜索出所有存在的路径，从而实现在不同时间步下劈分系数、动态连通体积等参数的准确求取。

我们建立一个正三角形的模型来展示新模型的连通单元的连接情况（见图 5-16），以下论述中将继续采用该模型进行展开。

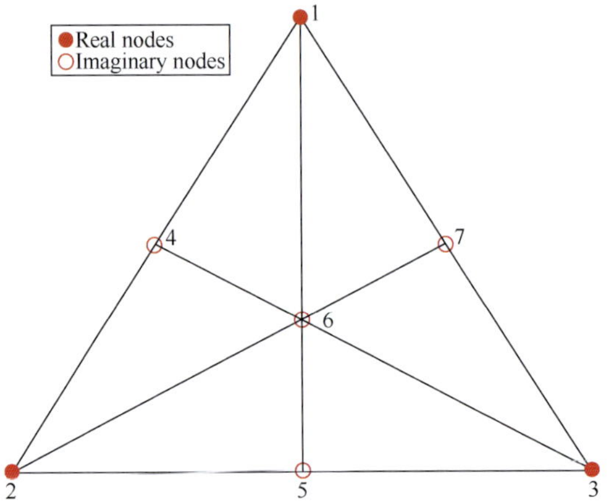

图 5-16　正三角形模型连通单元示意图

如图 5-17 所示，我们假定了该模型中每一个连通单元的传导率、连通体积值，图中的每一条线段表示一个连通单元，连线上的括号内标注了该单元的传导率（单位）、连通体积（单位）参数值；同时，每一个圆圈表示一个井点，其中实心圆圈表示真实井，空心表示虚拟井，在每一个圆圈的括号内表示了该井点处当前时刻的压力值；每一个连通单元还有一个箭头，表示了该单元的流量方向。

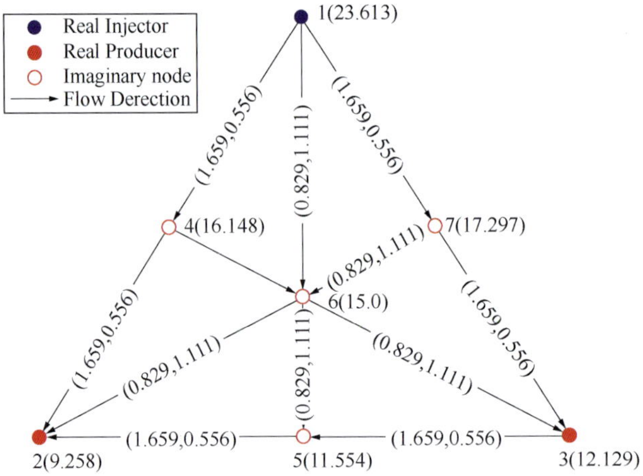

图 5-17　正三角形模型的传导率与连通体积

根据图中提供的相关信息，我们可以根据 $q_{i,j}^{n}=T_{i,j}^{n}(p_{j}^{n}-p_{i}^{n})$ 进一步计算出每一个连通单元的流量，如图 5-18 所示。

在此，我们重新定义了一个新的劈分系数概念。我们称之为单元劈分系数，其计算公式为：

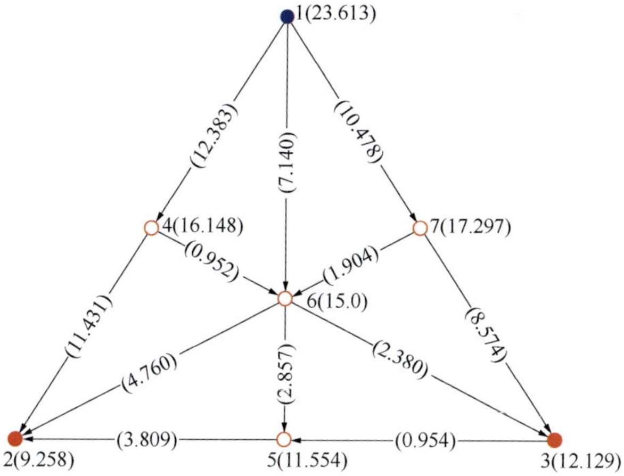

图 5-18　正三角形模型的井间流量

$$\lambda_{i,j}^{n}=\frac{q_{i,j}^{n}}{\sum_{k=1}^{n_c'} q_{k,j}^{n}} \tag{5-75}$$

式中，n_c'表示从注水井 j 流出的连通单元数目（或相连的井点汇总压力比注水井 j 低的井）。根据该定义，$\sum_{k=1}^{n_c'} q_{k,j}^{n}$ 表示了从 j 井点流出的液量。以虚拟井 6 为例进行说明，该井与井 1、井 2、井 3、井 4、井 5 均相连，但是从图 2-22 中可知，其中从 6 井流出的连通单元只有 3 个，分别为{6，2}、{6，5}、{6，3}，因此井点 6 的单元劈分系数为：

$$\lambda_{5,6}=2.857/(4.760+2.857+2.380)=0.286 \tag{5-76}$$

式中，2.857 为从 6 井到 5 井的液流流量；4.760 为从 6 井到 2 井的液流流量；2.380 为从 6 井到 3 井的液流流量。根据这一定义，我们可以得到每一个连通单元的单元劈分系数值，通过计算得到的所有单元劈分系数如图 5-19 所示。

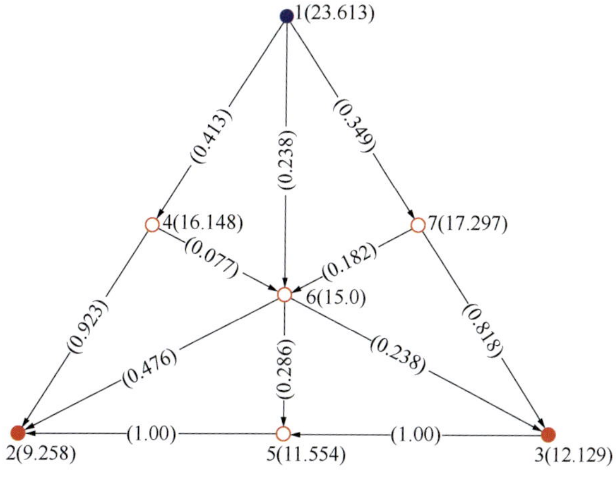

图 5-19　正三角形模型的单元劈分系数

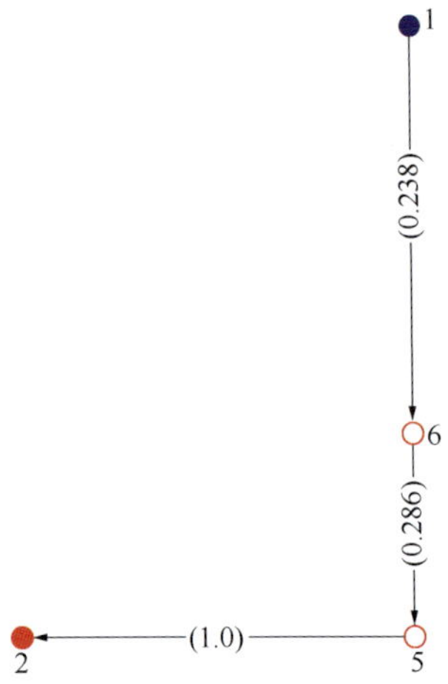

图 5-20　正三角形模型中的一条单一路径示意图

得到了每一个连通单元的单元劈分系数，就可以进一步根据“路径”的定义得到每一条路径上的路径劈分系数值。对于路径，我们定义，以注水井为“源”，以生产井为“汇”，从“源”到“汇”所穿过的不同井点所形成的一个有方向的数列，称为一条路径。换言之，一条路径表示了从压力高点（注水井）到压力低点（生产井）所穿过的井点的不同情况。如图 5-20 所示，数列{1，6，5，2}就表示了一条有效的路径，将这一路径单独提取出来进行说明。

如图 5-20 所示，该路径包含了 4 个井点，分别为注水井 1、虚拟井 6、虚拟井 5 以及生产井 2。其中，连通单元{1，6}的单元劈分系数为 0.238，连通单元{6，5}的单元劈分系数为 0.286，连通单元{5，2}的单元劈分系数为 1.0。由于已知各个单元上的单元劈分系数，就可以进一步计算出这条路径的路径劈分系数，其计算结果为：

$$\lambda_{2,1}^{n,1}=\lambda_{2,5}^{n,1}\times\lambda_{5,6}^{n,1}\times\lambda_{6,1}^{n,1}=0.238\times0.286\times1.0=0.068 \tag{5-77}$$

该结果表明，从注水井 1 注入单位体积（$1m^3$）的注入水，会有 $0.068m^3$ 的液体流向生产井 2。

图 5-20 总结了从注水井 1 到生产井 2 的所有可能路径，因此，可以计算得到从注水井 1 到生产井 2 的注采劈分系数为：

$$\lambda_{2,1}^{n}=\lambda_{2,1}^{n,1}+\lambda_{2,1}^{n,2}+\lambda_{2,1}^{n,3}+\lambda_{2,1}^{n,4}+\lambda_{2,1}^{n,5}+\lambda_{2,1}^{n,6}+\lambda_{2,1}^{n,7}=0.634 \tag{5-78}$$

式（5-78）表明，从注水井 1 流出单位液流（$1m^3$）中，有 $0.634m^3$ 液体流向了生产井 2。在一般情况下，对于模型中的任意注水井 j 与生产井 i，其注采劈分系数的定义为：

$$\lambda_{i,j}^{n}=\sum_{p=1}^{N_{p,i,j}}\lambda_{i,j}^{n,p} \tag{5-79}$$

式中，$N_{p,i,j}$为 j 与 i 之间可能的路径条数。在得到了某一时刻某一注采井组间的注采劈分系数后，可以进一步定义动态连通体积。以上述正三角形模型中的路径{1，6，5，2}为例，其动态连通体积为：

$$\begin{aligned}V_{p,2,1}^{n,1}&=V_{p,2,5}^{n}\frac{Q_{2,5}^{n}}{q_{2,5}^{n}}+V_{p,5,6}^{n}\frac{Q_{5,6}^{n}}{q_{5,6}^{n}}+V_{p,6,1}^{n}\frac{Q_{6,1}^{n}}{q_{6,1}^{n}}\\&=1.111\times\frac{2.040}{7.140}+1.111\times\frac{2.040}{2.857}+0.556\times\frac{2.040}{3.809}\\&=1.409\times10^{4}m^{3}\end{aligned} \tag{5-80}$$

在得到路径劈分系数的定义后，可以继续搜索出所有可能的路径，并将结果总结于表 4-1。

对于 n 时刻，从 1 井流向 6 井的流量为 7.140（m^3/d），连通单元{1，6}的连通体积为 1.111（10^4m^3）。根据前述推导计算得到在路径{1，6，5，2}中，从 1 井流向 2 井的总流量为 2.040（m^3/d），因此该流量占有连通单元{1，6}总流量的百分比为 2.040/3.809=53.56%，所以路径{1，6，5，2}的流动占据了连通单元{1，6}连通体积的 53.56%，因此路径{1，6，5，2}占据的连通单元{1，6}的体积为 0.556×2.040/3.809=0.2978（10^4m^3）。同理，可以计算得到该路径占据连通单元{6，5}和{5，2}的体积值。最终，将每一条路径的体积相加，得到该注采井的注采动态连通体积为：

$$V_{p,2,1}^{n}=V_{p,2,1}^{n,1}+V_{p,2,1}^{n,2}+V_{p,2,1}^{n,3}+V_{p,2,1}^{n,4}+V_{p,2,1}^{n,5}+V_{p,2,1}^{n,6}+V_{p,2,1}^{n,7}=6.335\times10^4\mathrm{m}^3 \tag{5-81}$$

在一般情况下，对于模型中的任意注水井 j 与生产井 i，其注采动态连通体积的定义为：

$$V_{p,\ i,\ j}^{n}=\sum_{p=1}^{N_{p,\ i,\ j}}V_{p,\ i,\ j}^{n,\ p} \tag{5-82}$$

2）路径搜索算法

前述部分主要推导了新的模型中路径、劈分及注采动态连通体积的计算方法。但是，上述推导仅采用了一个最简单的模型进行说明，没有推广到一般情况。对于较复杂的模型，通常有多个三角形存在，可能存在的路径会较多，因此需要提出一种计算方法，实现对任意模型中所有路径的搜索。这里首先将前述研究的数据驱动模型视为一种有向图，引入一种计算机领域的经典算法，即深度优先搜索（又称为深度优先遍历）算法，并适当考虑剪枝等改进策略，实现路径的搜索过程。

（1）有向图与路径搜索算法。

图论是数学领域的一个分支，其研究对象为图；简单来说，“图”是由有限个的点以及连接点的线段所构成的图形。设 G 为图，则记为 $G=(V,\ E)$。其中 V 和 E 分别表示两个集合，V 表示图中存在的节点（Vertices），E 则表示图中存在的边（Edges）。根据图中的集合 E 的顶点对是否是有序的，又可以将图分为无向图与有向图。如图 5-21 所示，分别表示了无向图与有向图；在通常情况下，需要为有向图的每一条标注箭头，表明这条边的方向，以示区别。

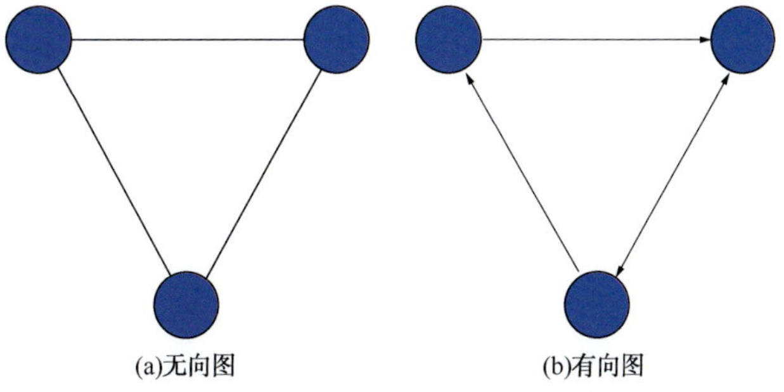

图 5-21　有向图与无向图示意图

对于某一个图，可以采用某一种搜索算法对图进行搜索(遍历)，其中较为经典的两种搜索算法是广度优先搜索(BFS)及深度优先搜索(DFS)。对于这两种搜索算法，广度优先搜索算法可以采用队列来对搜索到的顶进行存储，深度优先算法则可采用栈来存储搜索到的顶点。广度优先搜索的基本原理是，对于给定的图 $G=(V, E)$ 以及源顶点 s，广度优先搜索将优先搜索源顶点 s 相连的顶点，以求发现从 s 能到达的所有顶点，再以每一个搜索到的顶点作为源顶点继续搜索。广度优先搜索的具体步骤为：

① 将顶点 s 作为源顶点，并标记为已访问，将其压入队列；

② 访问与顶点 s 相邻的所有顶点，将未访问过的顶点压入队列，并标记为已访问；

③ 如果队头顶点已访问，将其从队列中删除；

④ 取队头顶点，将其作为新的顶点 s，返回步骤②；

⑤ 当所有顶点均被访问后，退出。

深度优先搜索则采用了不同的策略，其搜索过程主要考虑尽可能深入地搜索一个图。在深度优先搜索中，如果发现新的顶点，且以该顶点为起点还有未访问过的顶点，就沿着这两点所在的边继续搜索下去。如果某一顶点 v 的所有边都已经被访问，搜索将回溯，直到所有的顶点都被访问。深度优先搜索的具体步骤为：

① 将顶点 s 作为源顶点，并标记为已访问，将其压入栈；

② 如果栈为空，则退出；

③ 如果顶点 s 的相邻节点均被访问，则回溯；

④ 访问与顶点 s 相邻的一个顶点，如果其未被访问则压入栈，并标记为已访问；

⑤ 以栈尾元素为新的顶点 s，返回步骤②。

深度优先搜索是一种基础的搜索策略，可以快速解决一些实际问题，但是在实际应用过程中，随着解决问题规模的不断扩大，其算法的时间复杂度会呈指数式增加，从而大大降低算法的计算效率。因此，在解决具体问题的过程中，可以考虑使用剪枝等策略对算法进行优化，提升其预算效率。

(2) 深度优先搜索算法。

在建立的新的数据驱动模型中，可以将考虑压力的模型连接图作为一个有向图，并采用改进的深度优先搜索算法来搜索出每一个注水井节点到所有可能生产井存在的可能路径。在这一应用中，将每一个注水井的节点作为起点进行搜索，每当找到一个生产井节点，即找到了一条路径；找到该路径后，继续进行搜索，直到以该注水井为起点找到所有路径，再搜索下一个注水井。对于某一口注水井 i，该算法的具体步骤为：

① 初始化：

(a) 对连接图中的所有节点进行编号，并根据压力下降的方向生成有向图 $\boldsymbol{G}$；

(b) 生成一个栈 $\boldsymbol{S}$ 用于存储得到的路径，令 $\boldsymbol{S}=\boldsymbol{NULL}$；

(c) 将注水井节点 i 压入栈 $\boldsymbol{S}$，并标记为已访问。

② 判断栈 **S** 是否为空：为空，则退出；不为空，进行步骤③。

③ 令栈 **S** 的栈顶元素为 x。

④ 如果 x 的所有子节点被访问，栈 **S** 弹出。

⑤ 根据每一条未被访问边的权重大小进行排序。

⑥ 令未访问且权重最大的节点为 y。

⑦ 将节点 y 压入栈并标记为已访问。

⑧ 如果 y 节点为生产井节点，记录栈 **S** 中的节点序列作为一条路径，栈 **S** 弹出；如果不是生产井节点，返回步骤②。该算法的主要流程如图 5-22 所示。

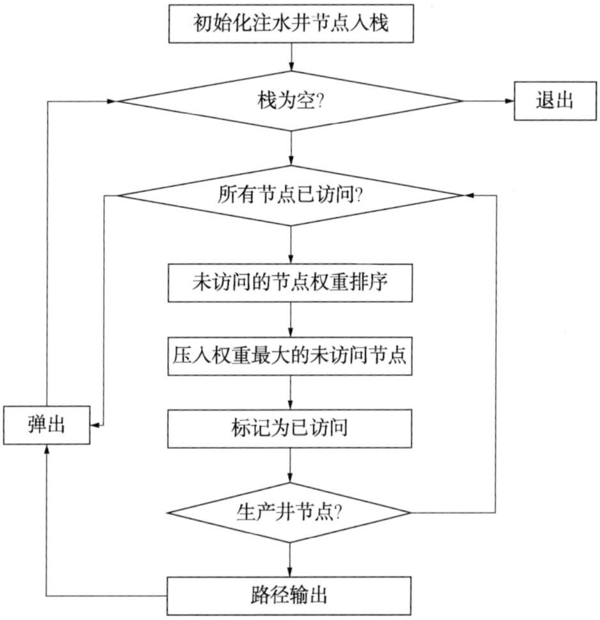

图 5-22　数据驱动模型深度优先搜索流程图

接下来以一个具体的模型连接图为例进行说明，如图 5-23 所示。图中展示了一个有 8 口井的模型，并假设节点 1 为注水井，节点 6 和节点 7 为生产井，图中的箭头表明了连通单元的流动方向，箭头上的数值表示了该连通单元的(见图 5-23)。采用邻接矩阵的形式对该连接图进行存储，得到的邻接矩阵如表 2-2 所示。邻接矩阵应该从每一行进行读取，其中，每一个节点与其相邻节点的连接情况采用了以下方法进行表示：表格中的 0 值表示节点之间不连接；表格中的正值表示了两个节点相连，且其值表示了这条边的权重；表格中的无穷大值表示了这一节点与对应的相邻节点相连，但是其连接的方向是相反的。采用邻接矩阵的形式，可以方便地进行数据的存储、程序的编写，使得搜索的过程更加高效。根据改进的深度优先搜索进行计算，得到的路径顺序如表 2-3 所示，其中路径的序号表示了路径被找到的先后顺序；被搜索找到的所有路径共有 15 条，其中共有 10 条路径的终点为生产井 7，5 条路径的终点为生产井 6。

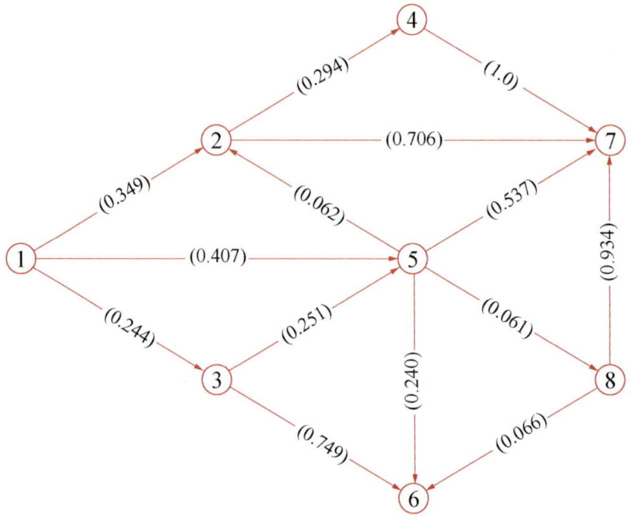

图 5-23　8 口井模型连通图及单元劈分系数

3）概念模型验证

建立的模型为 Eclipse 四注九采五点法单层概念模型，其网格数为 25×25×1，模型的渗透率分布如图 5-24 所示。该模型采用注水井定液、生产井定压的生产模式，模拟生产时间为 3000 天。

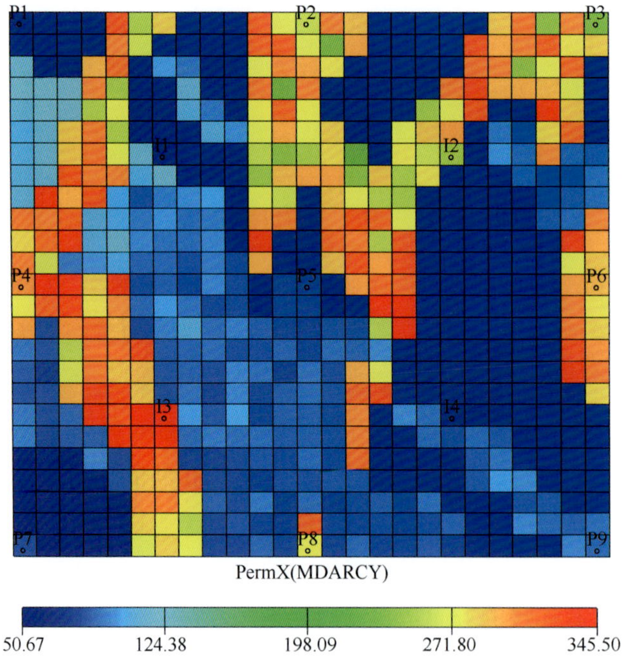

图 5-24　模型渗透率场分布图

以 Eclipse 模拟器模型为真实值，建立对应的连通性模型，并将 Eclipse 模型所计算得到的相关参数指标作为拟合参数进行历史拟合，拟合后的平均传导率分布如

图 5-25 所示。通过计算得出的平均传导率参数值很好地反映了各真实模型的渗透率特征。拟合后的单井动态如图 5-26~图 5-29 所示，可知拟合后的日产油量指标匹配程度高，证明了连通性模型具有较高的可靠性。

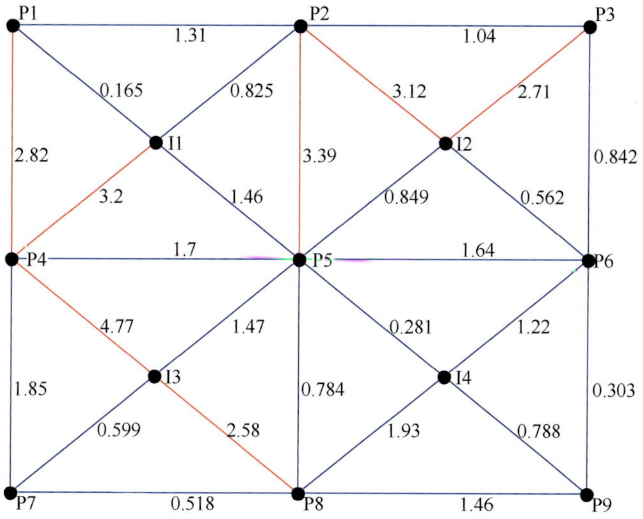

图 5-25　拟合后平均传导率分布图

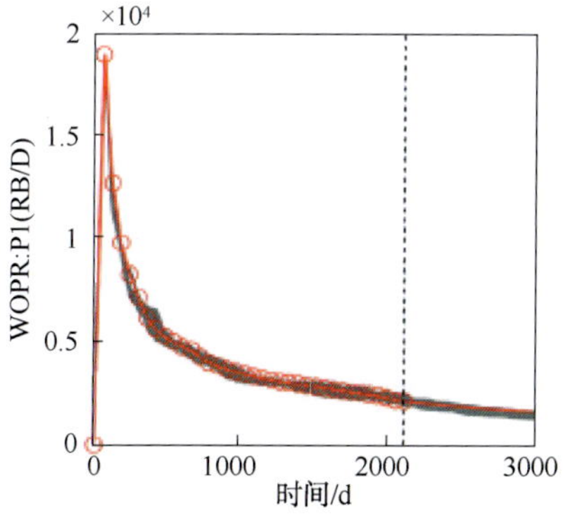

图 5-26　P1 井拟合结果

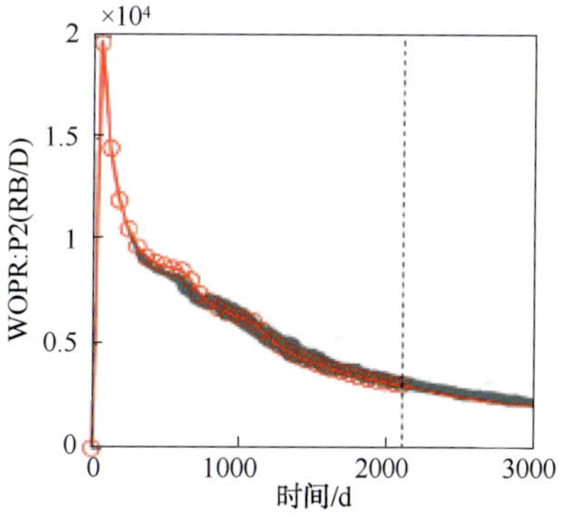

图 5-27　P2 井拟合结果

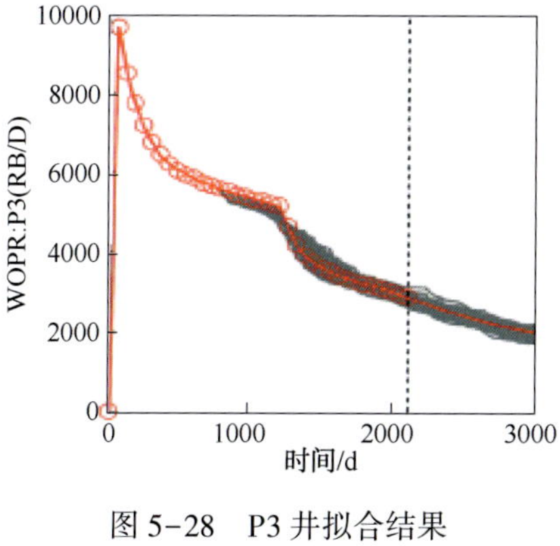

图 5-28　P3 井拟合结果

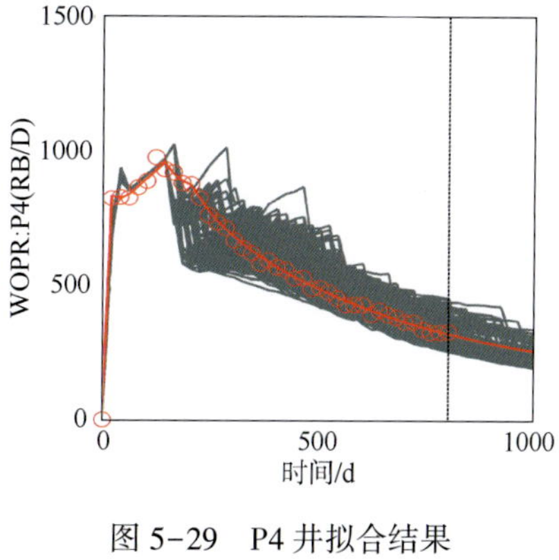

图 5-29　P4 井拟合结果

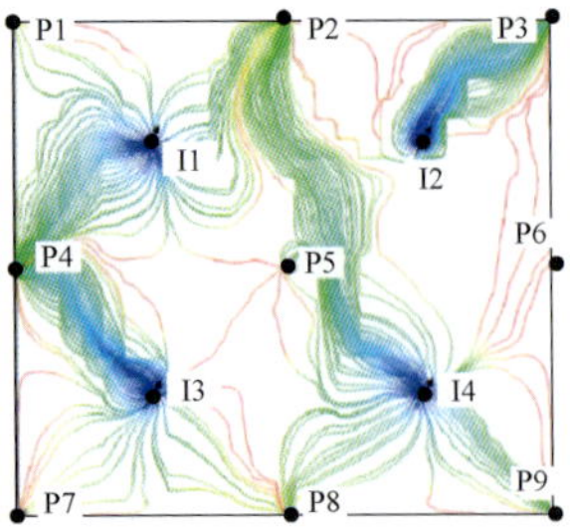

图 5-30　Frontsim 流线图

进一步将拟合后各模型得到的平均井间连通关系与通过 Frontsim 流线模拟器得到的连通关系图相对比，如图 5-30、图 5-31 所示。由此可见，采用连通性模型与 Frontsim 流线模拟器所得出的结论基本一致，连通性模型很好地揭示了井间连通关系，进一步证明了连通性模型揭示的井间连通关系的正确性。

根据拟合后的模型进行鲁棒生产优化方案设计，目标函数的迭代情况如图 5-33 所示，各模型优化前后的平均累产油如图 5-34 所示，可见经过鲁棒优化后每个模型实现的区块经济效益大幅提升，采收率进一步提高。进一步将连通性模型鲁棒优化单井控制结果(见图 5-35、图 5-36)和 Eclipse 油藏模拟器鲁棒优化单井控制结果(见图 5-37、图 5-38)进行对比，其中颜色越偏向红色则表示值越大，越偏向蓝色则反之。可见连通性模型所得到的结果与 Eclipse 模拟器得到的优化结果基本一致，说明连通性模型的可靠性较高。

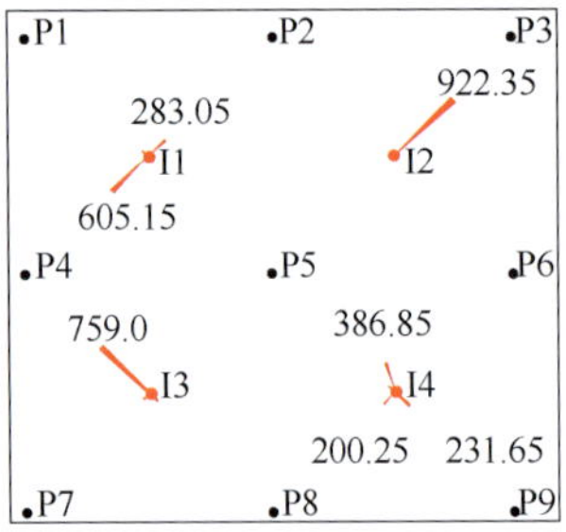

图 5-31　Frontsim 连通关系图

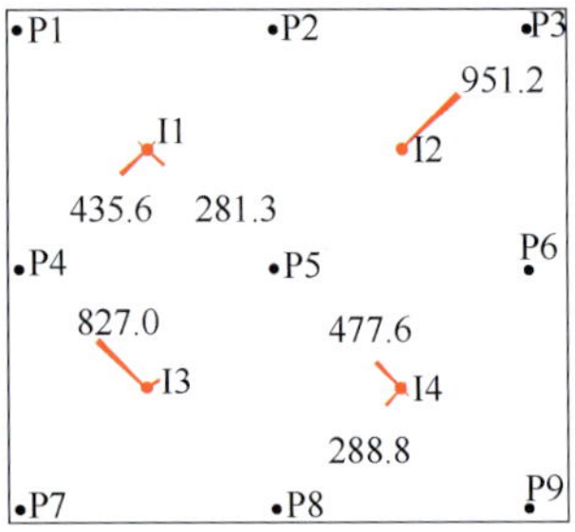

图 5-32　连通性连通关系图

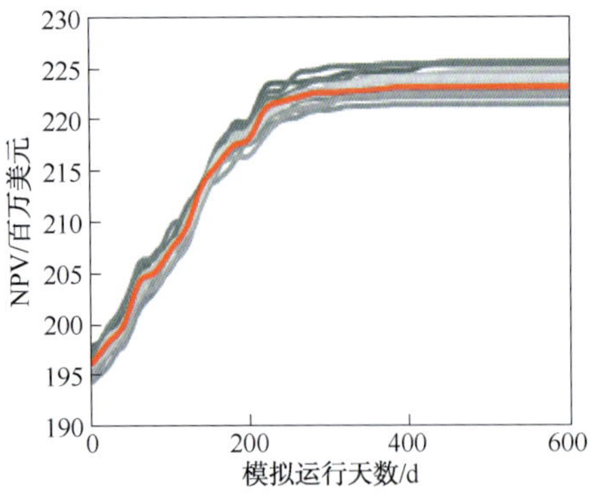

图 5-33　经济净现值迭代结果

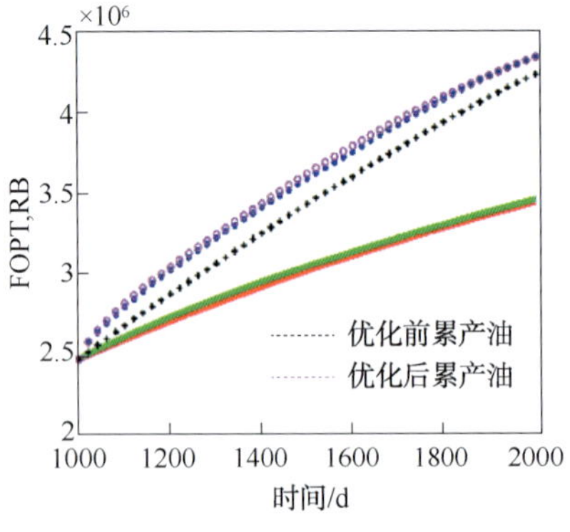

图 5-34　平均区块累产油对比

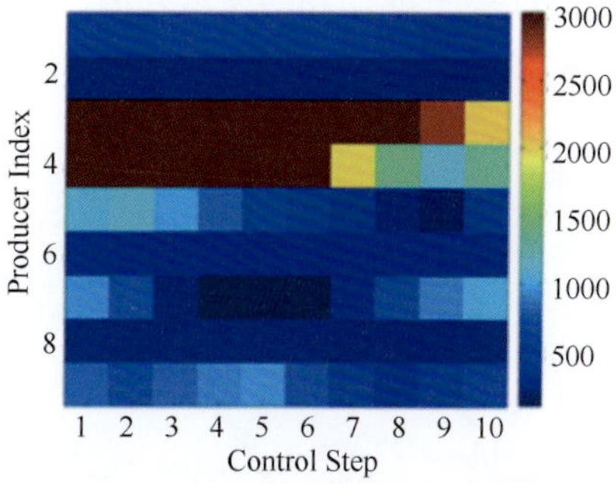

图 5-35 连通性模型注水井优化结果

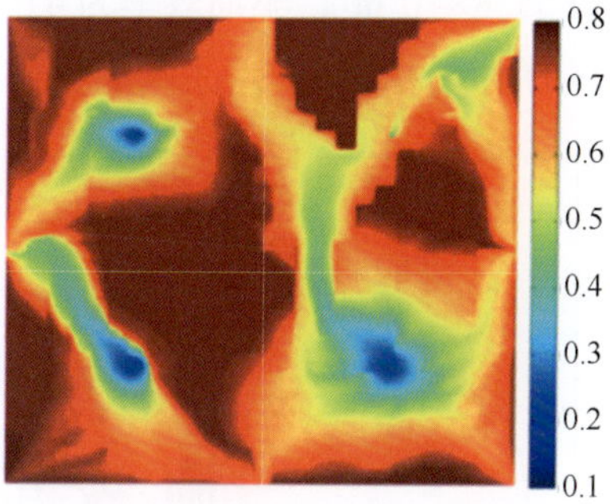

图 5-36 连通性模型生产井优化结果

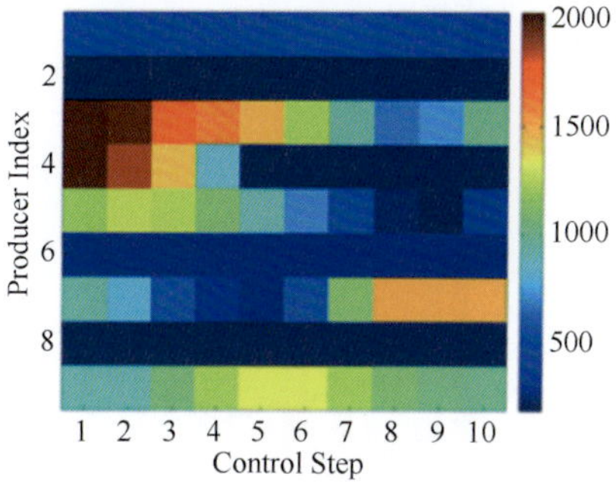

图 5-37 Eclipse 注水井优化结果

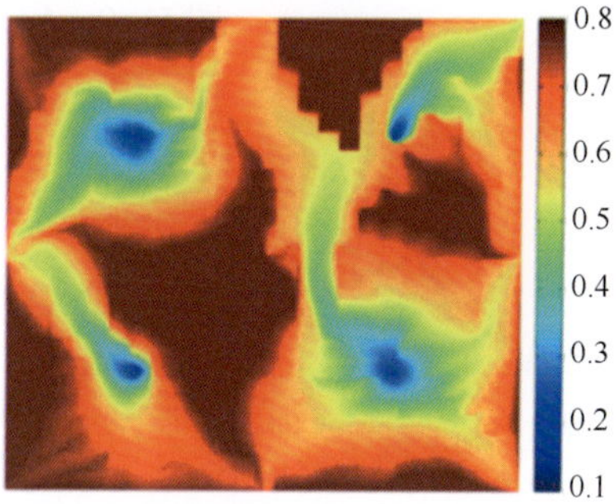

图 5-38 Eclipse 生产井优化结果

5.3 注采参数优化实例

5.3.1 区块概况

AA80 油藏单元(见图 5-39)储量 1880×10^4t，截至 2020 年 4 月累积产油 504.83×10^4t，采出程度 27%，累积注水 $133.7\times10^4m^3$，当前含水率 66%，日产液量约 600m^3，日产油量约 200m^3。油水井总计 45 口，高含水 14 口(含水率>70%)，剩余储量 562×10^4t；关停井 12 口，其中有 9 口连续注过水。

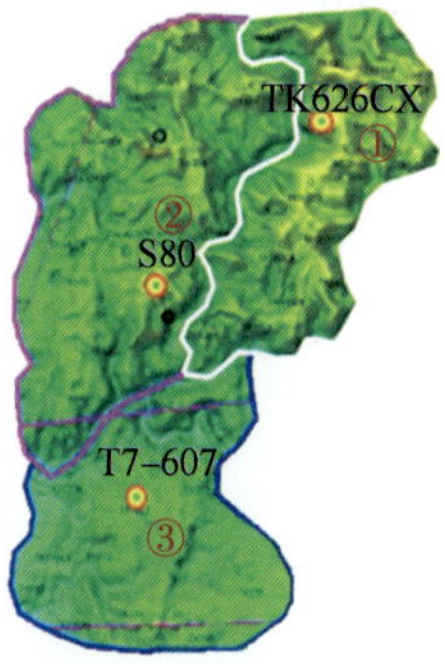

图 5-39 AA80 油藏单元

前期受天然弹性能量、钻新井及底水影响，产量呈多段递减且不断加快；注水后初期产量起伏较大，中期注气后能量得到一定补充，后期综合递减降低，产液速度较低(见图 5-40、图 5-41)。

AA80 区块开发至今累积注水 $133.7\times10^4m^3$，累积产液 $673.3\times10^4m^3$，区块累积注采比较小，仅为 0.2，注水井数与生产井数在生产阶段始终维持比较低的状态，主要利用地层和水体能量。连通性结果显示：注入水实际驱出油 55.8×10⁴m³，驱油效率为 41%，平面驱替效果一般，18.4%水外溢；发挥平面驱替的水 109×10⁴m³，注入水远远不够(见图 5-42)。

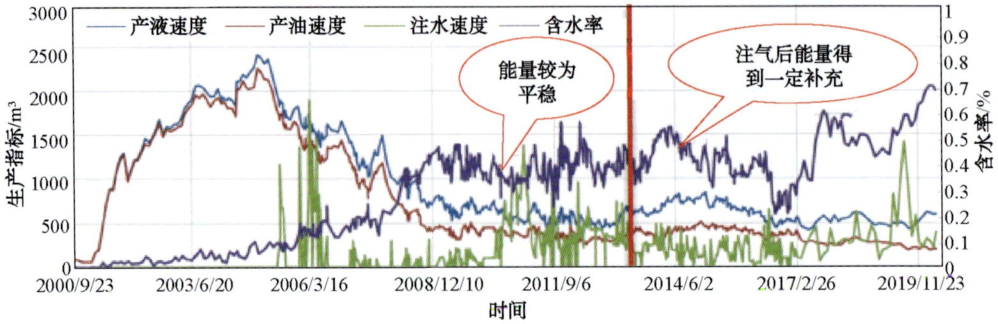

图 5-40　AA80 油藏单元开发曲线概况

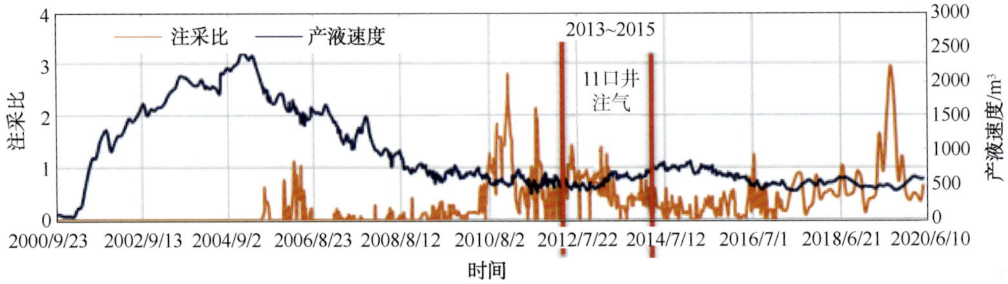

图 5-41　注采比与产液速度对比

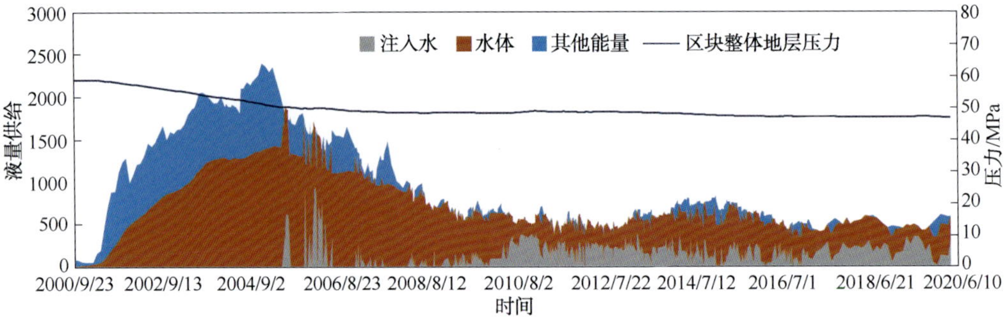

图 5-42　区块液量供给图

在油藏整个生产阶段，注水井数相比生产数始终较低，前期注水及注气基本驱替井筒周边剩余油，井间大量剩余储量有待挖潜，有必要扩大注水规模(见图 5-43)。

5.3.2　井间连通性认识及验证

AA80 单元属于缝洞多发育油藏，整体区块含油面积 16km²，开发阶段截止到 2020 年 4 月，共开井 41 口，区块综合含水 67%。

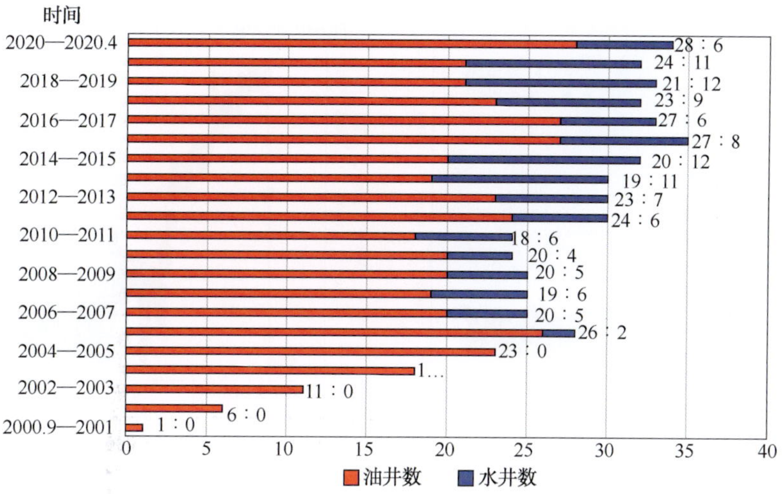

图 5-43　注(水、气)采井数变化

1）生产历史拟合

结合示踪剂资料和实际生产动态进行历史拟合，拟合动态为日产油、区块累产油、井底流压等，共拟合单井 45 口，生产 7149 天(见图 5-44、图 5-45)，2000 年 8 月至 2020 年 4 月，拟合率 90%以上，其中红色圆圈代表历史观测值，绿色线条代表模型拟合后的观测值。

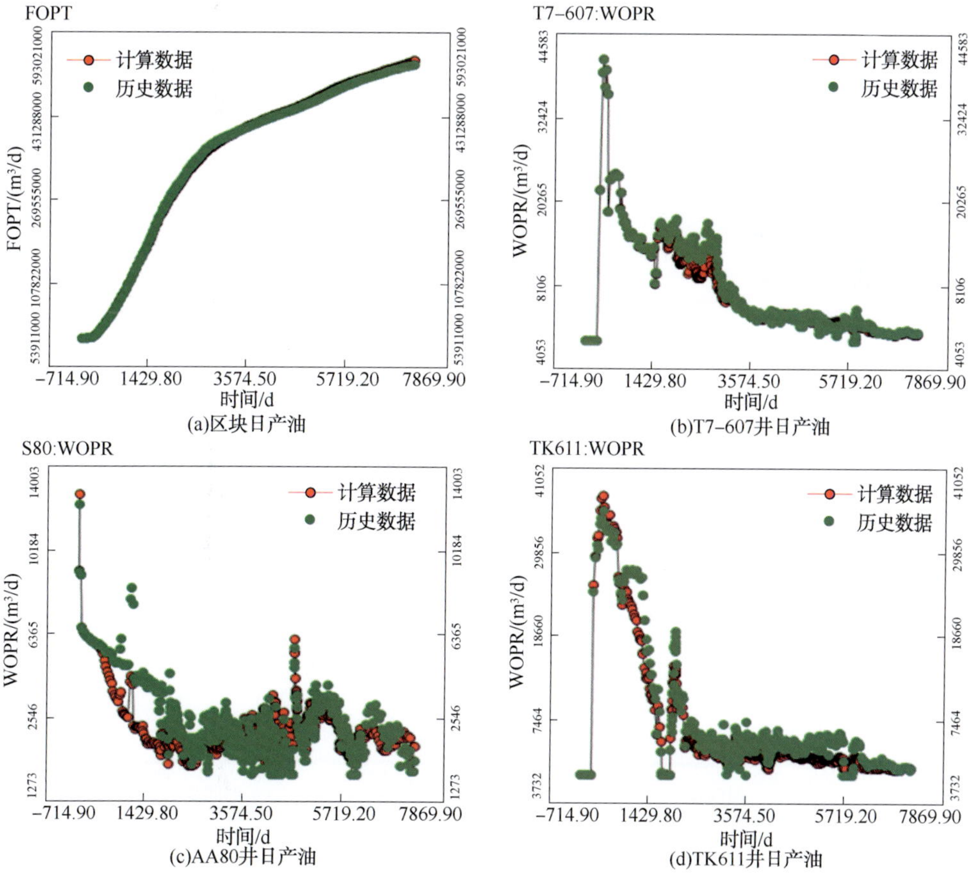

图 5-44　区块及单井产油速度拟合结果

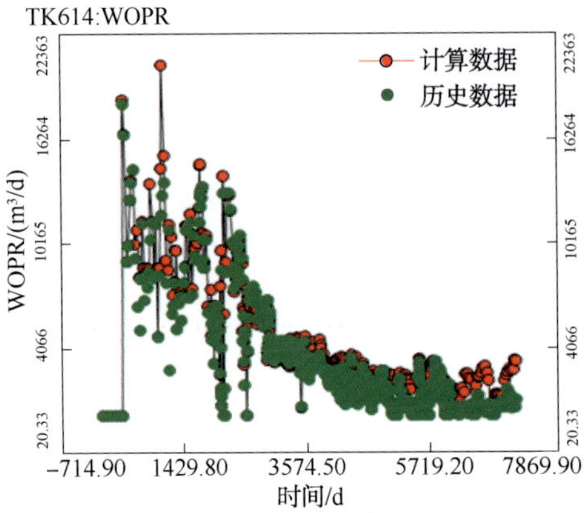

(e)TK614井日产油

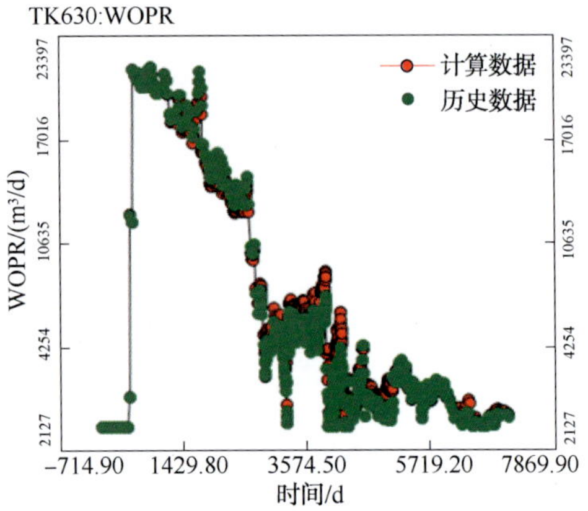

(f)TK630井日产油

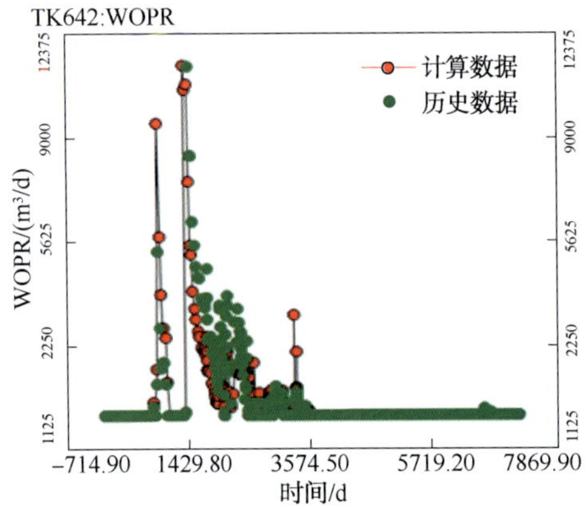

(g)TK642井日产油

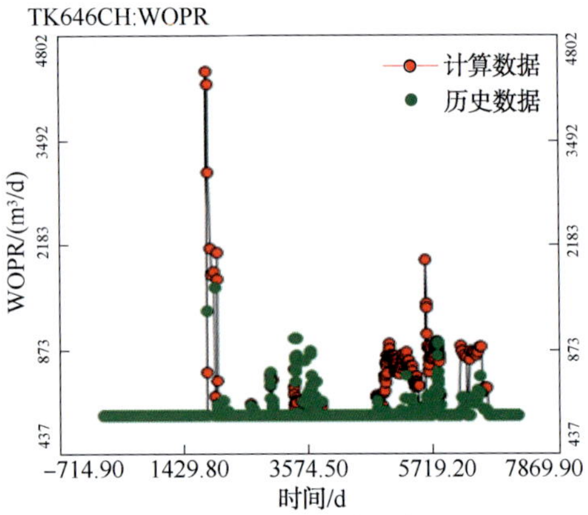

(h)TK646CH井日产油

图 5-44　区块及单井产油速度拟合结果(续)

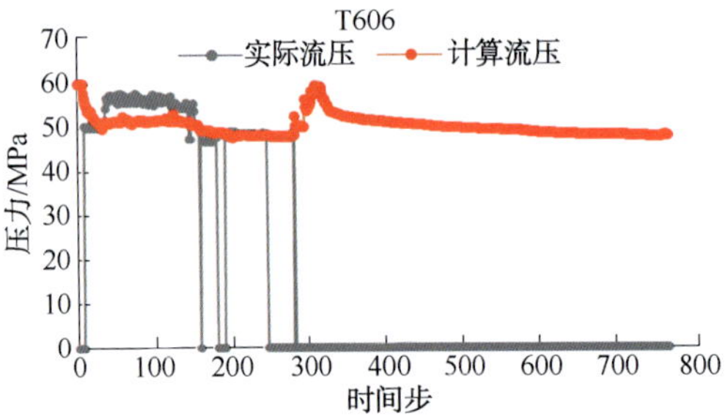

(a)T606井底流压

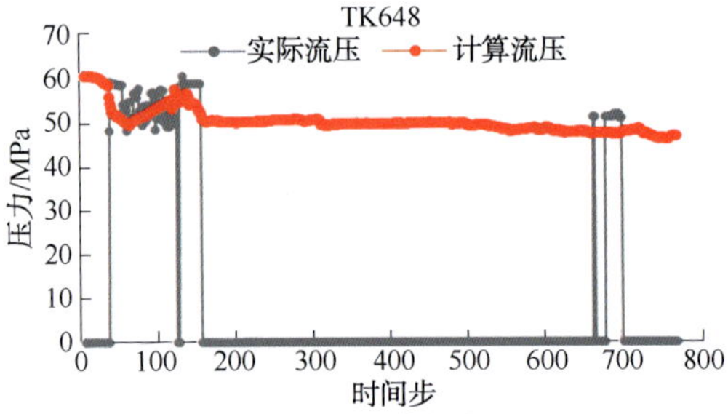

(b)TK648井底流压

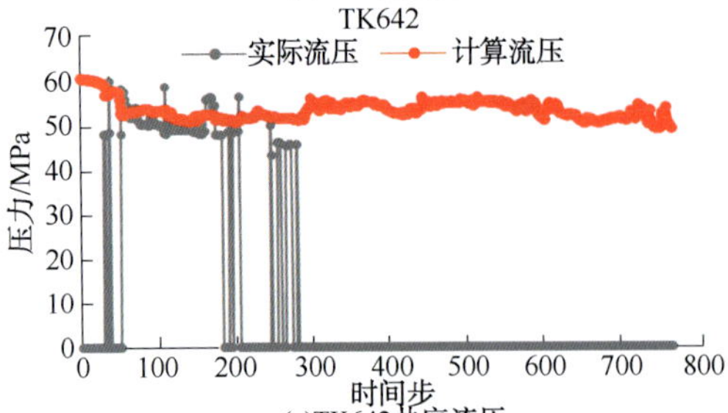

(c)TK642井底流压

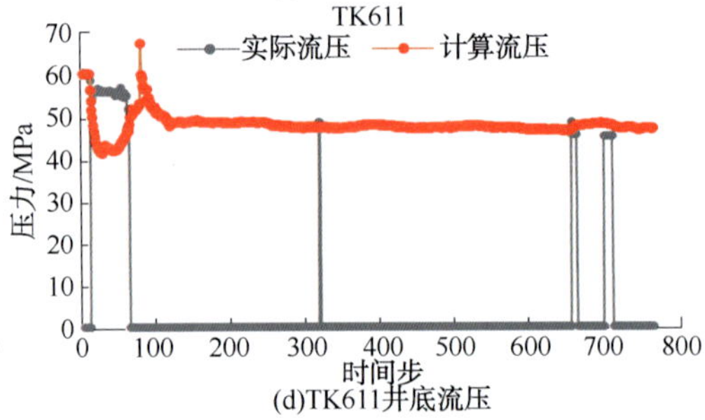

(d)TK611井底流压

图 5-45　井底流压拟合结果

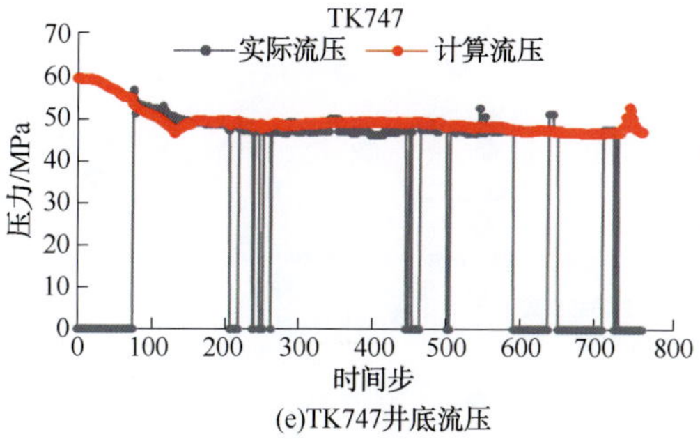

(e)TK747井底流压

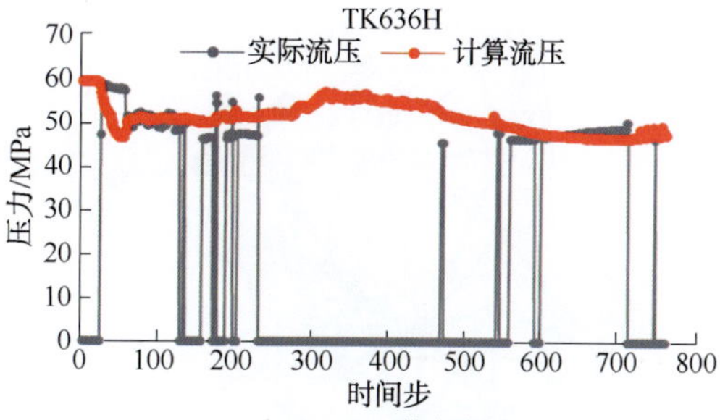

(f)TK636H井底流压

图 5-45　井底流压拟合结果(续)

由图 5-44、图 5-45 可得，经过拟合后的油藏模型能大致匹配油藏实际观测值，极大地降低油藏系统的不确定性。如图 5-46 所示，历史拟合后所得单井的控制储量与单井实际累产油量相关性较好，相关系数为 97%，证明拟合后连通性模型可靠。

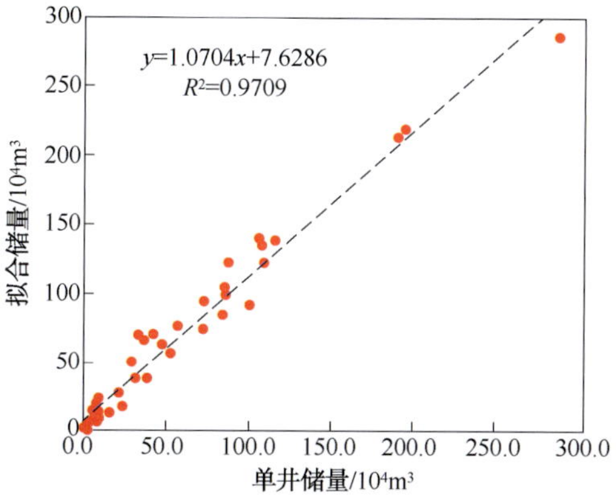

图 5-46　单井控制储量

2）连通性计算结果

在经过历史拟合得到可靠的地质模型后，利用现有井点的坐标信息，考虑井点处渗透率、有效厚度等相关信息，建立了 AA80 油藏连通性模型，根据拟合后得到的相关信息，得到该油藏的整体连通体积、传导率，其最终结果分别如图 5-47～图 5-50所示。其中拟合后的连通体积与实际单井储量对应较好，拟合后的传导率能匹配油藏断层与示踪剂显示的注水劈分结果。

3）模型计算结果与示踪剂结果对比验证

（1）TK663 井组示踪剂与连通性反演结果对比。

示踪剂主要在 2007 年 7 月至 2007 年 8 月监测，劈分结果对比见图 5-51～图 5-55，其实际劈分水量与模型计算劈分水量一致，说明模型准确。

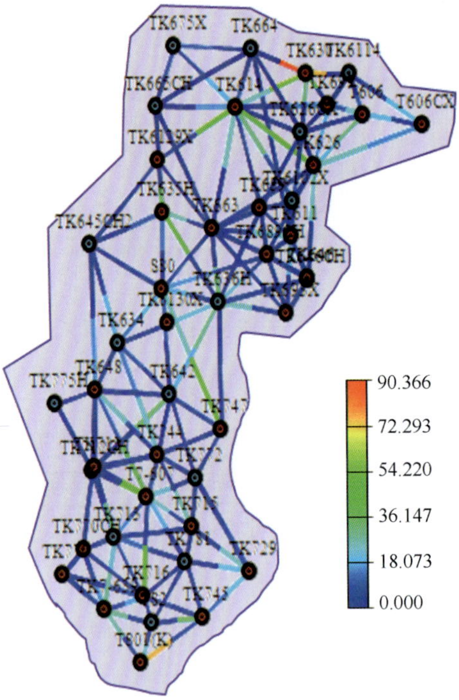

图 5-47　区块连通体积图

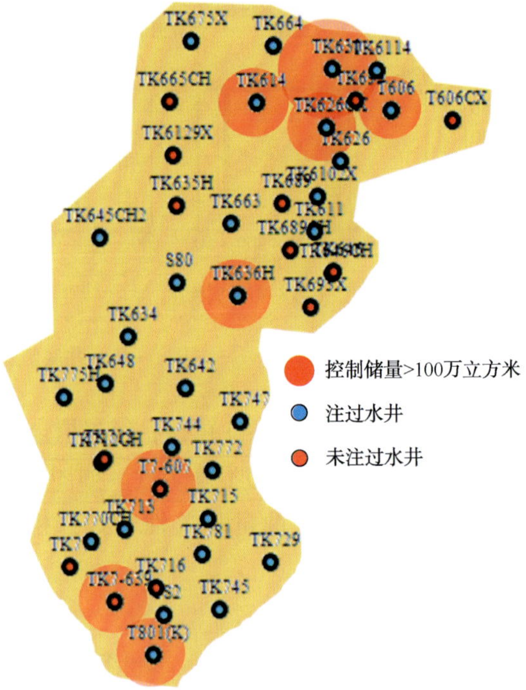

图 5-48　实际大于 $100\times10^4m^3$ 储量

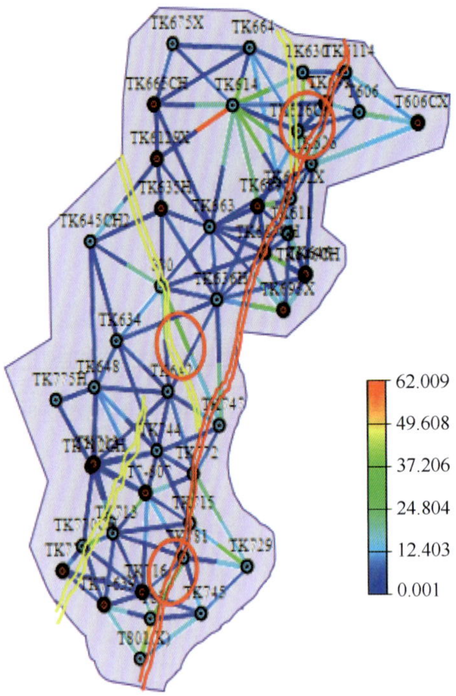

图 5-49　区块连通传导率图

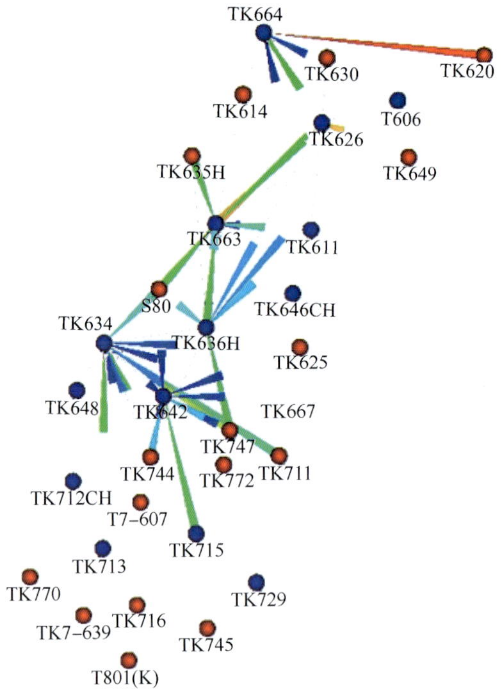

图 5-50　示踪剂劈分系统

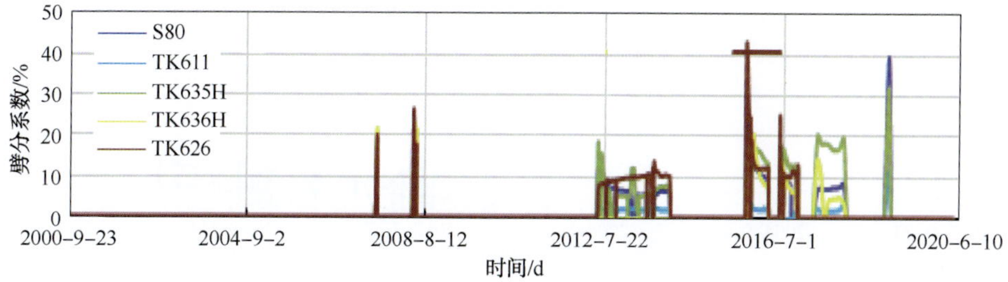

图 5-51　整个时间段 TK663 劈分系数

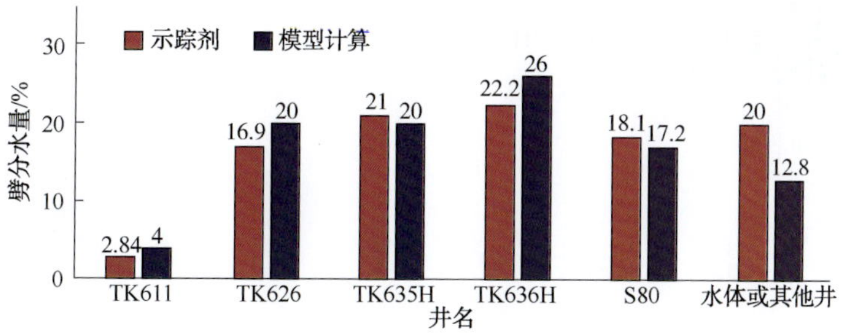

图 5-52　水量劈分对比图

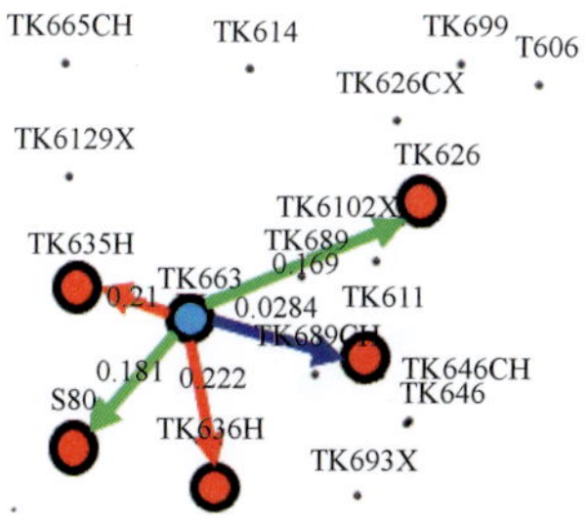

图 5-53　示踪剂响应结果

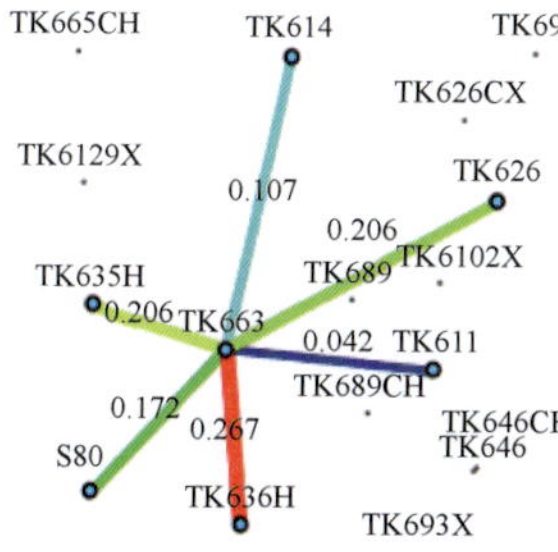

图 5-54　测试段注水劈分结果

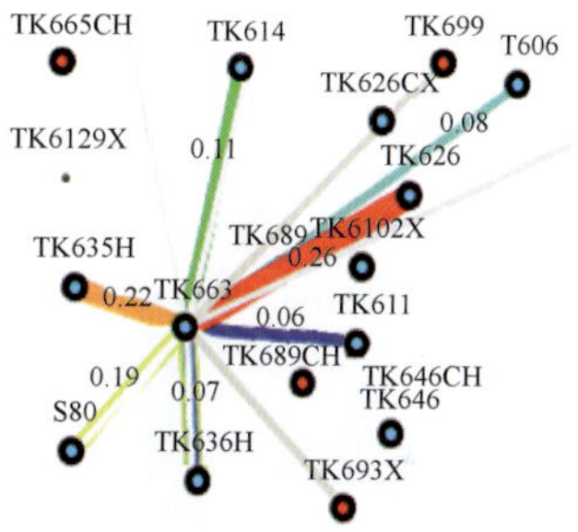

图 5-55　注水累积劈分结果

① 示踪剂显示：TK663 井与 AA80 井、TK611 井、TK626 井等具有连通性，且主要与 TK635 井、TK636H 井连通。

② 连通性反演结果显示：TK663 井与 TK635 井、TK636H 井、AA80 井连通，劈分系数与 TK626 井最好，与其他井连通性一般，这与示踪剂的结果吻合。

③ 注水累积劈分结果与测试时间段有区别，其原因为：示踪剂追踪期间，TK626、TK635、TK636H 因高含水关过井；AA80 曾修过井；TK614 井未测；注入水往水体劈分较多。

（2）TK642 井组示踪剂与连通性反演结果对比。

示踪剂测试时间为 2010 年 6 月至 2010 年 6 月，示踪剂测试结果与劈分系数有较好的一致性，其对比结果如图 5-56~图 5-60 所示。

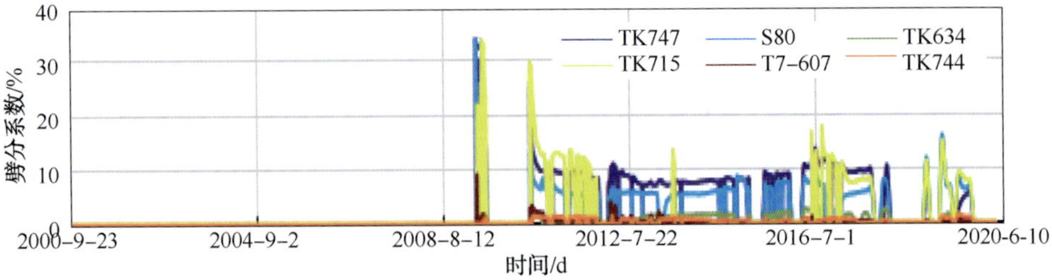

图 5-56　整个时间段 TK642 井组劈分系数

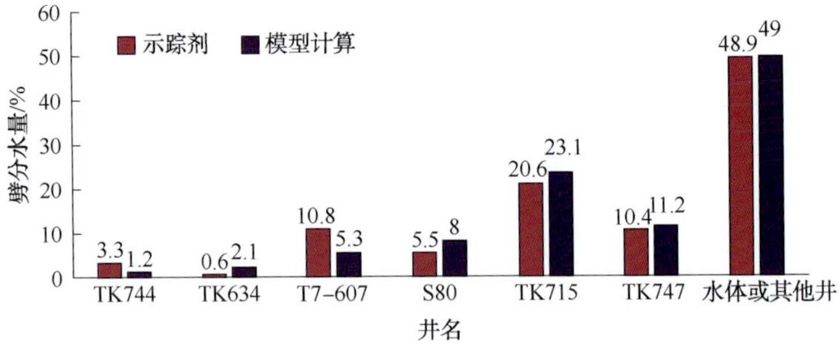

图 5-57　水量劈分对比图

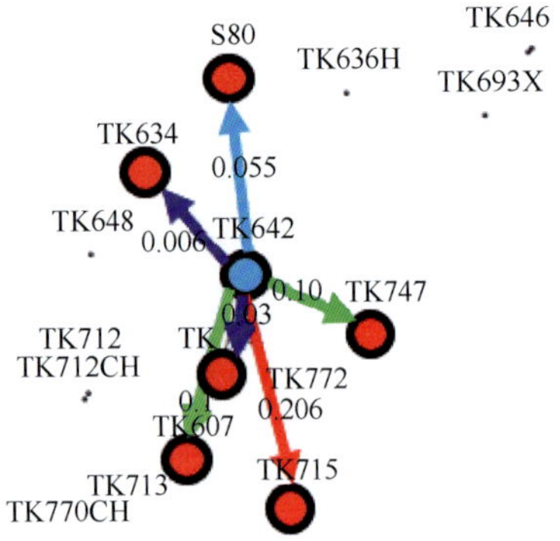

图 5-58　示踪剂响应结果

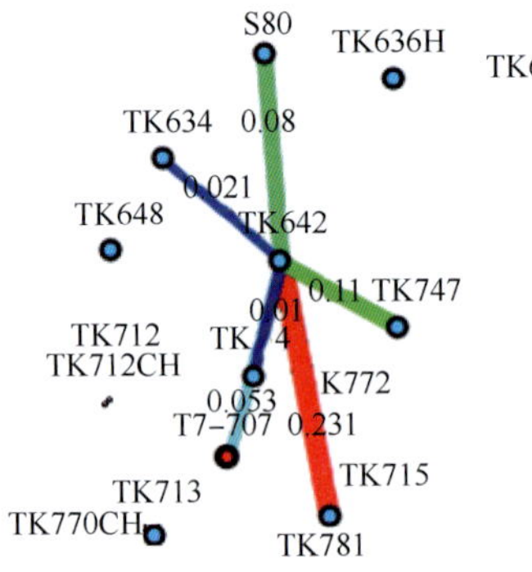

图 5-59　测试段注水劈分结果

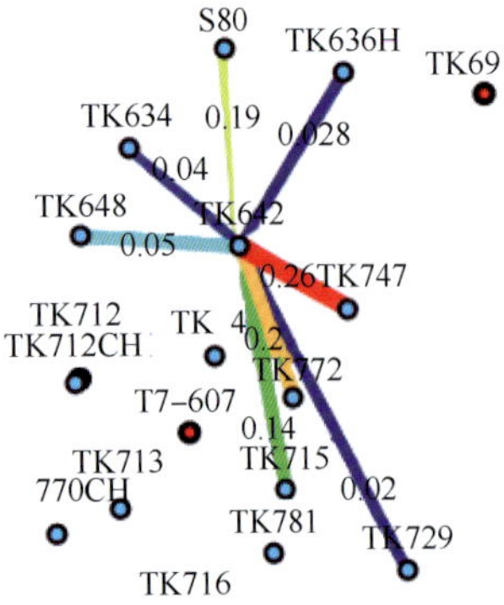

图 5-60　注水累积劈分结果

① 示踪剂与传导率显示，TK642 井主要与 TK747 井、TK715 井、AA80 井连通；回采率与连通性反演结果显示（劈分系数），TK642 井与 TK715 井连通性最好，其次为 TK747、AA80，这与示踪剂的结果吻合。

② 注水累积劈分结果与测试时间段有区别，其原因为：TK625、TK711、TK667 不在本单元，注入水往水体劈分较多；示踪剂监测期间，TK744 因高含水关井；2011 年打 TK772，导致 TK642～TK715 累积劈分降低。

（3）TK664 井组示踪剂与连通性反演结果对比。

示踪剂测试时间为 2007 年 6 月，示踪剂测试结果与模型计算劈分水量有较好的一致性（见图 5-61～图 5-65）。

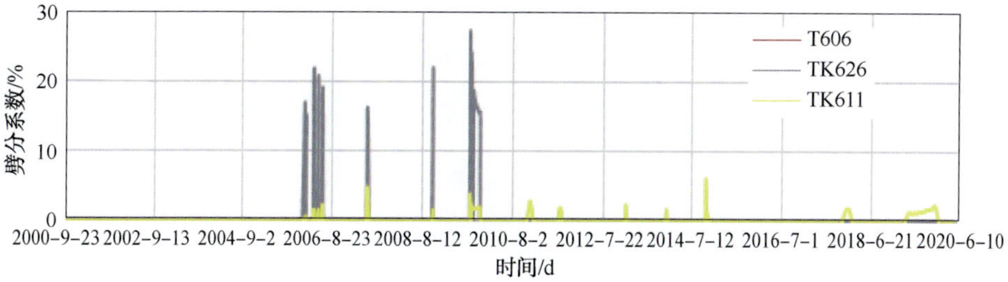

图 5-61　整个时间段 TK642 井组劈分系数

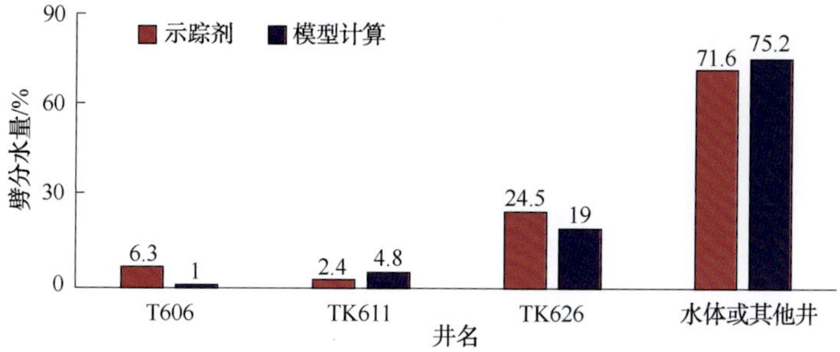

图 5-62　水量劈分对比图

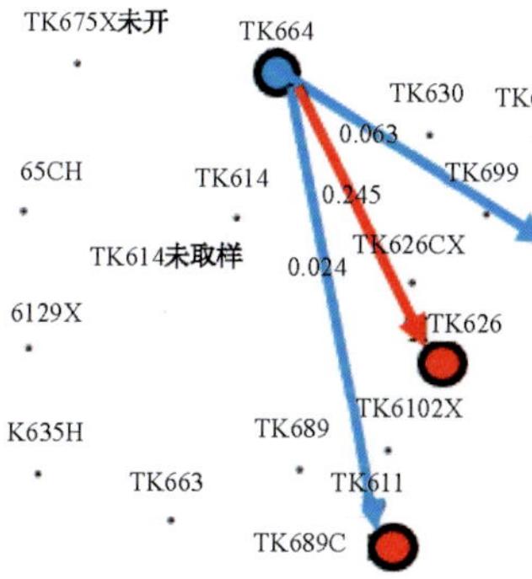

图 5-63　示踪剂响应结果

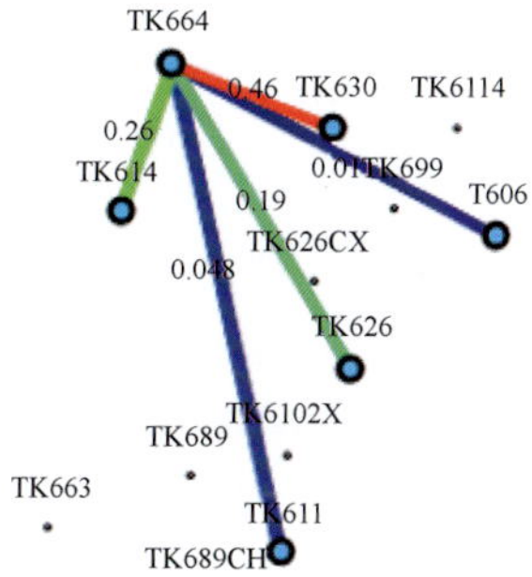

图 5-64　测试段注水劈分结果

①示踪剂显示，TK664 井主要与 TK606 井、TK611 井、TK626 井连通；连通性反演结果显示（劈分系数），TK664 井与 TK614 井及 TK630 井连通性最好，其次为 TK675X、TK626。

②注水累积劈分结果与测试时间段有区别，其原因为：TK620 不在本单元，注入水往水体劈分较多；示踪剂监测期间，TK630 处于自喷阶段，TK614 含水率很低，处于无水采油阶段，未取样，TK675X 未开。

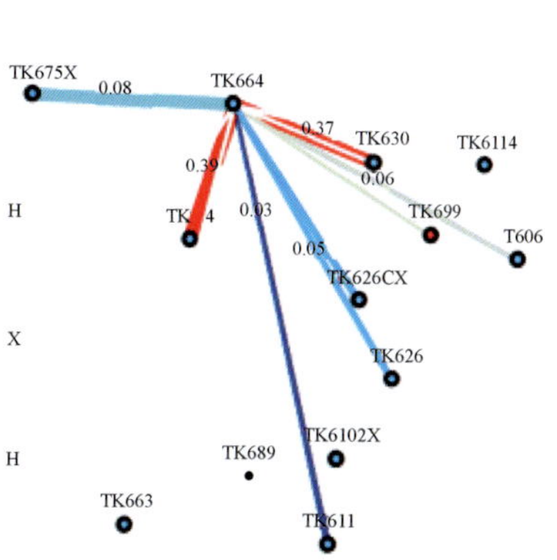

图 5-65　注水累积劈分结果

4）能量供给与水体能量分析

相关液量供给状况如图 5-66～图 5-69 所示。

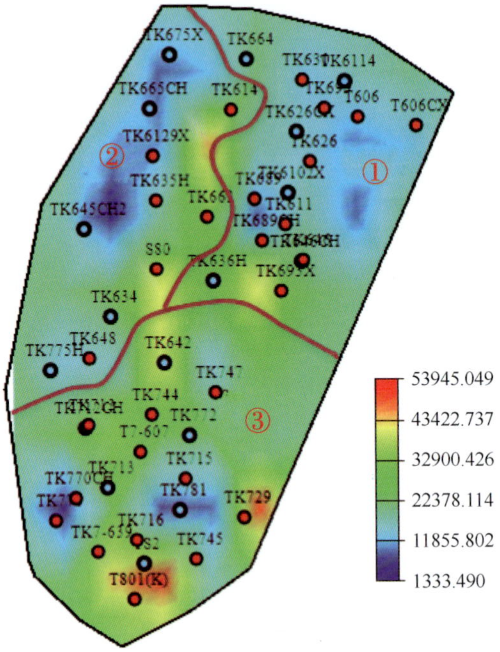

图 5-66 液量供给图

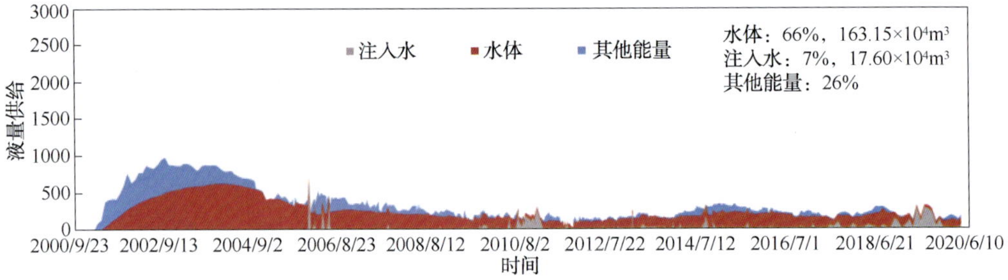

图 5-67 第一部分液量供给状况图

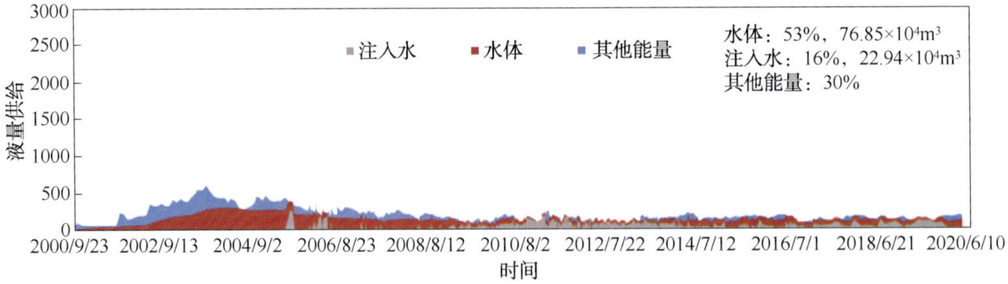

图 5-68 第二部分液量供给状况图

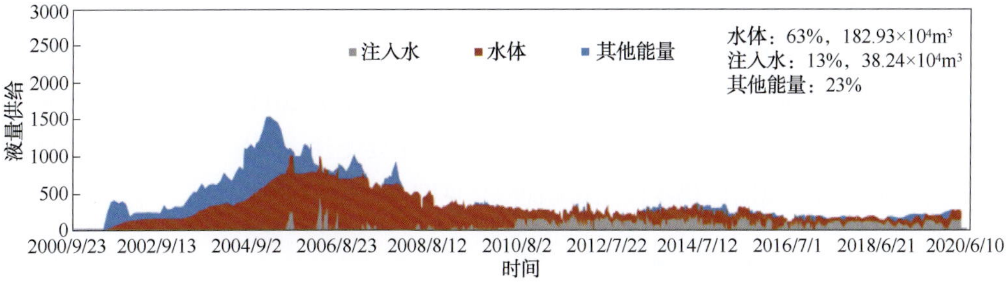

图 5-69　第三部分液量供给状况图

对 AA80 单元液量供给进行分析，区块产液主要利用水体能量，占比 63%；注入水供给能量较少，仅占 13%，其他能量占比 24%。第一部分主要利用水体能量，注入水供给仅占 7%，后续可加大注水。

基于连通性模型对 AA80 油藏底水锥进情况进行分析，图 5-70 为 AA80 油藏生产 7149 天时油藏水侵情况，其中黑色线条表示裂缝、溶洞及断层延伸方向。可以看出，TK630、TK636H、TK729、TK745、TK801（K）相比其余井受底水影响更为严重，部分底水沿着裂缝、溶洞等窜流通道流动。

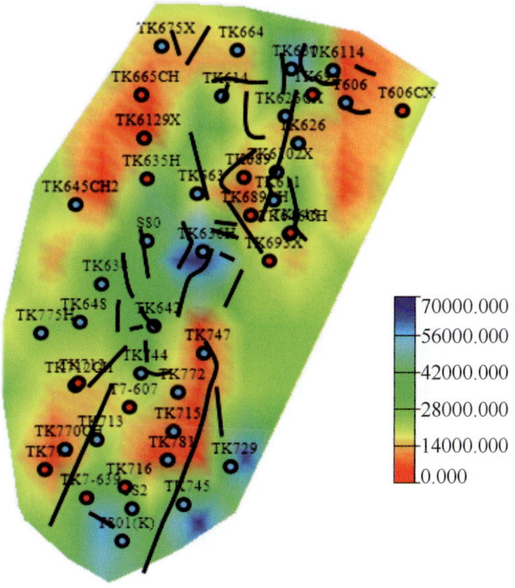

图 5-70　油藏水侵量图

5.3.3　注水受效分析及评价

上述示踪剂结果表明了井与井之间的连通情况，在此基础上以油井为中心分析其注采受效情况，并进一步验证其连通性模型的准确性。

1）典型井组分析

（1）TK715 井组注采受效分析。

该井单向受效，TK715 与 TK642 连通性明显，驱油效率 30%以上。该井最初底水锥进导致水淹，酸压后液量提高，随后采取控液措施。连通性结果显示，2009 年 4 月至 2009 年 9 月 TK642 第一次注水期间，产液 3412m^3，产油 1023m^3，其中由注入水驱替油量 291m^3，注水有效。之后于 2010 年 6 月至 2011 年 6 月 TK642 注水 7259m^3，驱替油量 1702m^3，含水率稳定，此阶段主要受注入水影响。之后 TK642 注水导致水窜，回采奥陶后仍受注水影响较大(见图 5-71)。

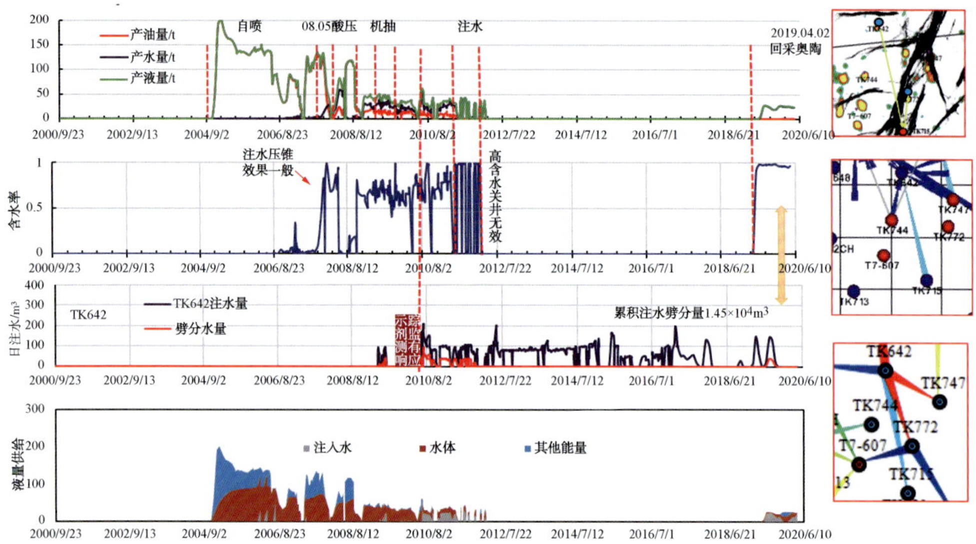

图 5-71　TK715 井组分析

(2) TK614 井组注采受效分析。

TK614 与 TK664、TK663、TK675X 响应明显，属于多向受效。TK614 前期自喷及机抽时期含水升高主要受水体影响。连通性结果显示，2005 年 12 月至 2006 年 10 月 TK664 井注水 4812m^3，由注入水驱替油量 1384m^3，由天然能量驱替油量 5866m^3，注水有效，之后于 2009 年 4 月 TK664 注水引起 TK614 含水开始缓慢上升，TK614 与 TK664 连通性很好。2009 年 4 月至 2014 年 7 月采用高压注水后含水迅速升高。在此阶段，TK614 产油 40383m^3，其中由 TK664 注入水驱替油量 8700m^3，TK663 注入水驱替油量 6148m^3，TK675X 注入水驱替油量 1738m^3，TK614 与 TK664、TK663、TK675X 连通性明显。后期 TK614 注气后产液上升，含水下降，水淹受底水与注入水双重影响(见图 5-72)。

(3) TK772 井组注采受效分析。

TK772 水淹主要受水体影响，开井高含水，堵水效果差，TK642 注水驱替效果差，注入水大多流向水体(见图 5-73)。

(4) TK675X 井组注采受效分析。

TK675 与 TK664 连通性较好，2011 年 7 月、2013 年 2 月、2019 年 2 月注水后产液明显上升，机抽阶段注气压锥有效，水淹主要受水体影响(见图 5-74)。

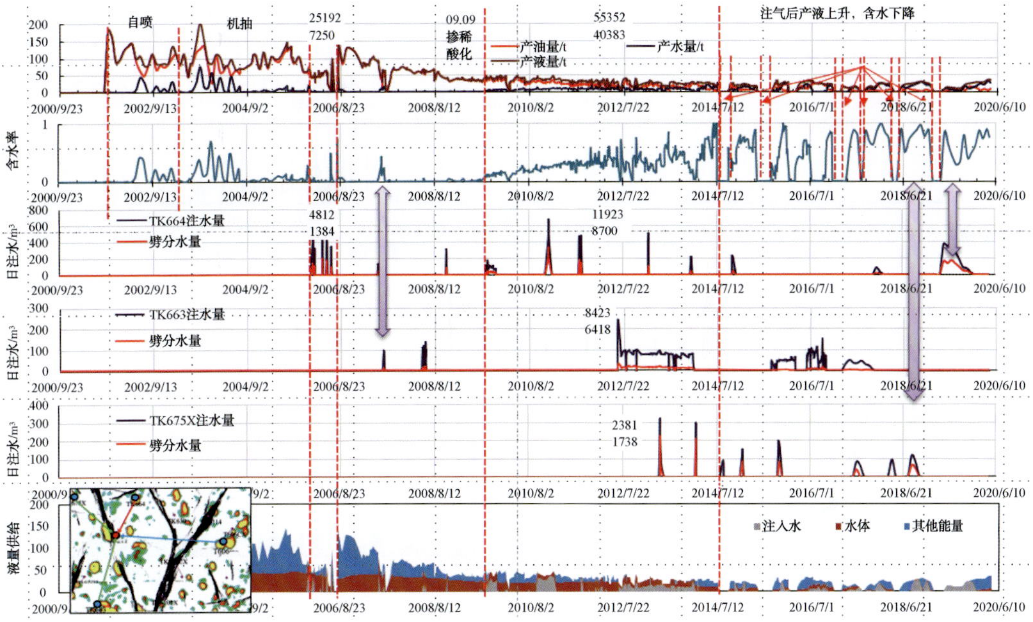

图 5-72　TK614 井组分析

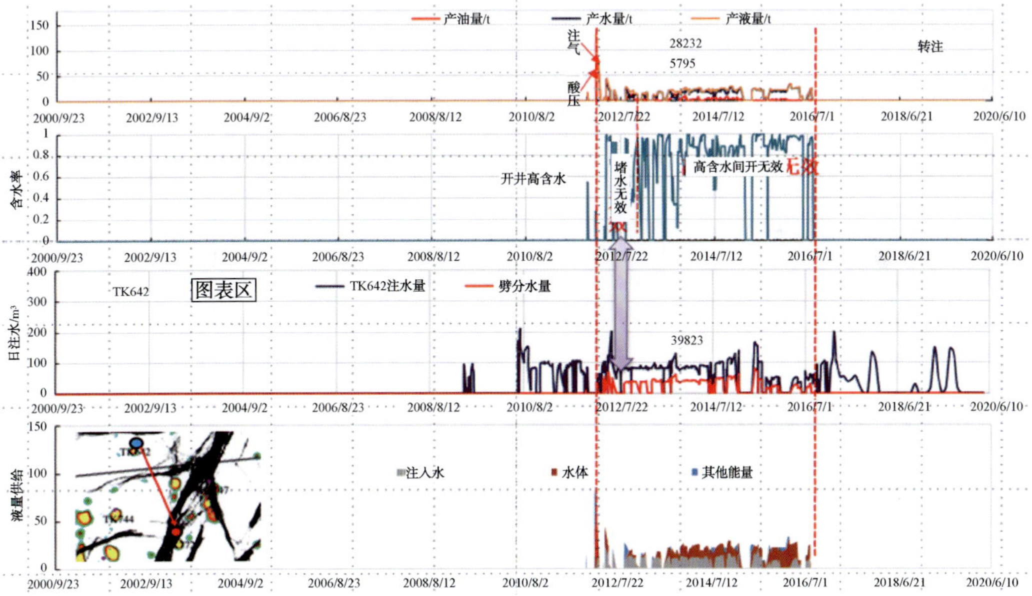

图 5-73　TK772 井组分析

（5）TK630 井组注采受效分析。

TK630 与 TK664、T606、TK614 连通性明显。TK664 注水正效，至 2011 年 8 月注水劈分水量 $1.7\times10^4m^3$ 后导致水窜，之后注水引起该井含水上升，T606 注水正效；TK614 注水负效(见图 5-75)。

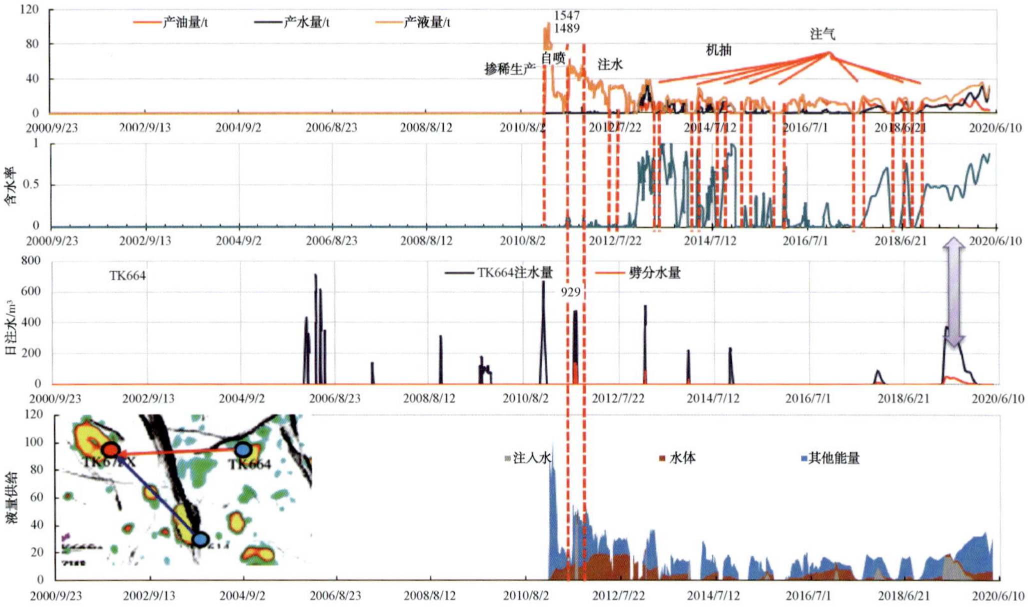

图 5-74　TK675X 井组分析

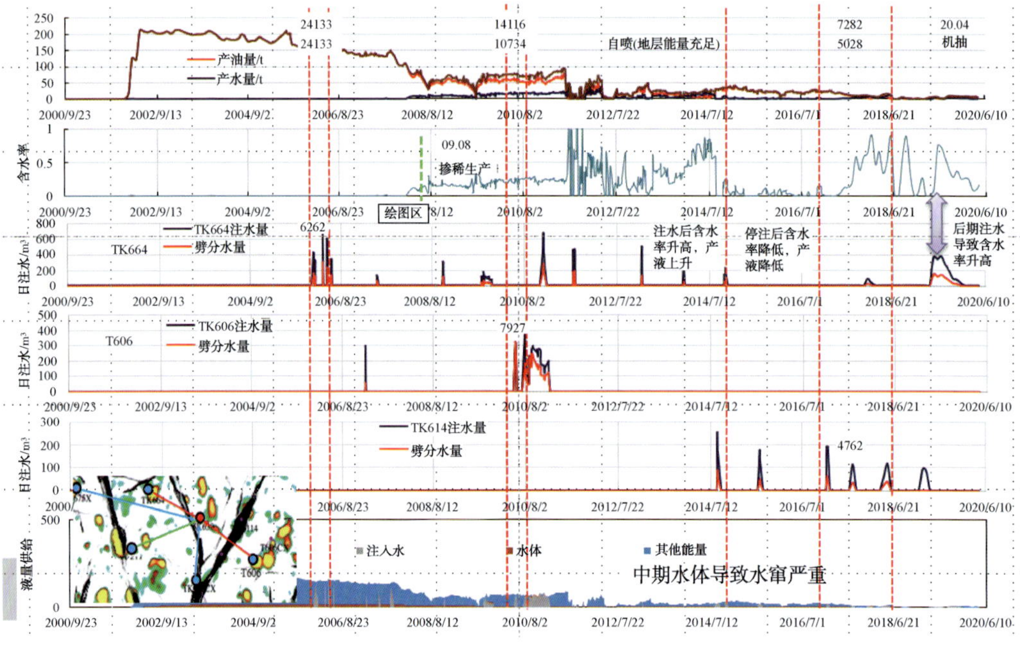

图 5-75　TK630 井组分析

（6）TK635H 井组注采受效分析。

TK635H 与 TK663 及 TK636H 动态响应，注水正效，后期水体锥进导致水淹（见图 5-76）。

（7）TK699 井组注采受效分析。

TK699 与 TK626CX 连通性明显，自喷阶段前期含水升高主要受到水体影响，2018 年 6 月后含水缓慢增加，主要受 TK626CX、TK614 注水影响（见图 5-77）。

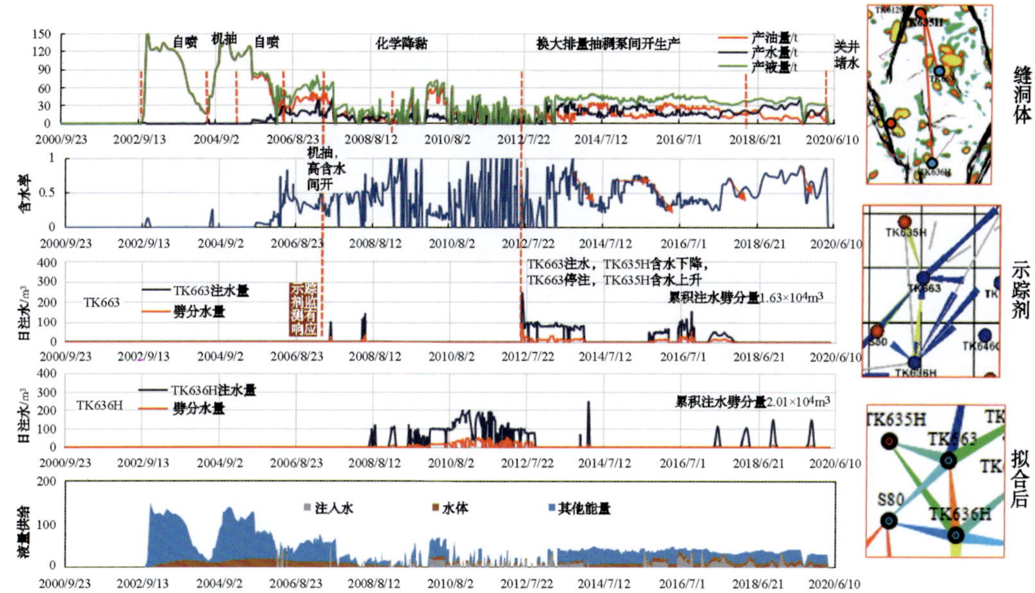

图 5-76　TK635H 井组分析

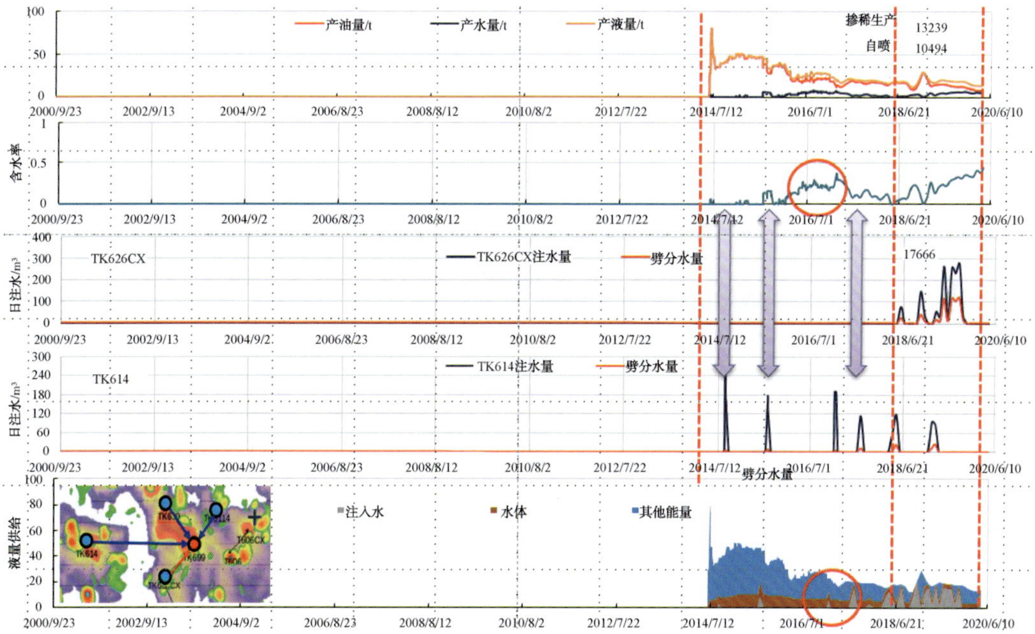

图 5-77　TK699 井组分析

（8）TK747 井组注采受效分析。

TK747 与 TK642、TK648、TK636H 连通性明显，前期含水升高受到水体及 TK648 影响，中后期主要由注入水提供能量，其中部分注入水流向水体（见图 5-78）。

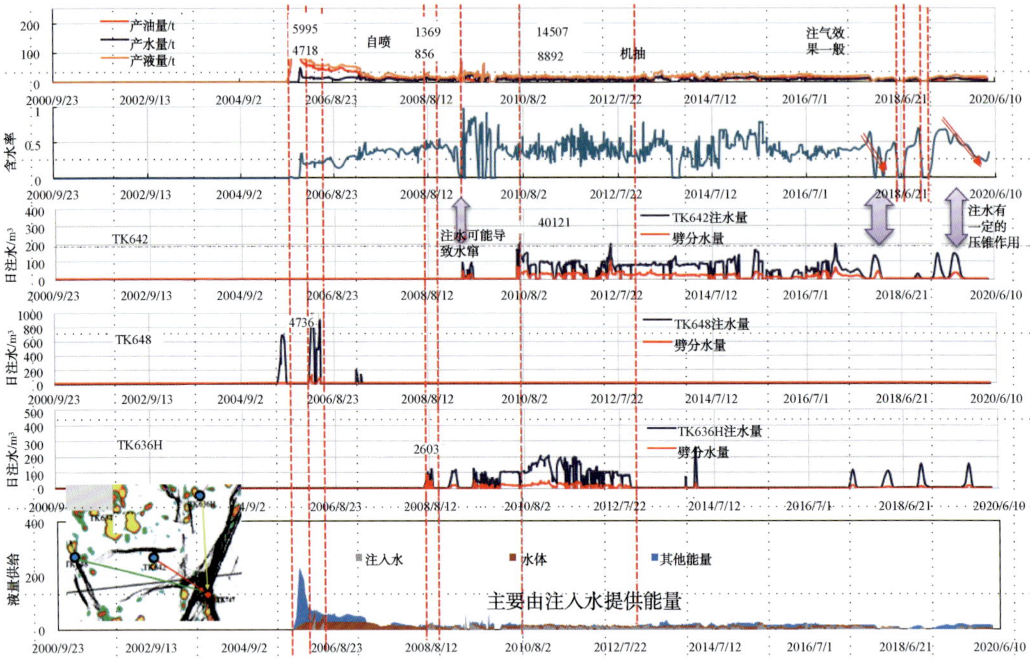

图 5-78　TK747 井组分析

(9) AA80 井组注采受效分析。

AA80 井与 TK642、TK634、TK663、TK636H 动态响应，整体注水正效，含水升高受水体和注入水双重作用(见图 5-79)。

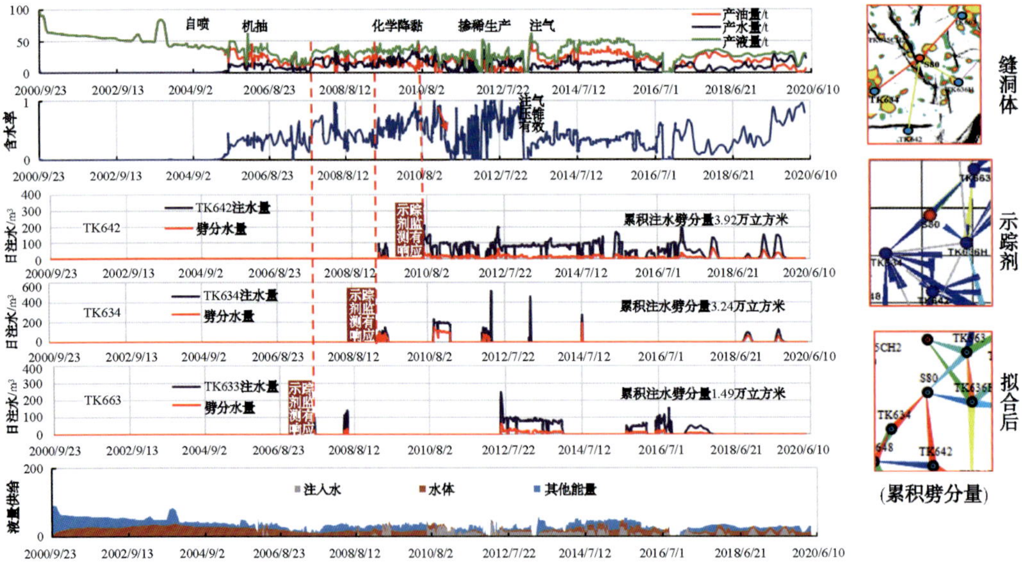

图 5-79　AA80 井组分析

(10) TK611 井组注采受效分析。

TK611 与 TK636H、TK646CH 连通性明显，TK663 注水向 TK663 劈分量较少受

效不明显。注水均呈正效，含水升高受注入水及水体双重影响(见图 5-80)。

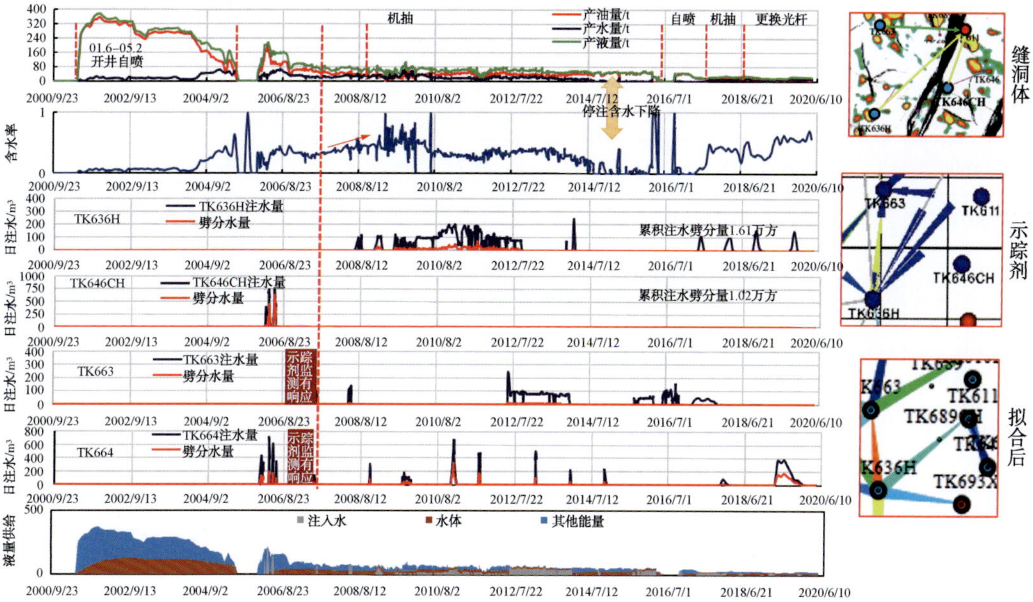

图 5-80　TK611 井组分析

2）基于连通性模型的注水受效分析

通过连通性模型计算得到 AA80 单元累积注水劈分系数分布，如图 5-81 所示，由此可以判断井间连通性的好坏。例如 TK634 与 AA80、TK648、TK744 劈分系数较大，井间连通储层物性较好，TK634 井注水主要流向 AA80、TK648、TK744 井(见表 5-1)。

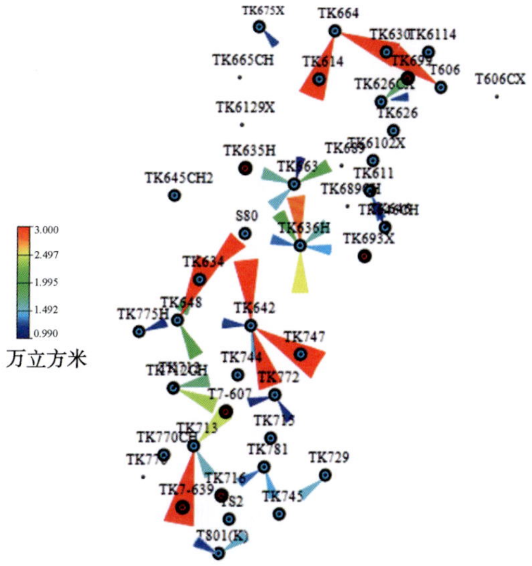

图 5-81　区块累积注水劈分示意图

表 5-1　注水主要流向表

井名	注水主要流向	井名	注水主要流向
TK664	TK614、TK630	TK729	TK745、TK715
TK675X	TK614、TK664	TK744	T7-607、TK634、TK648
T606	TK630、TK614、TK626	TK745	TK729
T801(K)	TK745、TK7-639、TS2	TK747	TK642
TK611	TK646CH、TK626	TK772	T7-607、TK729、TK747
TK614	TK6102X、TK630、TK635H	TK6114	T606CX
TK630	TK699、TK664、TK626	TK626CX	TK699、TK6102X、T606CX
TK646CH	TK636H、TK611	TK781	TK716、TK745、TS2
TK636H	AA80、TK611、TK635H	TK645CH	TK634、TK635H
TK634	TK648、AA80、TK744	TK712CH	T7-607、TK744、TK747
TK642	AA80、TK747、TK772	TK713	TK7-639、T7-607、TK716
TK648	TK634、T7-607	TK715	TK729
TK663	AA80、TK614、TK635H	—	—

对 AA80 注水利用率进行分析，至 2020 年 4 月，注水井平均注水利用率为 0.57，其中注水利用率较高的井 16 口，注水利用率较低的井 15 口(见图 5-82)。

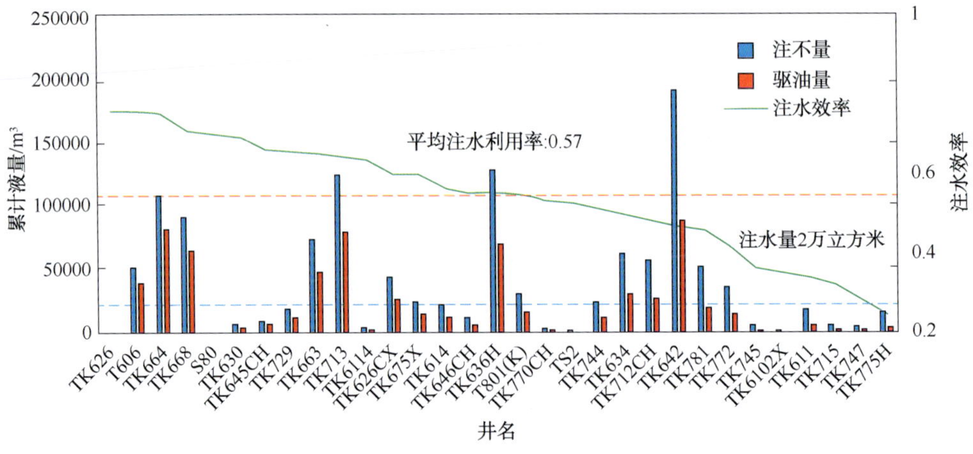

图 5-82　AA80 注水利用率

如图 5-83 所示，注水高效井集中在油藏北部，说明油藏北部储层物性及井间连通程度相比油藏南部更好，未来注水可考虑加大油藏北部注水规模。

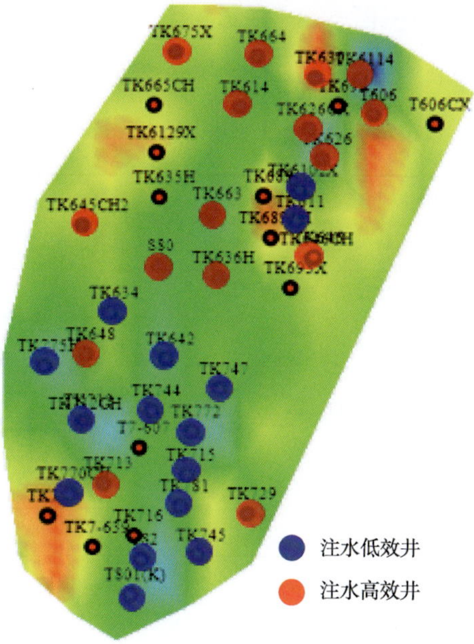

图 5-83　AA80 油藏含油饱和度与注水效率井叠合图

5.3.4　方案优化设计

对 AA80 基于现有井网进行为期两年的两种注采参数优化设计，一种是恒定强度注水优化，另一种是变强度注水优化(分为 8 个季度)。总优化 39 口井，其中水井 17 口(转注井 13 口)、油井 22 口(新井 2 口)。保持历史阶段末期单井注采液量不变，生产时间为 2 年，在优化方案中统一设定原油价格为 2145 元/立方米，产水成本为 18 元/立方米，注水成本为 38 元/立方米。如图 5-84、图 5-85 所示，较于原井网，现井网注水井数提高了 13 口，区块整体注水波及面积大幅度提高。

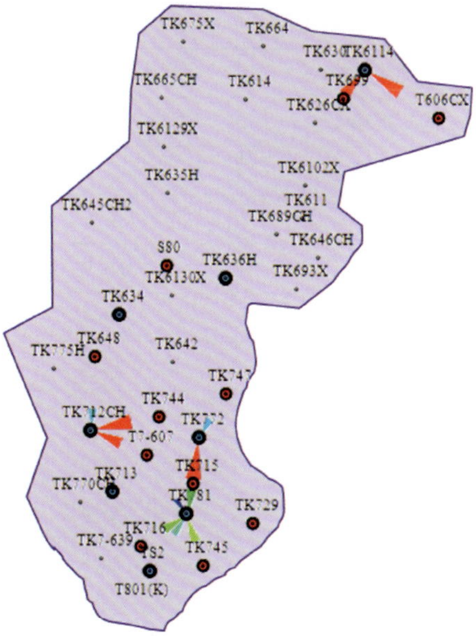

图 5-84　优化前瞬时注水劈分

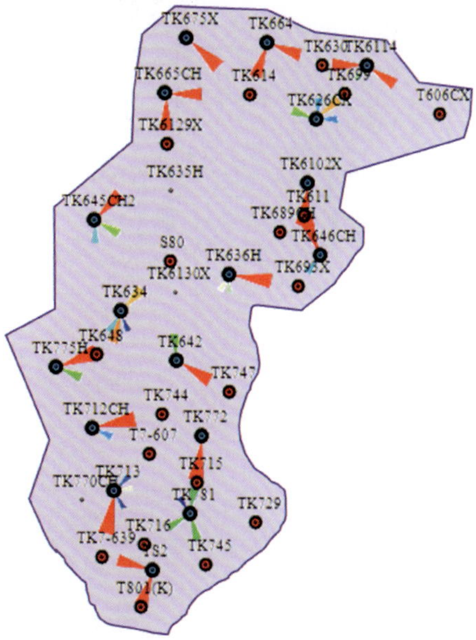

图 5-85　优化后瞬时注水劈分

1）恒定强度注水优化设计

（1）产液量、注水量优化结果，如表 5-2、表 5-3 所示。

表 5-2　注水井优化调控方案

井名	现产液量/(m^3/d)	优化措施	注水量/(m^3/d)
TK6102X	31.35	转注	32.8
TK634	38.66	转注	153.34
TK636H	31.88	转注	132.37
TK642	—	转注	16.7
TK646CH	—	转注	108.7
TK664	9.94	转注	1.4
TK712CH	-56.2	降注	6.2
TK713	21.58	转注	61.4
TK772	-155.35	降注	93.4
TK775H	18.97	转注	3.6
TK6114	-112.7	降注	12.1
TK626CX	10.7	转注	155.2
TK781	-69.8699	维持不变	69.4
TS2	25.98	转注	5.8
TK645CH	—	转注	131.89
TK665CH	—	转注	50.7
TK675X	31.9	转注	78.4

表 5-3　生产井优化调控方案

井名	现产液量/(m^3/d)	优化措施	注水量/(m^3/d)
AA80	29.87	提液	58.4
T7-607	18.24	提液	43.7
T801(K)	5.7	降液	4.2
TK611	22.2	提液	46.9
TK614	35	提液	59.5
TK630	6.51	提液	37.9
TK635H	—	维持不变	—
TK648	14	提液	26.9
TK693X	31.98	提液	55.4
TK699	13.81	提液	26.9
TK715	24.44	提液	45.3
TK716	18.6	提液	36.2

续表

井名	现产液量/(m^3/d)	优化措施	注水量/(m^3/d)
TK729	9.7	降液	8.9
TK744	25.33	提液	33.6
TK745	1.2	降液	1.1
TK747	12.8	提液	22.9
TK7-639	56.5	提液	79.5
T606CX	14.4	提液	37.7
TK689CH	19.8	提液	32.4
TK770CH	—	维持关井	—
TK6129X(新井)	14.7	提液	28.6
TK6130X(新井)	—	提液	40

(2)单元生产指标。

优化结果显示：AA80 单元优化前后累产液增加 $9.41\times10^4m^3$，累产油增加 $10.73\times10^4m^3$，累注水增加 $51.85\times10^4m^3$，累产水减少 $1.33\times10^4m^3$，含水率整体下降约 11.14%。优化前注水效率 48.6%，优化后注水效率 65.8%，注水效率提高 35.4%(见图 5-86、图 5-87)。

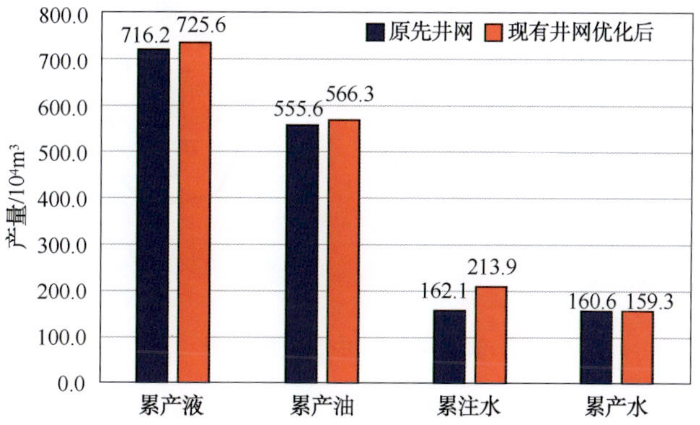

图 5-86 单元统计

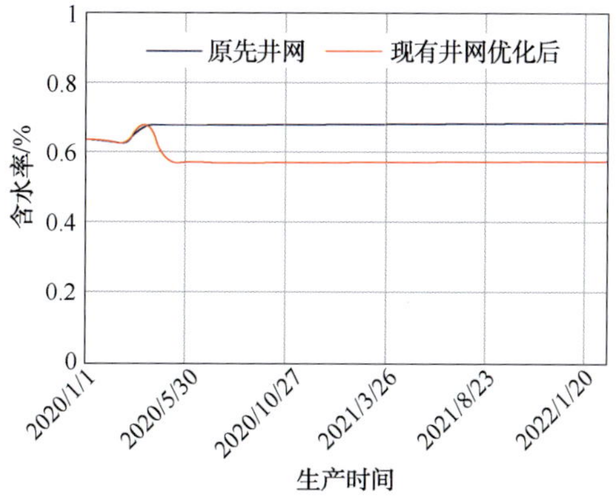

图 5-87 单元含水率

(3)效果预测。

实施优化方案后，基于连通性模型预测 AA80 优化阶段各单井的优化效果，优化后单井累积增油量为 $0.25\times10^4\sim2.17\times10^4$t，最大增油是 TK630 井和 AA80 井，最小增油是 TK648 井，平均增油 1.02×10^4t，增油量为 $0.6\times10^4\sim1.6\times10^4$t。

预测单井含水率下降幅度：在-20%和 81%之间，最大含水下降是 AA80 井，下降幅度 39%，除新井 TK6130X 含水上升 81%外，最大含水上升是 T7-607 井，含水上升 20%，单元平均含水下降 3.3%(见图 5-88、图 5-89、表 5-4、表 5-5)。

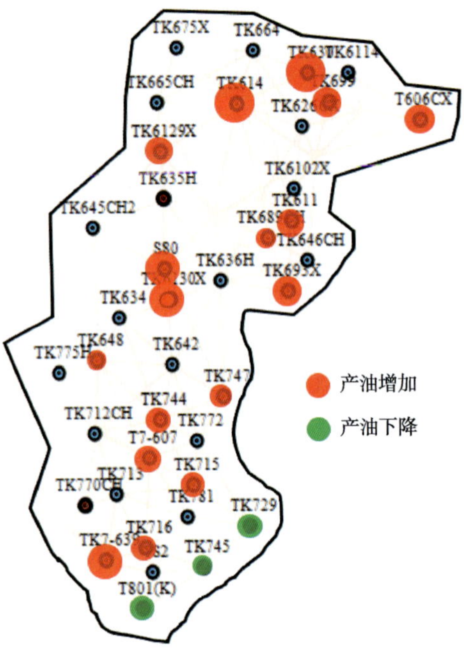

图 5-88　单井产油预测

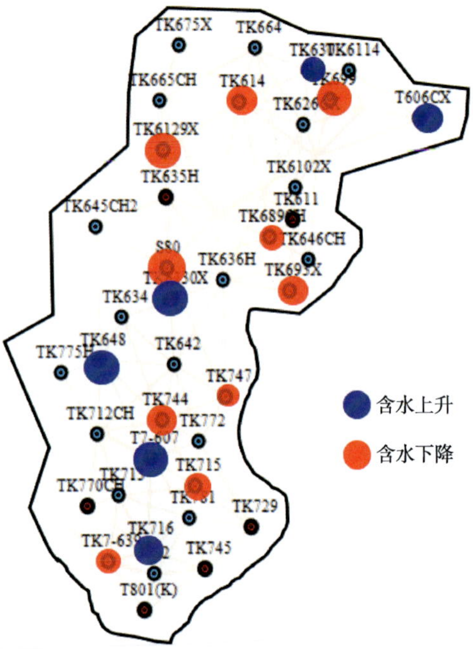

图 5-89　单井含水率预测

表 5-4　单井产油预测表

井名	累产液/t	累产油/t	累增油/t
AA80	303400	184900	21300
T7-607	668600	535400	8800
T801(K)	430600	362100	-1400
TK611	727200	488600	8000
TK614	373100	360500	17700
TK630	545800	533100	21700
TK635H	287600	273800	0
TK648	202600	141800	2500
TK693X	93480	37470	10330
TK699	75950	68270	11200
TK715	266500	141800	6800

续表

井名	累产液/t	累产油/t	累增油/t
TK716	326000	270600	6100
TK729	153600	65430	-650
TK744	226300	173300	6700
TK745	198800	169700	-64
TK747	145500	114500	4500
TK7-639	351200	340800	16000
T606CX	103100	77410	11330
TK689CH	36270	11000	2834
TK770CH	415	394	0
TK6129X	21320	16260	9132
TK6130X	28800	8788	8788

表 5-5 单井含水率预测表

井名	优化前	优化后	变化下降幅度
AA80	0. 61	0. 22	0. 39
T7-607	0. 24	0. 44	-0. 20
T801(K)	0. 16	0. 28	-0. 12
TK611	0. 58	0. 58	-0. 00
TK614	0. 16	0. 09	0. 07
TK630	0. 01	0. 04	-0. 04
TK635H	1	1	0
TK648	0. 46	0. 62	-0. 16
TK693X	0. 67	0. 47	0. 20
TK699	0. 43	0. 13	0. 30
TK715	0. 94	0. 77	0. 17
TK716	0. 43	0. 49	-0. 06
TK729	0. 72	0. 85	-0. 13
TK744	0. 63	0. 43	0. 20
TK745	0. 30	0. 32	-0. 02
TK747	0. 42	0. 41	0. 01
TK7-639	0. 06	0. 06	0. 01
T606CX	0. 12	0. 26	-0. 15
TK689CH	0. 71	0. 70	0. 01
TK770CH	1	1	1
TK6129X	0. 42	0. 21	0. 21
TK6130X	0. 00	0. 81	-0. 81

2）变强度注水优化设计

为探究注水强度改变时的优化调控方案实施效果，优化采用变强度注水方式，给定优化初值与恒定强度优化一致，分为8个季度实施优化。优化结果：自动优化得到的优化措施与恒定强度注水一致，且优化数值差别不大，说明该优化调控方案已接近了最优。

（1）产液量、注水量优化结果，如表5-6、表5-7所示。

表5-6　注水井优化调控方案

井名	现产液量（m^3/d）	现产油量（m^3/d）	优化初值（m^3/d）	优化措施	优化后产液量（m^3/d）—季度							
					一	二	三	四	五	六	七	八
TK6102X	31.35	6.78	50	转注	36.3	33.5	30.4	32.3	35.8	33.7	39.5	39.2
TK634	38.66	0.62	50	转注	143.3	153.8	155.6	162.2	147.8	149.9	148.9	155.5
TK636H	31.88	8.53	50	转注	131.6	134.4	134.9	134.3	133.6	133.2	126.9	129.2
TK642	—	—	50	转注	19.7	17.5	17.5	13.1	10.7	17.6	17.3	14.9
TK646CH	—	—	50	转注	106.3	105.4	102.0	103.7	101.1	102.1	108.8	109.9
TK664	9.94	9.79	50	转注	1.0	0.9	1.4	2.0	1.8	1.5	1.6	1.4
TK712CH	-56.2	0	56.2	降注	6.6	8.0	9.2	9.3	9.3	7.8	7.8	5.4
TK713	21.58	2.81	50	转注	96.2	96.1	95.7	93.5	93.5	93.8	95.3	94.8
TK772	-155.35	0	155.35	降注	86.1	91.8	99.8	107.8	107.1	100.0	103.7	106.5
TK775H	18.97	3.78	50	转注	2.6	3.1	3.3	4.6	3.3	2.8	2.4	2.6
TK6114	-112.7	0	112.7	降注	16.8	14.3	12.1	14.3	11.8	12.5	8.8	8.8
TK626CX	10.7	0.20	50	转注	65.7	61.2	69.0	73.1	75.7	77.3	66.9	77.3
TK781	-69.8699	0	69.8699	降注	68.1	70.2	65.0	58.7	66.0	67.2	71.5	69.9
TS2	25.98	7.25	50	转注	4.6	4.8	4.3	4.2	5.9	7.4	8.7	7.2
TK645CH	—	—	50	转注	136.1	138.4	128.2	127.0	122.9	110.3	113.8	133.3
TK665CH	—	—	50	转注	48.7	51.8	59.5	52.6	48.3	50.8	43.2	49.5
TK675X	31.9	3.64	50	转注	70.9	80.3	80.8	85.2	83.9	88.2	87.9	83.6

表5-7　生产井优化调控方案

井名	现产液量（m^3/d）	现产油量（m^3/d）	优化初值（m^3/d）	优化措施	优化后产液量（m^3/d）—季度							
					一	二	三	四	五	六	七	八
AA80	29.87	6.36	29.87	提液	58.4	66.7	64.8	63.0	63.1	62.5	69.6	69.5
T7-607	18.24	12.68	18.24	提液	51.0	51.1	50.4	48.9	53.4	51.6	45.4	43.9
T801(K)	5.7	3.21	5.7	降液	3.6	4.0	3.6	5.1	4.4	4.0	3.5	4.1
TK611	22.2	9.35	22.2	提液	43.6	49.5	50.1	47.3	46.1	46.2	46.1	47.7

续表

井名	现产液量 (m^3/d)	现产油量 (m^3/d)	优化初值 (m^3/d)	优化措施	优化后产液量(m^3/d)—季度							
					一	二	三	四	五	六	七	八
TK614	35	9.02	35	提液	63.1	62.2	61.8	64.9	64.5	60.2	66.4	65.9
TK630	6.51	5.41	6.51	提液	41.9	39.7	39.0	42.2	38.6	41.5	40.7	42.6
TK635H	—	—	10	维持关井	—	—	—	—	—	—	—	—
TK648	14	13.95	14	提液	30.4	28.1	27.7	27.3	30.2	30.9	30.0	28.4
TK693X	31.98	10.62	31.98	提液	48.0	53.9	58.1	59.2	57.2	55.0	59.2	60.5
TK699	13.81	7.56	13.81	提液	28.5	28.6	26.3	25.8	29.4	28.9	27.5	26.5
TK715	24.44	0.74	24.44	提液	45.7	41.8	40.5	41.6	43.8	49.0	49.7	51.3
TK716	18.6	6.44	18.6	提液	37.8	37.1	31.5	34.4	34.8	37.8	43.0	39.8
TK729	9.7	9.53	9.7	降液	8.9	8.9	8.9	8.9	8.9	8.9	8.9	8.9
TK744	25.33	7.17	25.33	提液	34.4	31.1	28.4	30.5	34.9	37.5	39.3	37.1
TK745	1.2	0.34	1.2	降液	0.9	0.9	1.0	0.9	0.7	0.9	0.7	0.7
TK747	12.8	8.24	12.8	提液	24.2	24.6	25.8	23.8	22.1	26.6	27.6	26.6
TK7-639	56.5	7.84	56.5	提液	72.9	78.0	81.6	86.3	88.9	84.3	83.0	84.1
T606CX	14.4	6.27	14.4	提液	37.2	39.1	38.9	39.8	32.8	38.1	37.6	40.9
TK689CH	19.8	17.75	19.8	提液	38.5	39.3	35.3	35.7	31.8	29.4	31.4	33.8
TK770CH	—	—	10	维持关井	—	—	—	—	—	—	—	—
TK6129X	14.7	12.7	14.7	提液	30.2	28.3	29.1	27.3	30.0	29.3	28.1	31.3
TK6130X	—	—	10	提液	42.2	36.3	51.1	45.6	38.5	40.9	50.3	55.2

(2) 单元生产指标。

根据现有井网优化油水井未来两年(分为 8 个季度)注采量，优化效果：AA80 单元优化前后累产液增加 $12\times10^4m^3$，累产油增加 $12.1\times10^4m^3$，累注水增加 $48.2\times10^4m^3$，累产水减少 $0.1\times10^4m^3$，含水率整体下降约 9.4%。优化结果显示，注采比为 1.4，经济效益增加 2.58 亿元。优化前注水效率 48.6%，优化后注水效率 63.7%，注水效率提高 31.07%(见图 5-90~图 5-92)。

3) 优选实施井组——TK636H 井组

实施过程中，应甲方要求特别对 TK636H 井组进行生产优化，优化结果如下所示。

(1) 产液量、注水量优化结果，如表 5-8 所示。

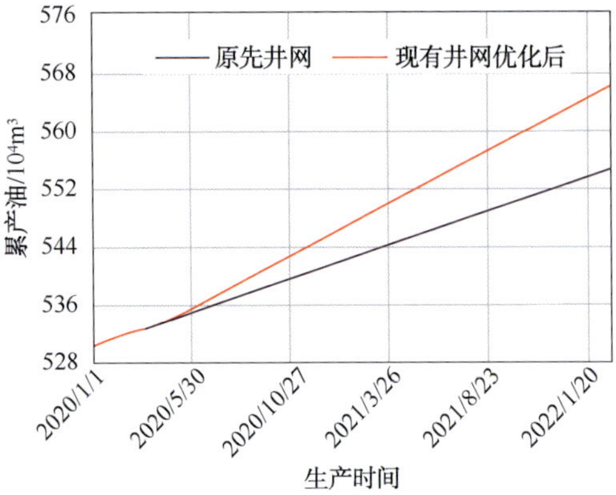

图 5-90　单元累产油

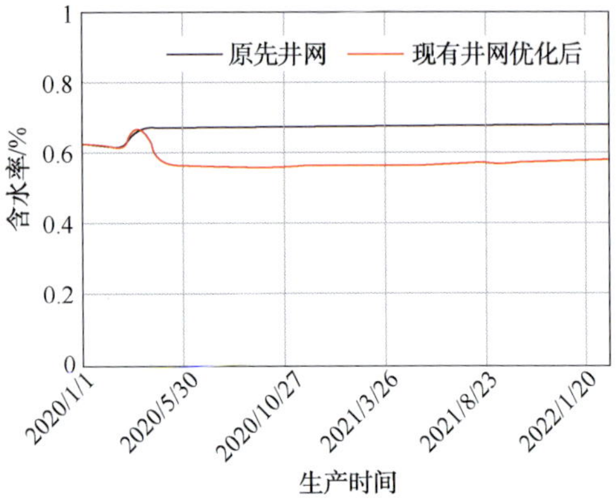

图 5-91　单元含水率

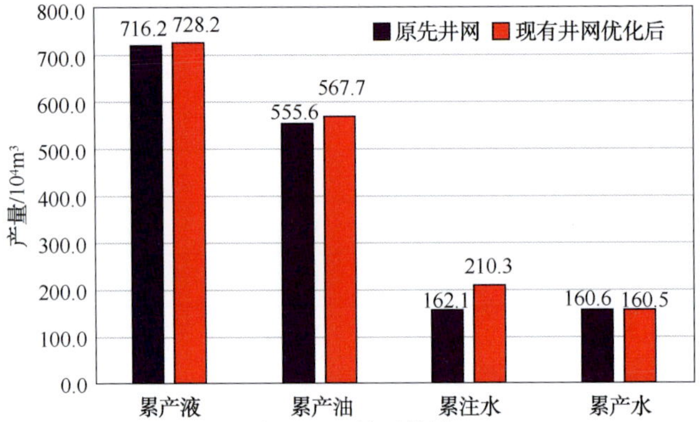

图 5-92　单元统计

表 5-8　TK636H 井组调控措施表

注水井	优化注入量(m^3/d)	油井	优化产液量(m^3/d)
TK636H	837	AA80	132
		TK611	121
		TK646CH	80
		TK693X	164
		TK693X	818
		TK747	59
		TK689CH	60
		TK6130X	81

(2)单元生产指标及效果预测。

在优化实施过程中，TK636H 优化初值为 800m^3/d。采用注采协同优化，各油井优化后普遍大幅提液，因此该井组日产油明显提升，但整体来看，含水率有升有降。早期由于提液，油井流压下降，底水侵入，产油小幅下降，后期注水受效，液量上升，产油增加。各井受效响应时间较快(10~15d)，与该井前期示踪剂见剂时间吻合(8~17d)，各井还受其他水井协同作用。TK689CH 优化后日产油从 5.9m^3/d 变为

19.9m³/d，含水率小幅下降；TK646CH 日产油从 0m³/d 变为 8.0m³/d，两口井主要受 TK636H 注水影响，TK611 井日产油从 9.6m³/d 变为 24.5m³/d，含水上升，主要受 TK6102X 和 TK636H 影响。对于 TK689CH 井，周围协同水井注水贡献累产油量分别为：TK636H，0.31×10⁴m³；TK6102X，0.10×10⁴m³。对于 TK646CH 井，周围协同水井注水贡献累产油量分别为：TK636H，0.15×10⁴m³。TK646CH 井，周围协同水井注水贡献累产油量分别为：TK636H，0.01×10⁴m³；TK6102X，0.12×10⁴m³。

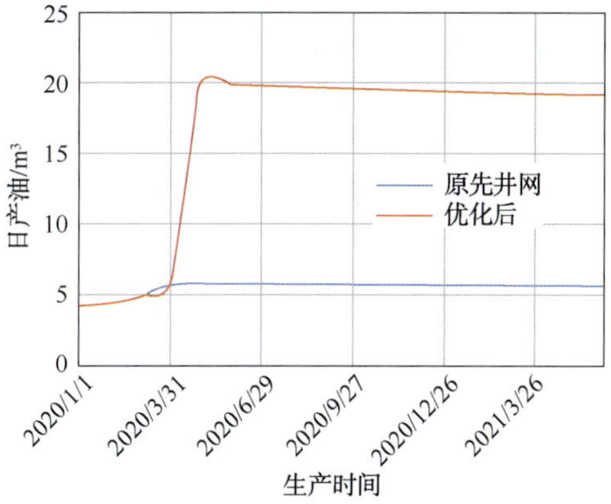

图 5-93　TK689CH 井日产油

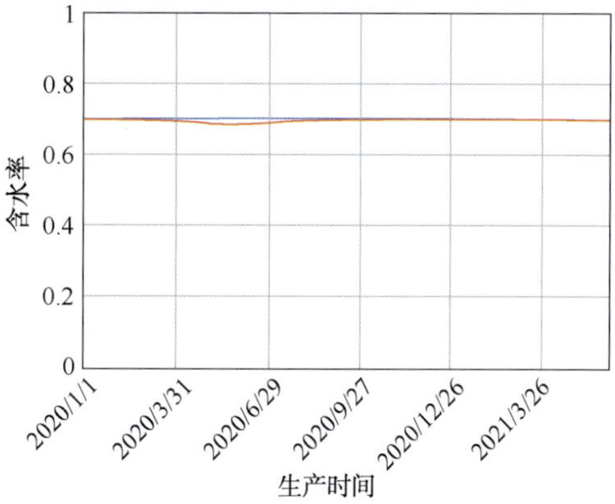

图 5-94　TK689CH 井含水率

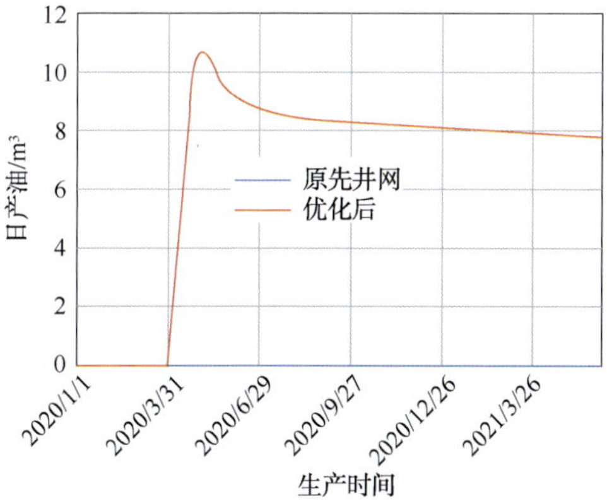

图 5-95　TK646CH 井日产油

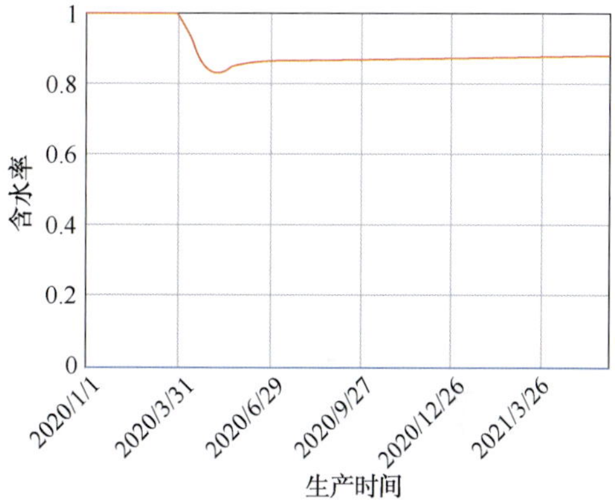

图 5-96　TK646CH 井含水率

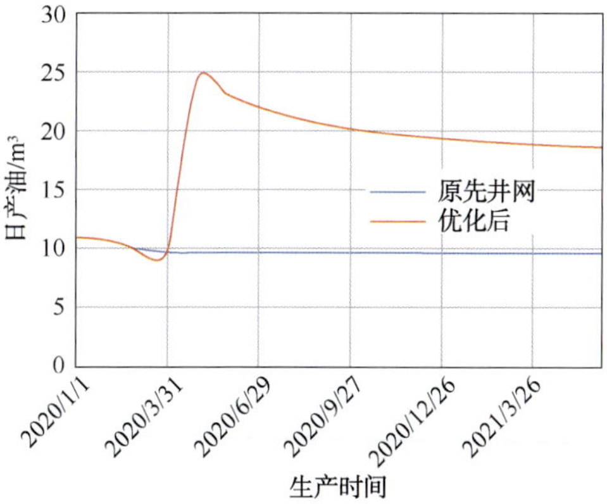

图 5-97　TK611 井日产油

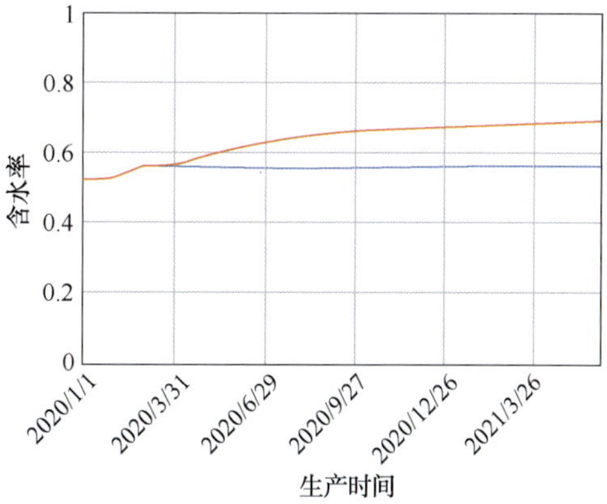

图 5-98　TK611 井含水率

TK693X 井提液优化后日产油从 12.2m³/d 变为 48.1m³/d；TK747 井提液优化后日产油从 7.4m³/d 变为 33.6m³/d，两口井主要受 TK636H 注水影响，AA80 提液优化后日产油从 12.8m³/d 变为 53.3m³/d，含水下降，受 TK634、TK645CH2 和 TK636H 影响。注水量增大，注水井底压力增大，生产井提液但压力降低相对缓慢，水侵量增大，但暴性水淹风险较低（见图 5-99～图 5-103）。

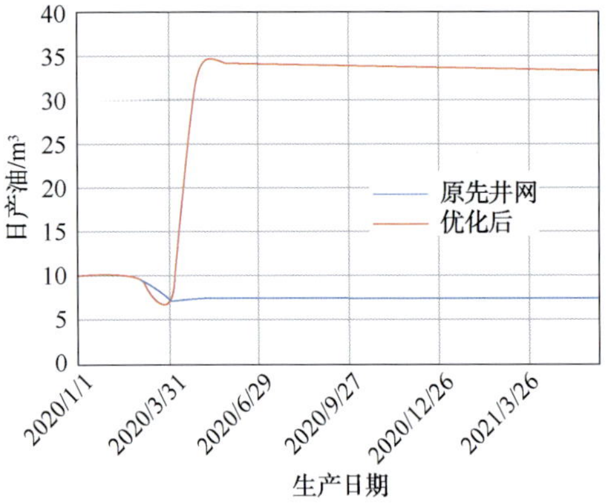

图 5-99　TK693X 井日产油

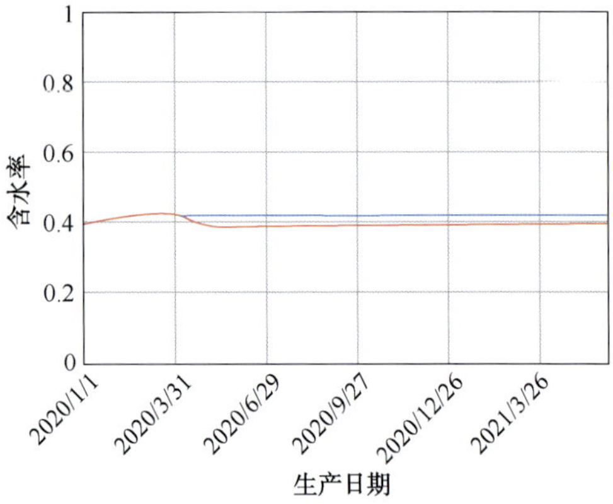

图 5-100　TK693X 井含水率

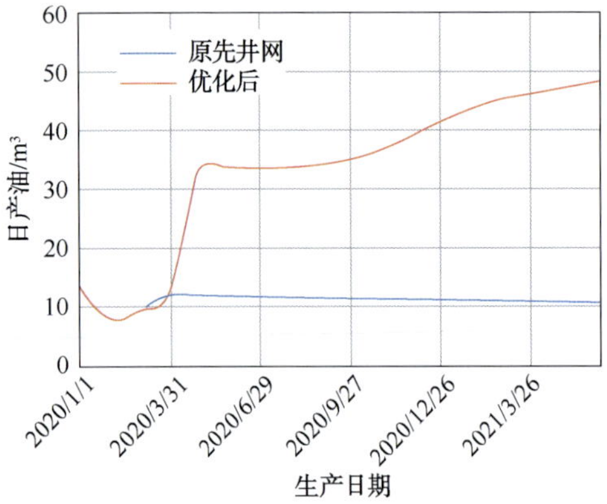

图 5-101　TK747 井日产油

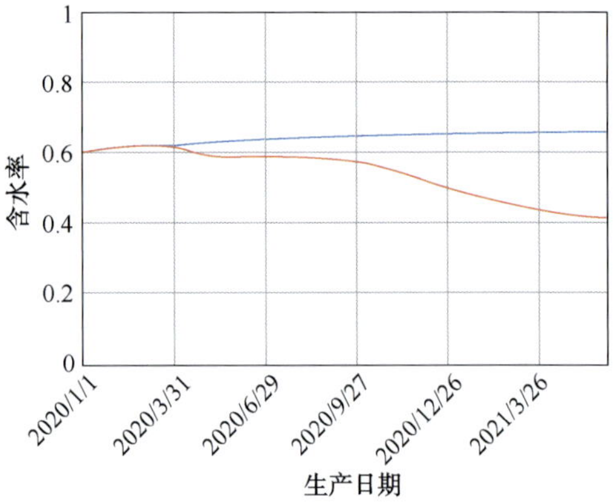

图 5-102　TK747 井含水率

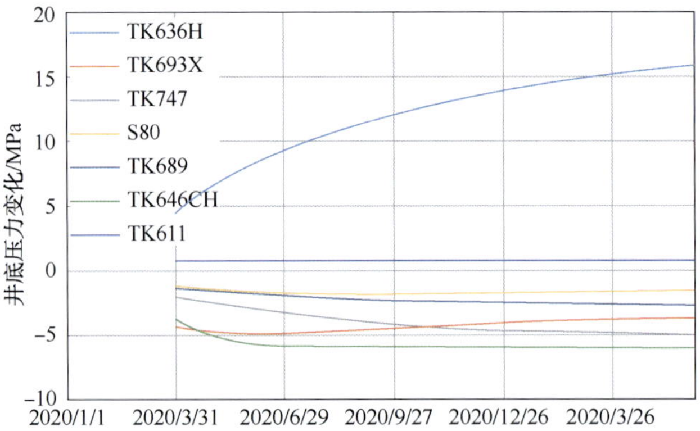

图 5-103　各井井底压力变化

5.4 注采参数智能优化软件

5.4.1 基于数值模拟的生产优化

软件功能如下：

(1) 设计了生产优化软件的前处理界面模块，可以直接通过界面来调用 Eclipse 软件，进一步实现优化过程；

(2) 生产优化软件前处理界面模块，能够进一步实现在界面进行优化参数、控制变量的设置；

(3) 设计了生产优化软件的后处理界面模块，能够实现对输出数据(包括 NPV 值、区块参数、单井控制变量)文件的拖曳操作并绘制数据表格；

(4) 生产优化软件后处理界面模块，能够实现对输出数据(包括 NPV 值、区块参数、单井控制变量)的折线图绘制；

(5) 生产优化软件后处理界面模块，能够实现对单井控制变量的色阶图绘制；

(6) 添加工具模块，能够实现对 Schedule 文件的改写。

生产优化界面设计效果如图 5-104～图 5-113 所示，分别为生产优化主界面、生产优化运行界面、参数设置界面、优化变量设置界面、NPV 结果表格显示、NPV 结果曲线图显示、优化结果表格显示、优化结果曲线图显示、优化后单井工作制度色阶图显示、优化后单井工作制度曲线图显示。

图 5-104　生产优化主界面

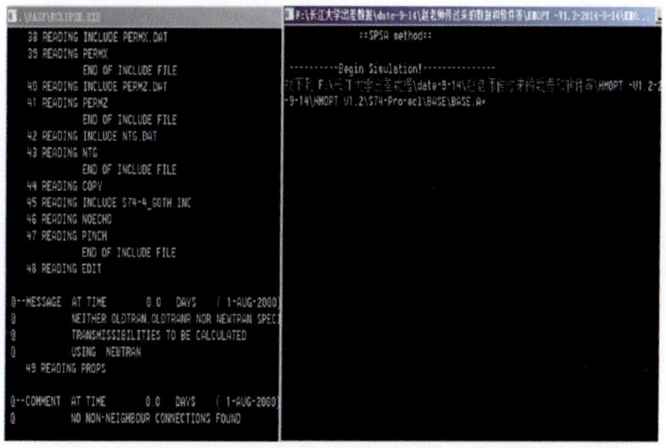

图 5-105　生产优化运行界面

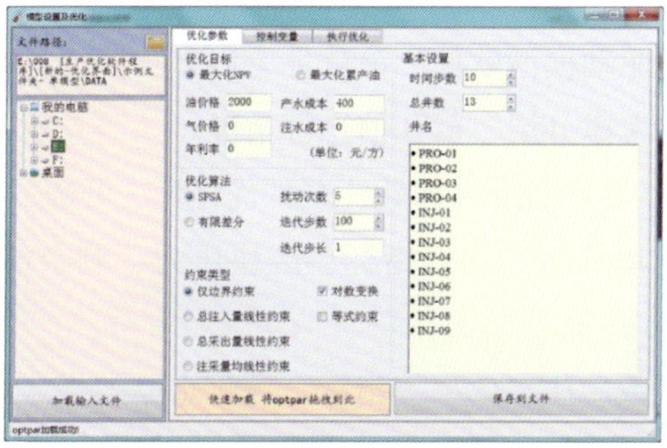

图 5-106　参数设置界面

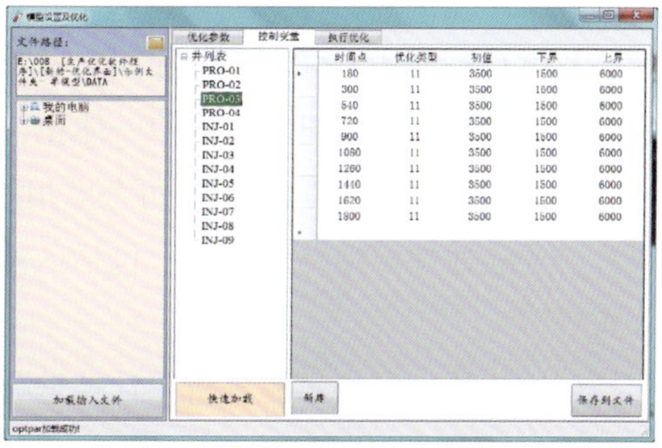

图 5-107　优化变量设置界面

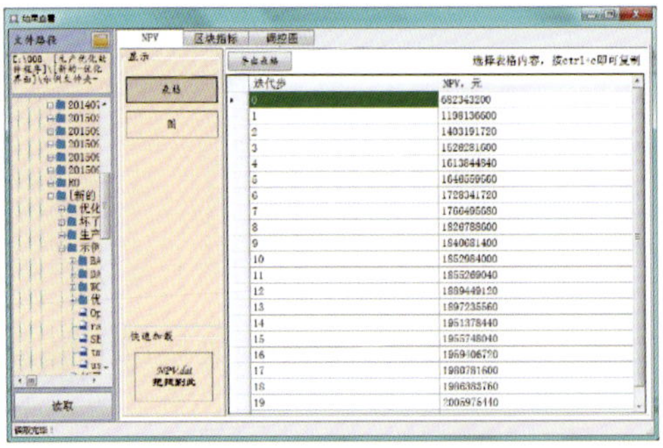

图 5-108　NPV 结果表格显示

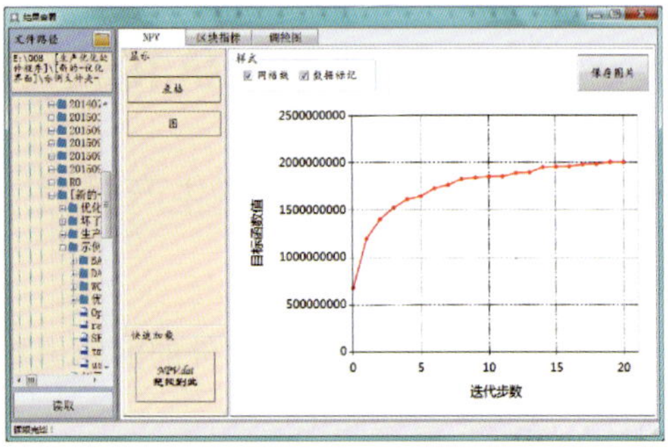

图 5-109　NPV 结果曲线图显示

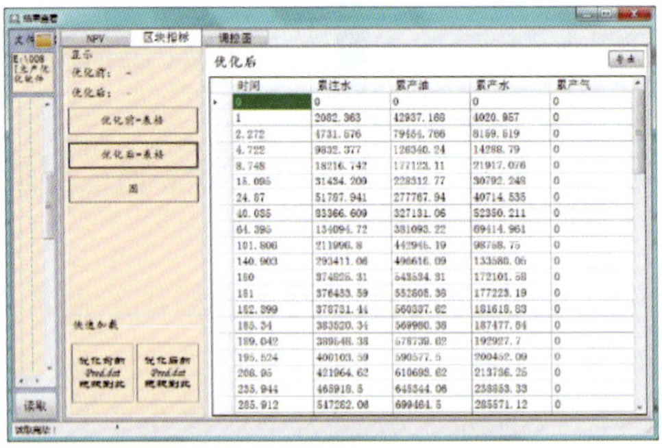

图 5-110　优化结果表格显示

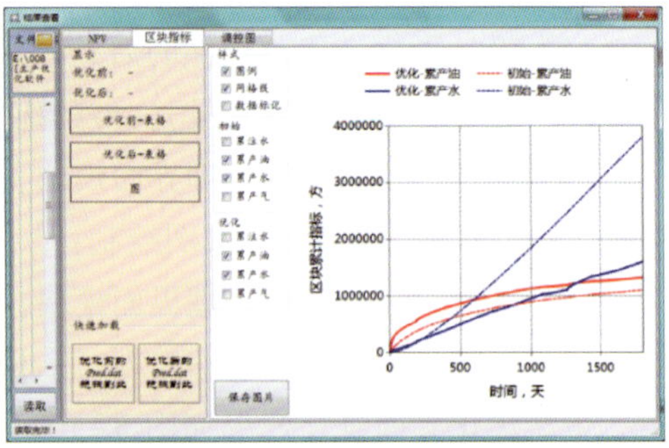

图 5-111　优化结果曲线图显示

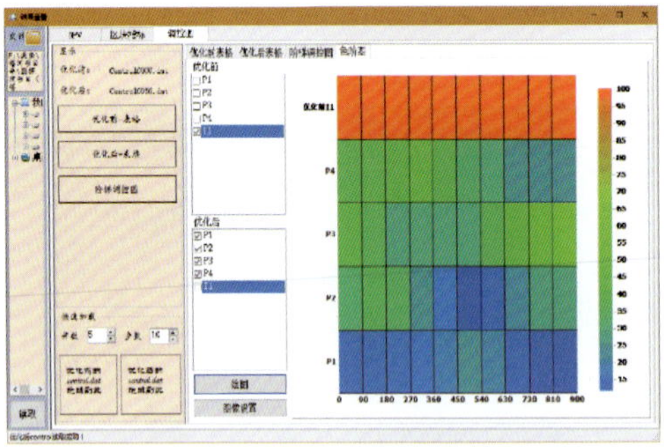

图 5-112　优化后单井工作制度色阶图显示

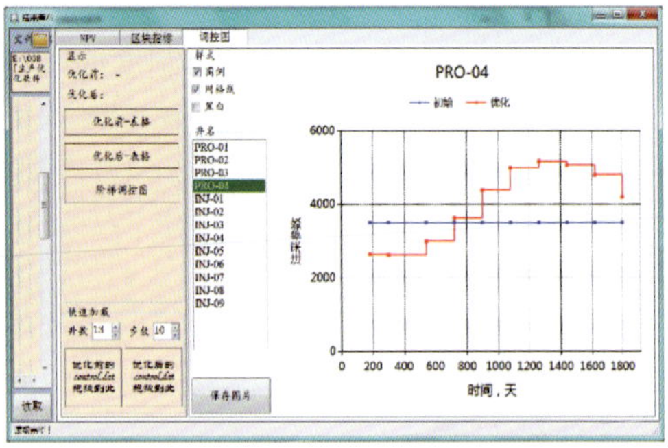

图 5-113　优化后单井工作制度曲线图显示

5.4.2　基于油藏工程的生产优化

采用 C++编程语言，设计和编制了数据驱动模型软件，该软件有以下功能特点：

（1）连通性模型建模及模拟一体化，可考虑分层、射孔信息等情况。

（2）连通性模型历史拟合(可考虑相渗)、生产优化一体化，多种优化算法可选。

（3）连通性模型结果输出，包括区块、单井生产动态指标、区块压力、剩余油分布等。

（4）连通性模型水驱分析，计算劈分系数、注水效率等指标，评价水驱效果。

（5）通过改变插值方式，添加边界选项，使图片更加直观。

（6）新增模型模块，仅需输入油水井生产动态、油藏物性参数、调堵参数等数据，直接生成模型计算文件，极大地减少了人工建模时间。

油藏工程的生产优化界面如图 5-114~图 5-118 所示。

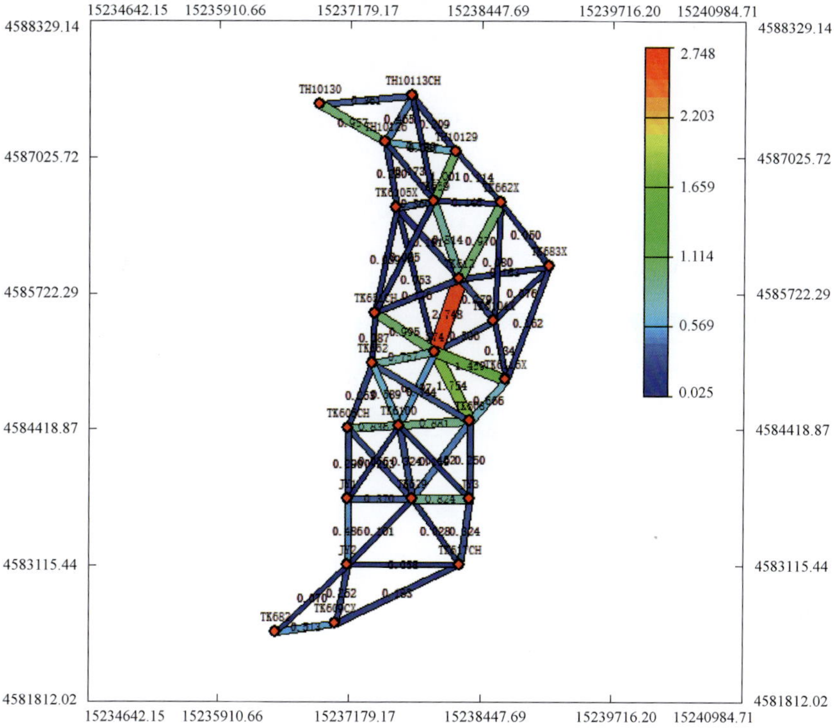

图 5-114　传导率

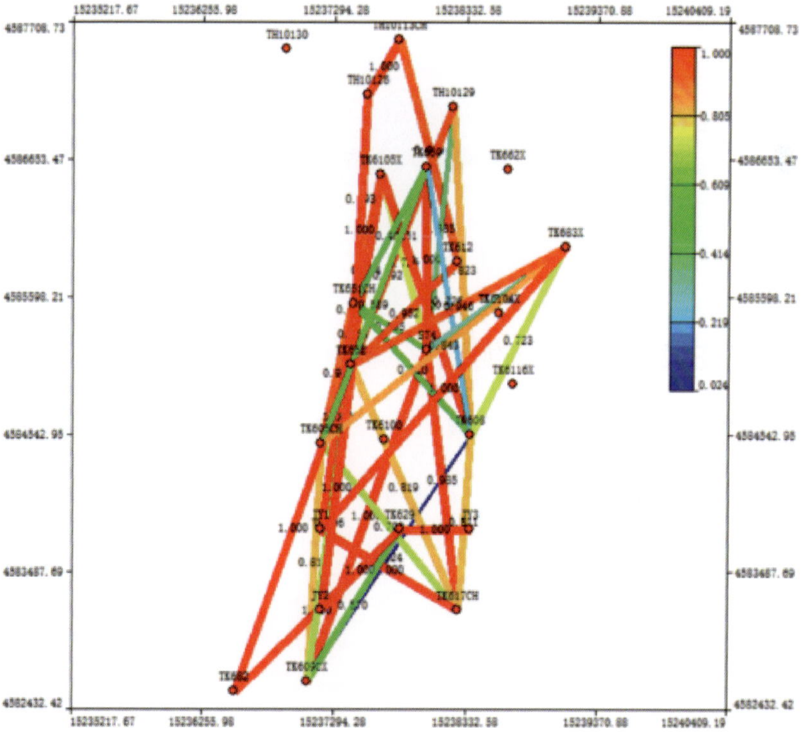

图 5-115　瞬时注水效率

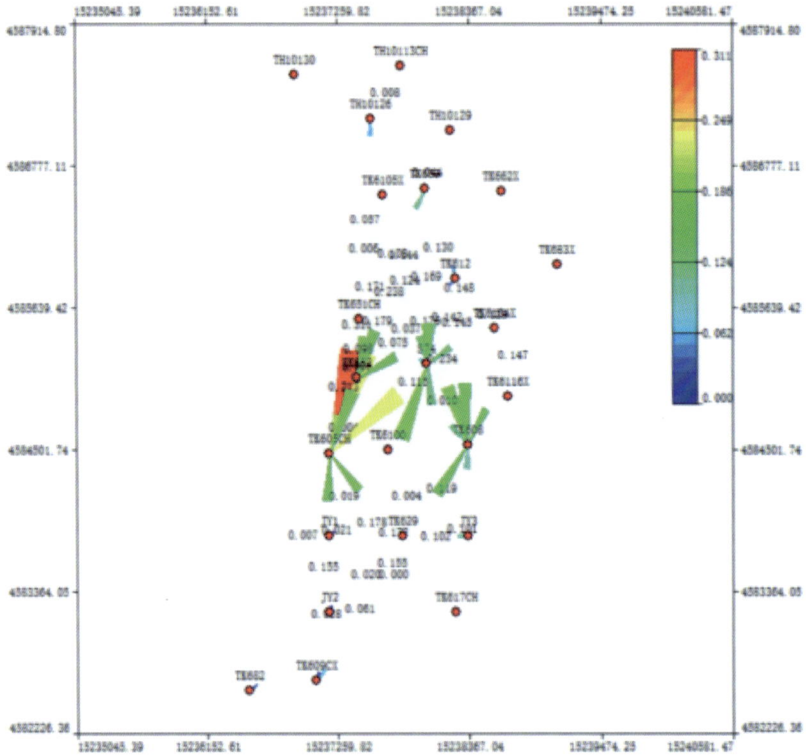

图 5-116　劈分系数

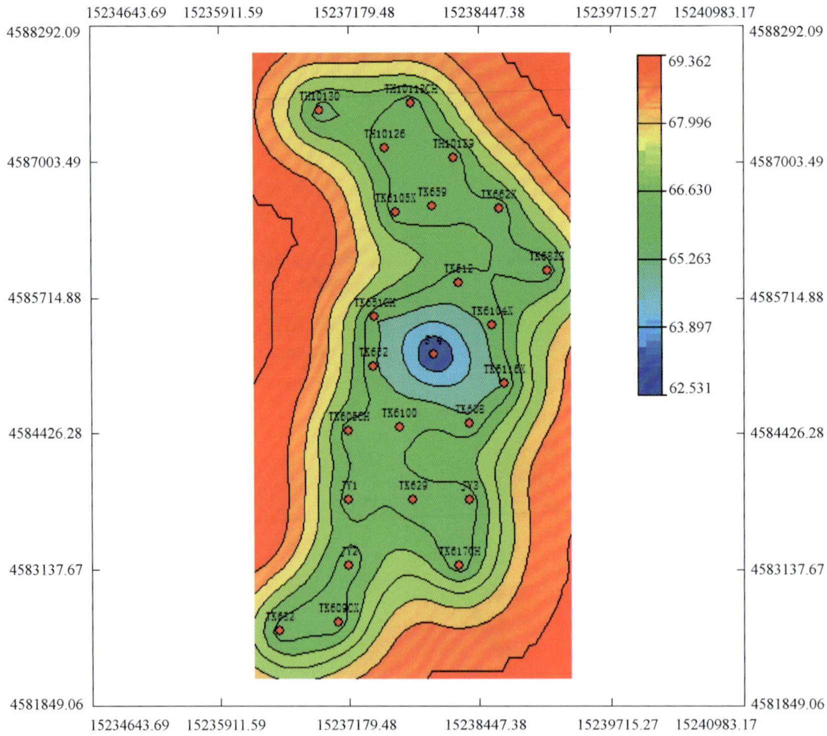

图 5-117　压力分布

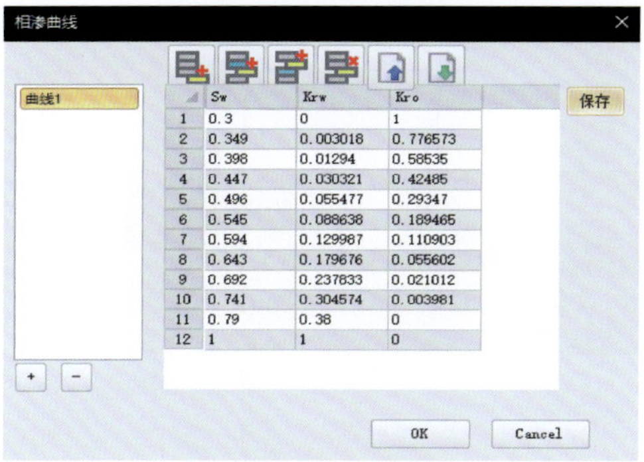

(a)相渗曲线模块数据导入

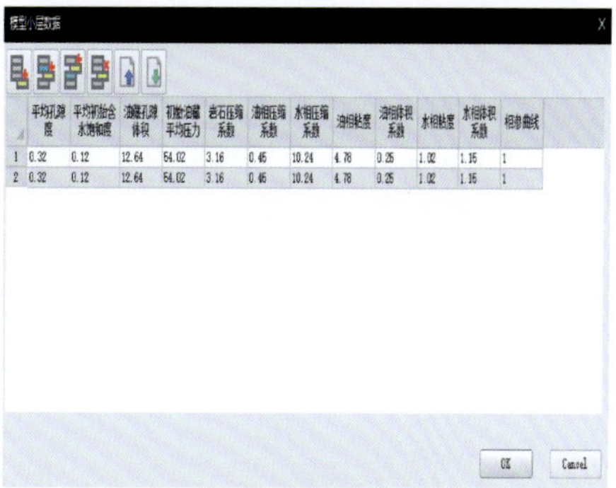

(b)小层数据模块数据导入

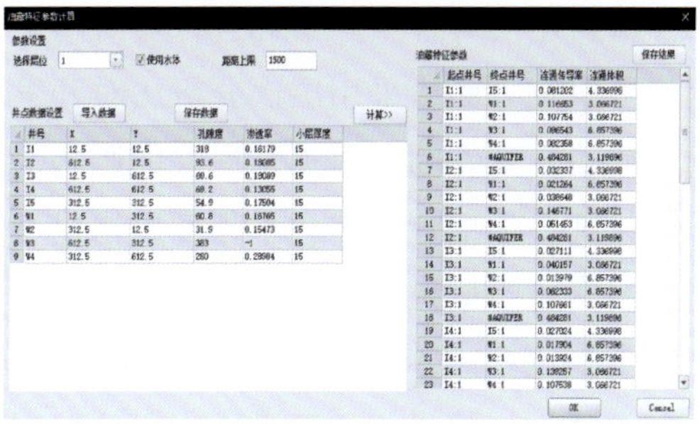

(c)特征参数计算模块

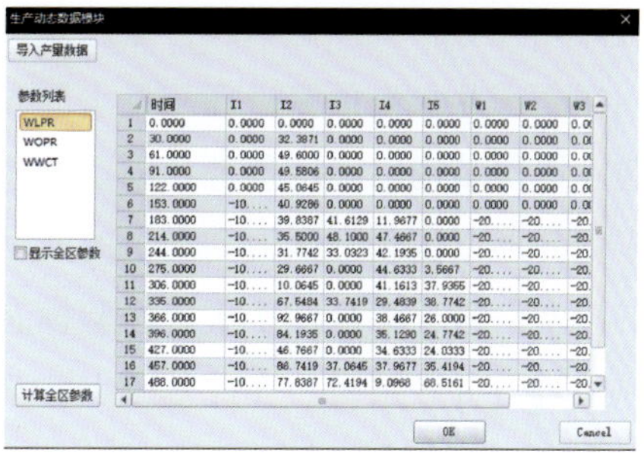

(d)生产数据导入

图 5-118　前处理模块

6 缝洞型油藏生产指标预测与水淹预警技术

采用集合经验模态对生产数据时频分解，采用信息熵量化各个频率的不确定性，通过低频分量获取拟稳态段，通过非线性自回归建模对各生产指标进行实时动态预测。在高产井水淹预警机理与见水前异常信号研究方面，采用层次分析法对开发因素建立层次结构以确定预警各因素的权重，反映各开发因素对见水风险的影响；采用多重分形方法刻画压力和产量的波动程度，进一步结合整体含水程度以描述见水前的异常信号，综合基于集合经验模态分解的支持向量机含水率实时预测方法对见水风险进行分级预警。在此基础上，基于 K 线理论刻画不同生产阶段的数据变化特征，捕捉 K 线图异常形态预测含水率变化趋势，实现暴性水淹预警，形成缝洞型油藏水淹预警软件。

6.1 缝洞型油藏水淹预警机理

塔河油田缝洞油藏地质结构复杂，大缝大洞的存在以及工作制度的频繁调整使得含水率变化特征多样，进入开发中后期往往出现暴性水淹现象，导致生产井含水率快速升高，产量随之快速递减，影响油田正常开发。以塔河油田 TK642 井为例，该井 2006 年 8 月 5 日前含水率较低且波动稳定，产油量有小幅度波动但并未有任何异常；从 8 月 6 日开始含水率急剧上升，由 35.9%持续上升至 82.5%，发生暴性水淹，产油量由 29.4t 快速下降至 7.8t，如图 6-1 所示。

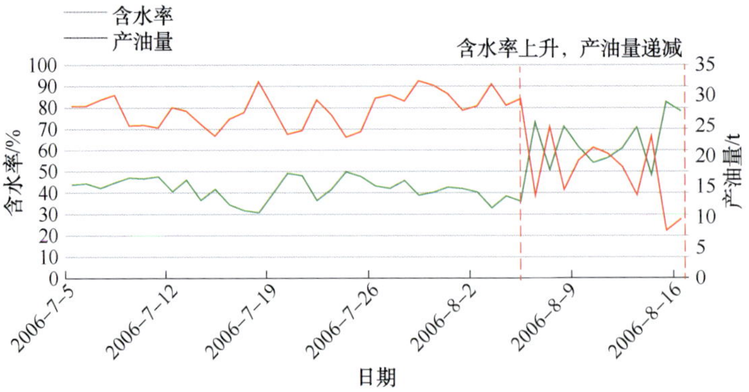

图 6-1　TK642 井含水率及产油量曲线图

为了分析缝洞型油藏水淹影响因素，从底水锥进过程展开研究。整个生产过程可以分为无水产油、拖锥期、成锥期、突破期4个阶段，如图6-2所示。生产井刚进行开采时，不考虑油气量的影响，井口压力、井筒流体压力以及井底流压之间形成平衡，依靠地层自身能量驱动流体，如图6-2(a)所示；随着开发继续进行，地层压力系统平衡被打破，井筒处油层压力小于井底底水压力，压差使得底水以锥状向井筒方向推进，井筒方向有效速度小于底水推进速度，井口压力持续下降，此阶段为拖锥期，如图6-2(b)所示；由于油水密度不同，油水之间形成的重力差会抑制底水锥进，当油水重力差与压差平衡时形成稳定的水锥，底水驱动能量占主导地位，向井底方向推进的水体流动速度与底水推进速度相等，生产井产量增加，水锥高度上升，此阶段为成锥期，如图6-2(c)所示；当底水推进到井筒时，井筒存在两相以上流体，井筒流压增大，井口压力下降，产出液含水上升，此阶段为突破期，如图6-2(d)所示。

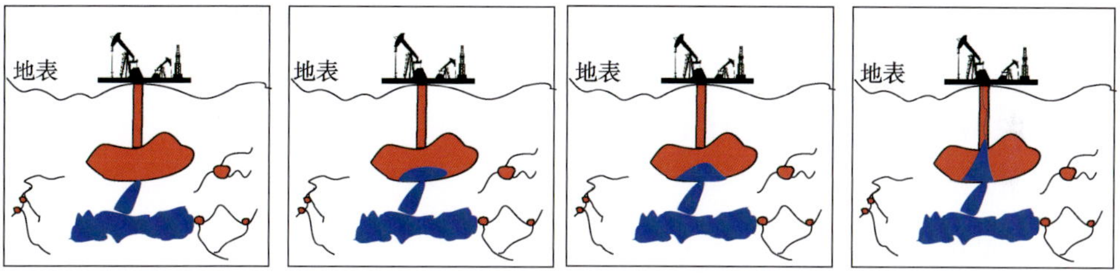

(a)无水产油　(b)拖锥期　(c)成锥期　(d)突破期

图6-2　塔河油田奥陶系油藏底水锥进过程示意图

通过对缝洞型油藏底水锥进过程分析发现，生产井发生水淹是底水锥进的结果。底水向上锥进时，能量驱动方式也在不断发生变化，从初始地层自身能量驱动、逐渐向底水驱动过渡、纯底水驱动生产直至发生水淹。在此过程中，压力、产量等生产指标随之变化，水淹前出现异常波动，这就是发生水淹的异常信号。

传统水淹预警方法主要基于生产井的静动态生产资料，捕捉产量、压力等生产指标的异常波动，结合地质、开发等影响因素建立水淹预警机制，在底水上侵阶段采取措施。

缝洞型油藏储集空间复杂多样，地层水体容易发生沟通，同时受工作制度频繁调整的影响，生产数据具有非平稳性和不确定性。虽然生产井底水向上锥进时产量、压力等生产指标会出现相应的异常反应，但刻画含水率变化趋势存在一定的时滞性。以塔河油田AA80井为例，该井在2008年6月12日发生暴性水淹，两天内含水率突然由13.6%上升至97.88%。发生暴性水淹前一天，油压和产油量才出现异常变化，如油压从0.75MPa突然升高至1.75MPa，产油量从21.5t突然下降至10.3t。发生暴性水淹后，油压和产油量才出现异常下降，如油压从1.75MPa下降至0.54MPa，产油量也呈持续下降趋势，如图6-3所示。

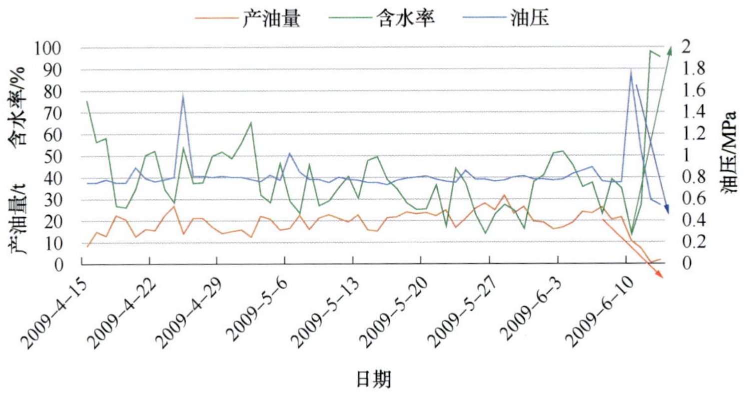

图 6-3　AA80 井油压、产油量、含水率关系图

虽然传统方法预测含水率变化趋势具有一定的可行性，能够在一定程度上反映含水率变化特征，但也存在滞后性，导致发生暴性水淹时才发出预警信号，即出现滞后预警问题，因此需要引入新的 K 线相关指标以刻画含水率变化趋势。

6.2　见水风险分级评价

6.2.1　见水影响因素

缝洞型油藏生产井见水主要是由地质因素、工程因素及开发因素等综合作用的结果。可以基于以上因素和见水异常信号，建立缝洞型油藏见水风险评价指标和见水风险评价等级，以便及早发现生产井水侵的信号并尽快采取适宜的控水稳油措施。其中见水风险评价各等级的意义如表 6-1 所示。

1 级为水锥已经突破，当前阶段含水率为高含水持续处于 80%以上。

2 级为底水持续向上补充，水锥已到达井底或已发生突破；当前含水率突变至 80%以上，即刚刚进入高含水状态。

3 级为当前含水率处于 80%以下，但底水向上补充，水锥正在形成。

4 级为当前阶段尚无明显见水风险。

表 6-1　缝洞型油藏见水风险评价因素

类别	因素名称	因素评价等级			
地质因素	构造位置	局部低洼位置	构造斜坡		构造高部位
	储集体类型	裂缝	洞缝	缝洞	溶洞
开发因素	缩嘴次数	频繁	较多	较少	无
	油嘴大小	小	中等	较大	大
	邻井注水情况	多	较多	中等	少
	邻井见水情况	大部分见水	半数井见水	少部分见水	无见水井

续表

类别	因素名称	因素评价等级			
开发因素	关停井频率	频繁	较多	较少	无
	关停井天数	多	较多	中等	少
	套压上升次数	多	较多	中等	少
	油压上升次数	多	较多	中等	少
见水异常信号	油压波动	油压、产液均波动剧烈	油压或产液波动一般		油压、产液基本无变化
	油水波动				
见水风险评价等级		1 级(高)	2 级(较高)	3 级(中)	4 级(低)

6.2.2　基于层次分析法的见水影响开发因素量化

1）构建层次结构

在地质研究和开发特征分析基础上，充分认识典型缝洞储集体的类型、能量以及储集体地质特点等关键评价参数；划定各个评价参数的取值范围，基于层次分析法建立层次结构并确定各因素权重，针对各个因素分析生产实际数据，完成分值区间划定。统计分析各因素得分与权重的乘积进而确定阈值，作为见水风险评估的参数。为确定各开发因素之间的权重关系，将各相关因素按照不同属性自上而下分解为目标层及因素层，构建评价层次结构如图 6-4 所示。

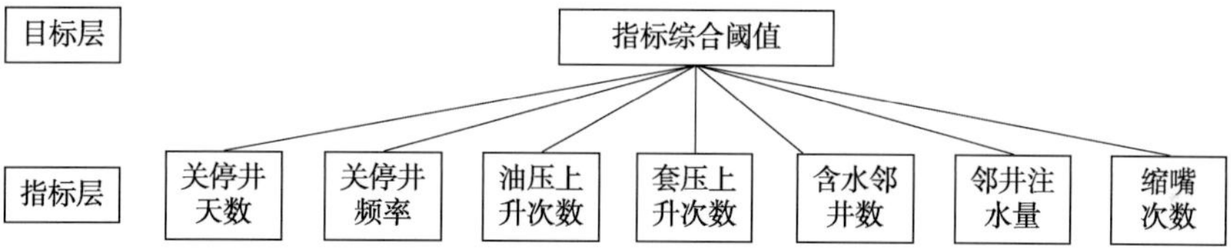

图 6-4　风险评价因素层次结构图

2）权重确定

为减少主观性，建立判断矩阵，两两比较确定因素间的权重。通过分析各类因素提取过程中数据和计算过程的可靠性，建立各因素的权重判断矩阵，如表 6-2 所示。

表 6-2　各因素相对重要程度表

因素	关停井天数	关停井频率	油压上升次数	套压上升次数	含水邻井数	邻井注水量	缩嘴次数
关停井天数	9/9	9/9	9/7	9/7	9/5	9/3	9/1
关停井频率	9/9	9/9	9/7	9/7	9/5	9/3	9/1
油压上升次数	7/9	7/9	7/7	7/7	7/5	7/3	7/1
套压上升次数	7/9	7/9	7/7	7/7	7/5	7/3	7/1

续表

因素	关停井天数	关停井频率	油压上升次数	套压上升次数	含水邻井数	邻井注水量	缩嘴次数
含水邻井数	5/9	5/9	5/7	5/7	5/5	5/3	5/1
邻井注水量	3/9	3/9	3/7	3/7	3/5	3/3	3/1
缩嘴次数	1/9	1/9	1/7	1/7	1/5	1/3	1/1

表 6-2 中各数字标度含义如表 6-3 所示：

表 6-3　标度含义表

标度	含义
1	表示两个因素具有相同重要性
3	表示两个因素前者比后者稍重要
5	表示两个因素前者比后者明显重要
7	表示两个因素前者比后者强烈重要
9	表示两个因素前者比后者极端重要
2，4，6，8	表示上述相邻判断的中间值
倒数	若因素 i 与因素 j 的重要性之比为 a_{ij}，那么因素 j 与因素 i 重要性之比为 a_{ji}

基于表 6-3 中数据建立各因素权重判断矩阵 B：

$$B=\begin{bmatrix} 9/9 & 9/9 & 9/7 & 9/7 & 9/5 & 9/3 & 9/1 \\ 9/9 & 9/9 & 9/7 & 9/7 & 9/5 & 9/3 & 9/1 \\ 7/9 & 7/9 & 7/7 & 7/7 & 7/5 & 7/3 & 7/1 \\ 7/9 & 7/9 & 7/7 & 7/7 & 7/5 & 7/3 & 7/1 \\ 5/9 & 5/9 & 5/7 & 5/7 & 5/5 & 5/3 & 5/1 \\ 3/9 & 3/9 & 3/7 & 3/7 & 3/5 & 3/3 & 3/1 \\ 1/9 & 1/9 & 1/7 & 1/7 & 1/5 & 1/3 & 1/1 \end{bmatrix}$$

对矩阵 B 做一致性检验，计算得到一致性因素 $CI=0$，通过查表可知随机一致性因素 $RI=1.32$，则矩阵 B 的随机一致性比率 $CR=0<0.1$，说明该矩阵通过一致性检验，根据该矩阵得到的因素权值可接受。因此，各个因素的权重为 21.95%、21.95%、17.08%、17.08%、12.2%、7.30%、2.44%。

3）区间得分确定

统计分析各因素在高含水及低含水情况下的分布，并根据分布划分区间，某项因素的得分为该因素实际值所在区间的得分 *Score* 公式如下：

$$Score=\frac{Hpercent}{Hpercent+Lpercent} \tag{6-1}$$

式中，*Hpercent* 为该区间内高含水情况所占百分比；*Lpercent* 为该区间内低含水情况所占百分比。

4）综合阈值确定

统计分析各因素在高含水及低含水情况下的最终得分区间分布，以该区间内高含水所占百分比远大于低含水所占百分比为标准设定因素综合阈值，作为生产井见水风险评价分级的参数之一。

6.2.3 基于多重分形技术的见水风险异常信号量化

1）见水异常信号

对塔河油田已见水高产井的生产数据统计表明，在保持工作制度稳定的情况下，多数井在见水前会表现出油压和产量上的异常变化(见表6-4、表6-5)。

表6-4 塔河油田高产井(裂缝-孔洞型)见水前参数变化

参数变化	井数/口	异常反映距离见水时间/d	油压变化幅度/%	液量变化幅度/%
液量下降	1	79	—	18.4
油压、液量上升	3	120	8.7	4.4
油压上升	2	71	25.6	—
油压稳定、液量上升	6	42	—	29.1
油压下降、液量下降	14	32	43.4	55
合计/平均	26	68.8	25.9	26.7

表6-5 塔河油田高产井(裂缝-溶洞型)见水前参数变化

参数变化	井数/口	异常反映距离见水时间/d	油压变化幅度/%	液量变化幅度/%
液量下降	2	90	—	49.7
油压、液量上升	3	165	9.5	13.9
油压上升	3	130	4.3	12.8
油压稳定、液量上升	2	81	—	21.5
油压下降、液量下降	9	28	51.3	49.5
合计/平均	19	98.8	21.7	29.5

生产指标的变化间接地反映了地层的能量情况，变化越剧烈说明底水能量变化越大，生产井见水风险就越高。但由于各类地质因素、工作制度变化并没有明显规律，因此如何定量刻画异常波动特征是研究的难点。

2）多重分形基本原理

多重分形是基于分形概念发展起来的，分形是一种粗糙的或破碎的几何图形，它的组成部分可以被无限细分，而且它的局部形状一般与整体相似。若分形结构是非均匀的，仅用一个分形维数就只能描述数据波动的宏观概貌，无法对局部数据进行精细切割，从而缺乏对局部奇异性的细致分析，不能完整、全面地描述数据波动的复杂性。采用多重分形或多标度分形可以对局部进行细致分析。

对于长度为 N 的时间序列数据，用尺度为 δ 的窗口去分割时间序列数据，计算其概率测度 P_i、奇异性指数、配分函数 $\chi_q(\delta)$ 以及质量指数 $\tau(q)$，从而通过统计物理中的勒让德变换可以得到 α 和多重分形谱函数 $f(\alpha)$：

$$\alpha(q)=\frac{\mathrm{d}\tau(q)}{q}$$
$$f(\alpha)=q\cdot\alpha(q)-\tau(q)=q\cdot\frac{\mathrm{d}\tau(q)}{q}-\tau(q) \tag{6-2}$$

3）基于多重分形技术的见水异常信号量化

引入多重分形技术，利用下面参数量化见水异常信号，具体如下：

（1）多重分形谱[$f(\alpha)\sim\alpha$]反映的是生产数据的时间序列在分形结构上的不均匀分布特征，能够给出比单分形更为丰富的结构信息。其中，大的 α_i 反映的是小概率测度区域的性质；而小的 α_i 反映的是大概率测度区域的性质。

（2）多重分形谱谱宽[$\Delta\alpha=\alpha_{\max}-\alpha_{\min}$]大小反映了整个分形结构在概率测度分布上的不均匀程度，即刻画出生产数据的波动程度。$\Delta\alpha$ 越大，表示归一化数据分布越不均匀，其波动越剧烈。

（3）多重分形谱的谱函数[$\Delta f=f(\alpha_{\min})-f(\alpha_{\max})$]大小反映了最高的归一化数据的数目和最低的归一化数据的数目的比例，即生产数据处于波峰(最高点)、波谷(最低点)位置数目的比例。因此，$f(\alpha)$ 的物理意义是对不均匀区间上的波动复杂程度的度量。

4）见水异常信号量化流程

输入：油压量数据

输出：多重分形谱参数

步骤 1：数据预处理。

步骤 2：读入权重因子 $q(-60<q<60)$。

步骤 3：读取时间尺度 δ，分别计算出每一尺度下的概率测度 $P_i(\delta)$ 和相应的配分函数值 $\chi_q(\delta)$。

步骤 4：根据配分函数与尺度的 $\ln\chi_q(\delta)\sim\ln\delta$ 双对数曲线，利用最小二乘法进行回归拟合，求出曲线的斜率，即为质量指数 $\tau(q)$。

步骤 5：重复步骤 3 与步骤 4 的过程，直到将所有的 q 都遍历完之后，于是便得到 $\tau(q)$ 与 q 之间的函数关系。

步骤 6：最后通过勒让德变换，就可以得到油压数据的 $f(\alpha)\sim\alpha$ 多重分形谱。

步骤 7：计算油压数据的多重分形谱宽值，将其作为见水风险评价分级的参数。

见水异常信号量化算法流程如图 6-5 所示。

5）方法应用

（1）AA80 井高含水前异常信号 $\Delta\alpha$ 变化趋势。

AA80 井 2006 年 9 月 13 日出现高含水，含水率由 50%上升至 89.9%。高含水前 3 个月含水率相对平稳，油压和产量无明显波动；高含水前 2 个月，油压和产量出现剧烈波动且呈上升趋势。水淹前异常信号和产油量多重分形谱函数 $\Delta\alpha$ 如图 6-6、图 6-7 所示。

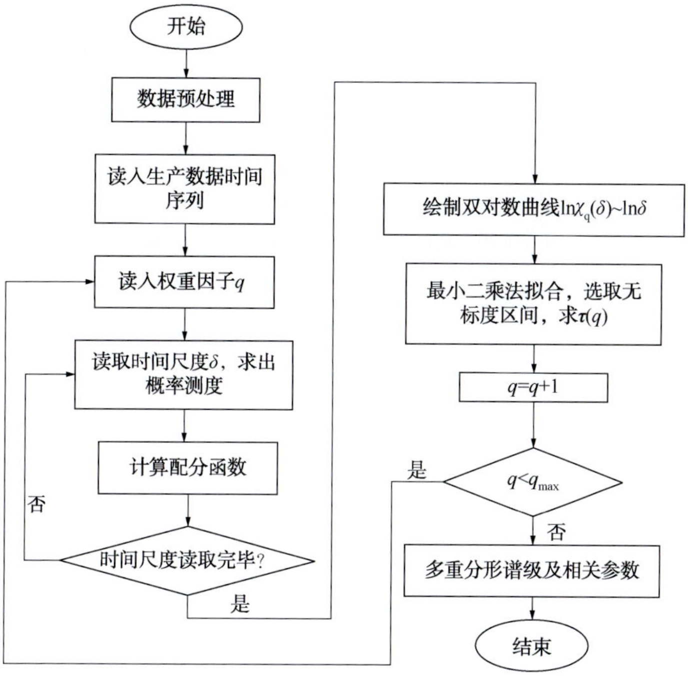

图 6-5　见水异常信号量化算法流程图

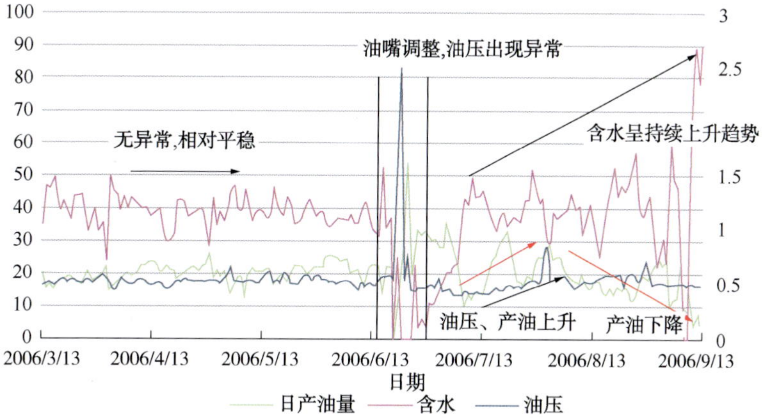

图 6-6　AA80 井高含水前异常信号

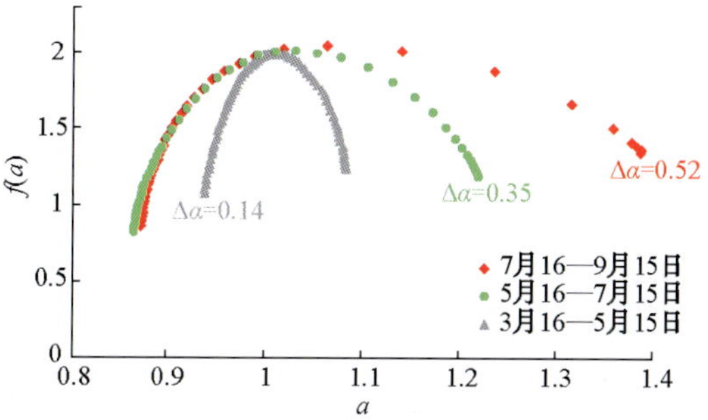

图 6-7　产油量不同阶段多重分形谱函数参数 $\Delta\alpha$

采用多重分形技术对高含水前的油压、产量、含水序列异常波动进行量化，从而对各指标的多重分形参数进行见水特征异常分析。其中，$\Delta\alpha$ 为多重分形谱宽度，表征油压、产油序列的波动程度。实验表明：越接近于高含水点，油量多重分形谱函数的开口越大，即波动幅度越大，能够较好地刻画高含水前的异常特征。

（2）AA80 井高含水前异常信号 Δf 变化趋势。

AA80 井 2010 年 3 月 25 日前含水率处于平稳状态，无急剧上升趋势，含水约为 60%；2010 年 4 月 27 日后含水率急剧上升，一个月后呈现持续高含水状态，如图 6-8所示。

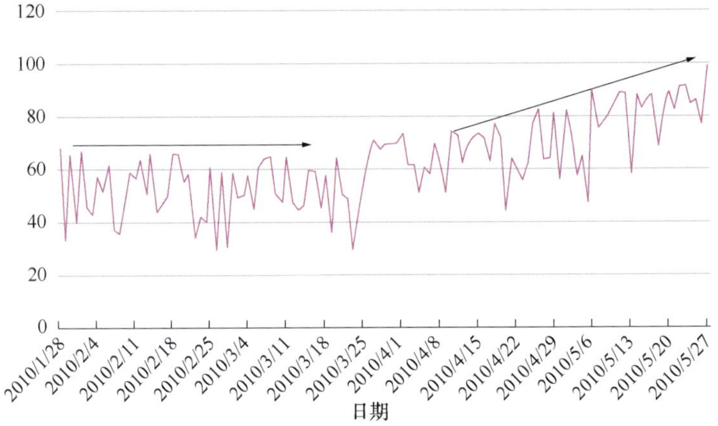

图 6-8　AA80 井含水稳定和持续高含水曲线

AA80 井含水率多重分形参数 Δf 在 2010 年 2 月 27 日—4 月 27 日时间段为负值，表明该阶段含水率值整体较低。3 月 27 日—5 月 27 日含水率多重分形参数 Δf 显著增大，在此阶段含水率峰值占主要地位，即处于高含水阶段，如图 6-9 所示。

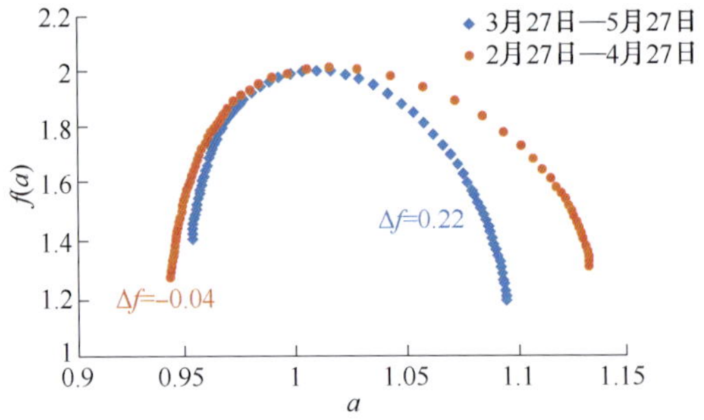

图 6-9　AA80 井正常含水和持续高含水多重分形谱函数 Δf

基于多重分形参数 $\Delta\alpha$ 能够较好地描述各风险指标的波动程度以刻画见水前的异常信号，基于多重分形参数 Δf 能够较好地刻画含水率数据序列的整体变化趋势。因此，多重分形量化的风险评价指标能够捕捉到见水前的异常特征，如油压、产油量、产水量异常波动以及含水率的整体变化趋势，从而实现对高产井进行见水风险评价分级。

6.2.4 见水风险评价分级算法

缝洞型油藏地质构造复杂、非均质性强，见水特征变化大。研究从地质、开发、见水异常信号等因素出发，分析生产井高含水前工作制度变化和生产动态特征。采用层次分析法对开发因素建立层次结构以确定各因素的权重，并针对各影响因素完成分值区间划定，累积各因素得分和权重反映开发因素对见水风险的影响；采用多重分形方法刻画压力和产量的波动程度及整体含水程度以描述见水前的异常信号，综合含水率实时预测值对见水风险进行评价分级，如图 6-10 所示。

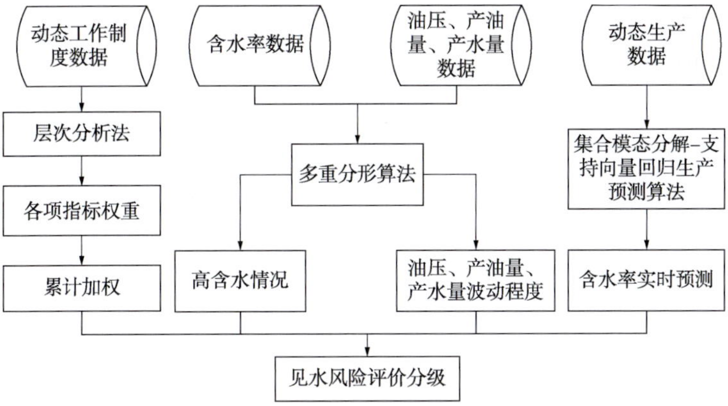

图 6-10　见水风险评价分级算法流程图

6.3 基于 K 线理论的水淹预警方法

6.3.1 K 线基本原理

将生产因素时间序列分成若干个单元时间为t_u的相邻单元段，任一单元段单根 K 线函数表示为：

$$G=x(t_u,\ C_{open},\ C_{low},\ C_{high},\ C_{close}) \tag{6-3}$$

式中，t_u为单元时间；C_{open}为序列开始值；C_{low}为最小值；C_{high}为最大值；C_{close}为结束值。K 线中间矩形为实体，实体以上的细线为上影线，实体以下的细线为下影线。实体长短代表开始值与结束值之间的差值。开始值低于结束值表征此周期内数值的上升，称为阳线，中间实体部分常以空白表示；开始值高于结束值表征此周期内数值的下降，称为阴线，中间实体部分常以黑色表示，如图 6-11 所示。

6.3.2 基于 K 线理论的水淹异常模式

缝洞型、溶洞型储层孔洞发育，油层沟通好于水层，横向连通性较好。含水上升速度较为缓慢，产能下降较慢，能量在下降过程中，能及时得到充足的补给。暴性水淹发生前，往往出现含水急剧上升的情况，水淹异常模式如下。

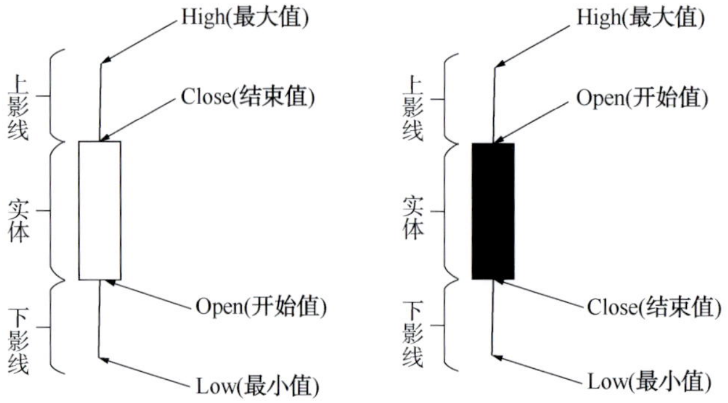

图 6-11　K 线的阳线(左)和阴线(右)

1) 能量充沛型水淹异常模式

该类型 K 线理论($C_{open} \approx C_{low}$，$C_{close} \approx C_{high}$)表征生产井的生产数据特征为单元时间 t_u 内生产数据呈直线上升趋势而出现波动较少，如图 6-12 所示。较长的能量充沛型 K 线理论往往出现在工作制度改变或底水突破时，表征此阶段水体能量较为充沛，底水很可能已经向上锥进突破井底。

图 6-12　能量充沛型水淹异常模式

以塔河油田 T801K 井为例，该井从 2013 年 1 月 12 日到 3 月 13 日含水率平均为 40%左右，无明显波动，处于稳产阶段。该井从 2013 年 3 月 13 日开始，含水率突然由 39. 33%暴涨到 90%以上，发生暴性水淹。此后一个月内，该井呈持续水淹状态，含水率变化曲线如图 6-13 所示。

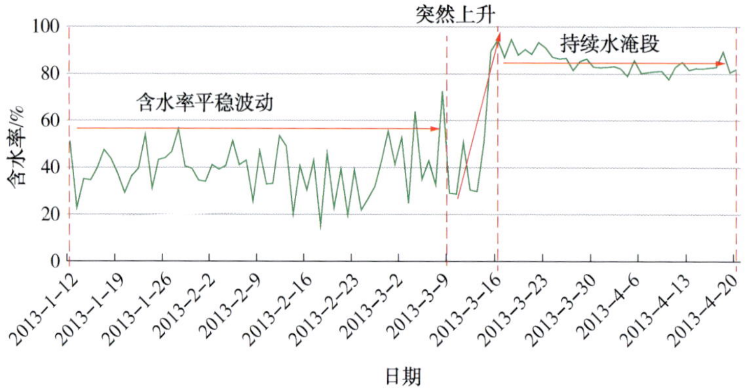

图 6-13　T801K 井 2013 年 3 月 2 日前后含水率变化曲线

从同一阶段 K 线图来看，2013 年 3 月 2 日出现单根大阳线，表征此阶段底水驱动能量充足，含水率呈快速上升趋势，K 线图序列如图 6-14 所示。

因此，当含水率不同组合形态 K 线图序列出现大阳线形态时，缝洞型油藏通常正处于充沛型水淹异常模式。在此异常模式下，生产井大概率会发生暴性水淹，需要提前预警。

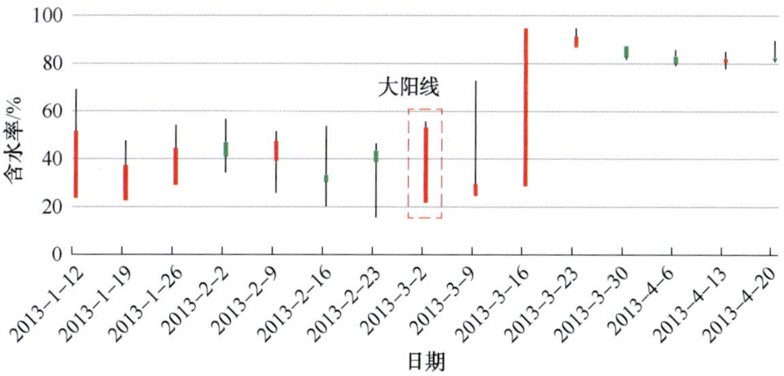

图 6-14　T801K 井 2013 年 3 月 2 日前后 K 线图

2）能量突破型水淹异常模式

以塔河油田 TK611 井为例，该井在 2009 年 7 月 11 日和 8 月 13 日之间含水率剧烈波动，虽有小幅度震荡下降但整体呈上升趋势。该井从 2009 年 8 月 13 日开始含水率突破上升至 87%，发生暴性水淹，此后两个月内含水率一直剧烈波动且呈持续水淹状态。含水率变化曲线如图 6-15 所示。

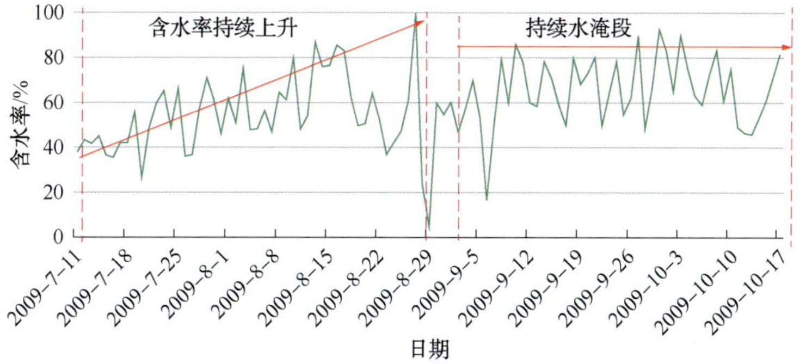

图 6-15　TK611 井 2009 年 7 月 18 日前后含水率变化曲线

从同一阶段 K 线图来看，2009 年 7 月 26 日出现单根阳锥子线，表征此阶段含水率整体呈上升趋势，但并非纯粹的单调上升，而是伴随着短暂下降的震荡上升并达到局部最大值。K 线图序列如图 6-16 所示。

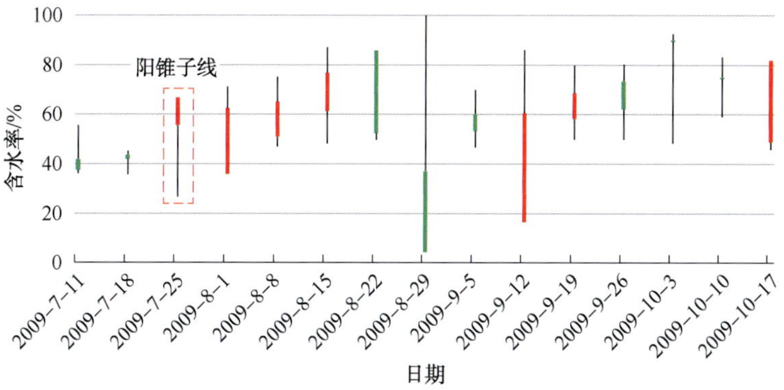

图 6-16　TK611 井 2009 年 7 月 18 日前后 K 线图

因此，当含水率不同组合形态K线图序列出现阳锥子线形态时，缝洞型油藏通常正处于突破型水淹异常模式。在此异常模式下，生产井极易发生暴性水淹，需要提前预警以及时采取工作措施。

3）能量反转型水淹异常模式

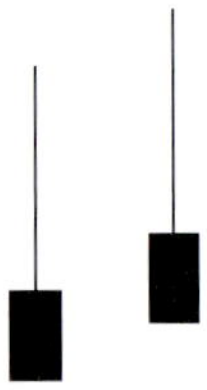

图6-17　能量反转型水淹异常模式

该类型K线理论表示此阶段含水率局部存在震荡下降，但整体为持续上升趋势，即底水由下跌转变为持续升高；时间区间内含水率不断上升，说明水体能量由亏转盈，驱动水体不断向上锥进，如图6-17所示。

以塔河油田AA80井为例，该井在2007年5月21日前含水率整体呈波动上升趋势但含水率值较低，基本在50%以下。在2007年5月21日和5月25日之间含水率明显下降，从52.47%持续下降至18.34%。从2007年5月25日开始，含水率在两天内又突然暴涨到100%，发生暴性水淹。含水率变化曲线如图6-18所示。

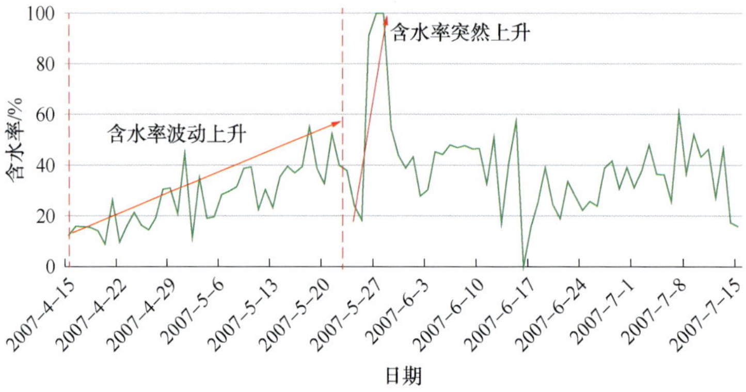

图6-18　AA80井2007年5月13日前后含水率变化曲线

从同一阶段K线图来看，2007年5月13日出现单根阴倒锥子线，表征含水率短暂性上升后又出现回落，因此还需要结合多根K线形态来判断含水率变化趋势。2007年5月20日紧接着又出现阴倒锥子线且位置比前者更高，表明在前一阶段基础上底水驱动能量出现明显的反转性加速上扬信号，很有可能发生暴性水淹。K线图序列如图6-19所示。

对于塔河油田TK620井，该井在2007年6月9日前含水率虽波动剧烈但含水率值相对较低，基本在50%左右。从2007年6月9日开始，含水率呈震荡上升趋势，一周内含水率由41.76%突破上升至100%，发生暴性水淹。含水率变化曲线如图6-20所示。

从同一阶段K线图来看，2007年5月28日出现单根阴倒锥子线，同样需要结合多根K线形态来判断含水率变化趋势。2007年6月4日紧接着又出现光头阳线，表明含水率短暂下降后又出现水体沟通，含水率迅速上升并超过初始值，与前一阶段相比反转性升高，极有可能发生暴性水淹。K 线图序列如图 6-21 所示。

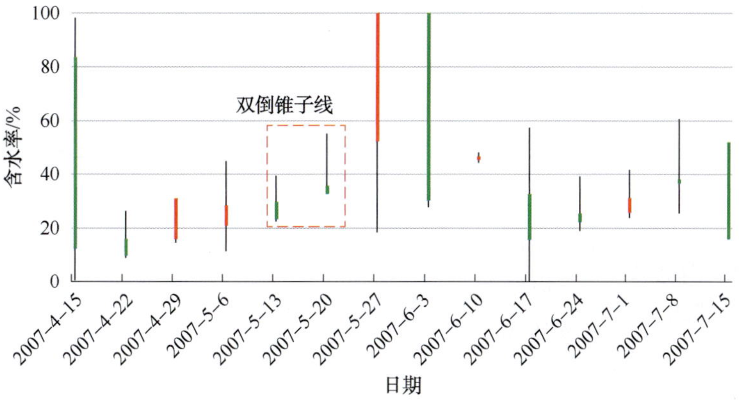

图 6-19　AA80 井 2007 年 5 月 13 日前后 K 线图

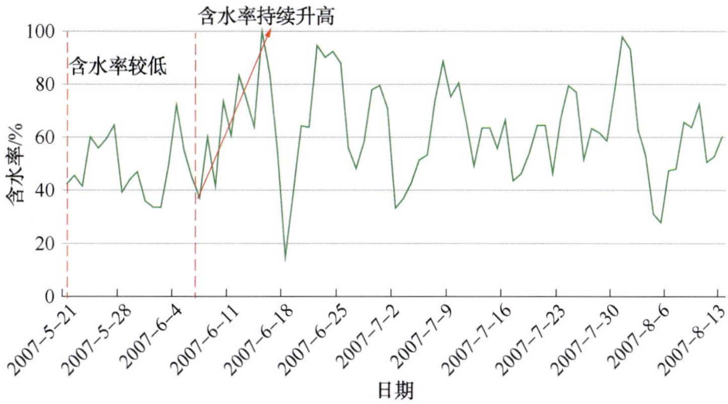

图 6-20　TK620 井 2007 年 5 月 28 日前后含水率变化曲线

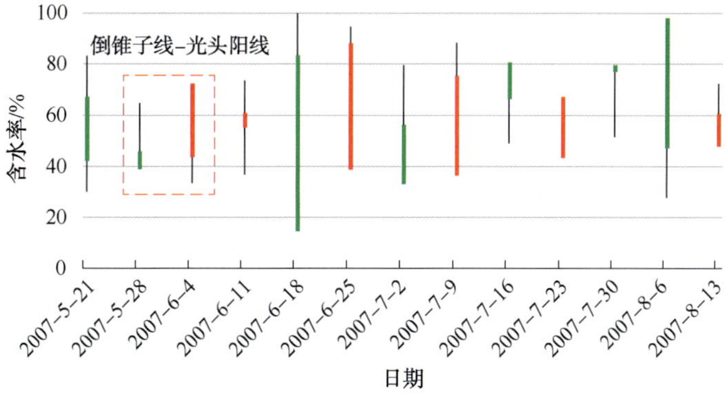

图 6-21　TK620 井 2007 年 5 月 28 日前后 K 线图

当含水率不同组合形态 K 线图序列出现阴倒锥子线形态时，缝洞型油藏通常发生洞沟通或缝沟通，但因底水驱动能量很快会恢复平衡状态，仅依靠单根阴倒锥子线形态无法判断含水率变化趋势。而单根阴倒锥子线后连续出现阴倒锥子线或光头阳线，表明单元时间内底水驱动能量发生反转性升高。在此异常模式下，生产井极易发生暴性水淹。

缝洞型油藏发生水淹前往往呈现不同的水淹异常模式，并对应着大阳线、阳锥子线及阴倒锥子线等不同形态 K 线特征。识别不同组合形态 K 线图异常特征，能够捕捉到水淹前的异常模式，预测含水率整体变化趋势，解决传统研究存在的时滞性，实现暴性水淹预警。

4）能量反转型和能量突破型组合水淹异常模式

该 K 线理论在时间区间内含水率呈持续上升趋势，能量突破性 K 线理论的结束值与最大值基本相等，表明此阶段水体能量充足，含水率有较大的上升潜力，极有可能发生暴性水淹，如图 6-22 所示。

以 AA80 单元 TK620 井为例，在 2007 年 5 月 28 日左右出现此类型 K 线理论，两周后含水率突变上升至 100%，发生暴性水淹。含水率变化和 K 线理论变化如图 6-23所示。

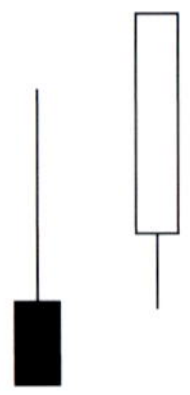

图 6-22　能量反转型和能量突破型组合水淹异常模式

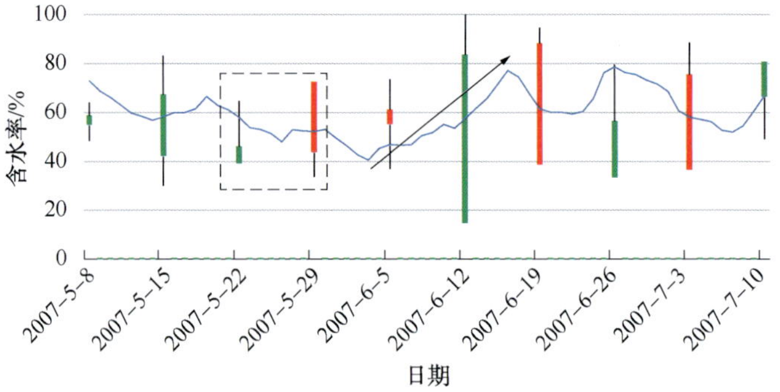

图 6-23　能量反转型和能量突破性 K 线图

5）缝洞型水淹异常模式

缝洞型储层裂缝发育充分，与附近高渗带沟通。当沟通新的水体时，水体沿着高角度裂缝或断裂侵入油层，含水在短期内呈台阶状急速上升，水淹异常模式如下。

（1）波动上升型水淹异常模式。

波动上升型 K 线理论为 3 根连续的 K 线理论组合特征，如图 6-24 所示。该 K 线的组合特征为阶段含水率呈波动上升趋势，即表示某段时间内含水率虽有一定程度的波动，但整体呈持续上升趋势，水体能量不断突破上限，极有可能发生暴性水淹。

以 AA80 单元 T606 井为例，该井在 2006 年 12 月 1 日前含水率值在 30%左右波动，在 11 月 29 日左右出现波动上升型组合异常模式，1 周后突变至 80%以上，发生暴性水淹。含水率变化曲线和 K 线理论变化如图 6-25 所示。

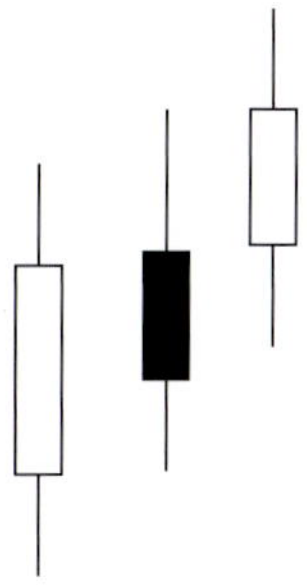

图 6-24　波动上升型水淹异常模式

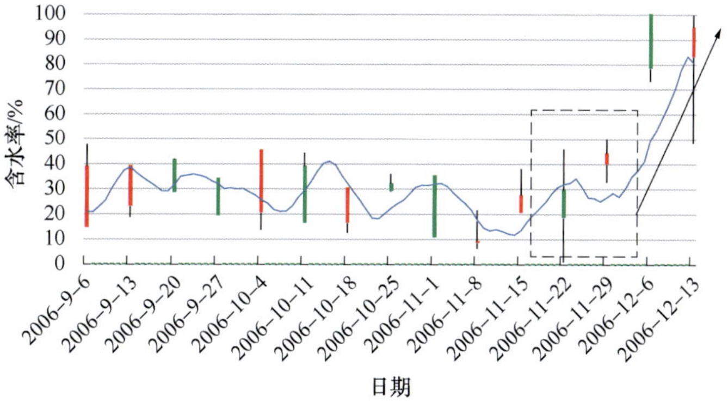

图 6-25　波动上升型 K 线图

（2）稳定上升型水淹异常模式。

稳定上升型 K 线理论是能量突破型和能量充沛型 K 线的组合特征，如图 6-26 所示。该类型 K 线理论组合特征表示此阶段水体能量较为充足，含水率呈稳定且持续上升趋势，极有可能发生暴性水淹。

以 AA80 单元井 T606 为例，在 2004 年 9 月 9 日前含水率呈下降趋势，且含水率整体较低。在 2004 年 9 月 30 日出现稳定上升型 K 线组合类型，表明此阶段水体能量充足且不断补充，含水率快速上升，在 10 月 28 日左右发生暴性水淹。含水率变化曲线和 K 线理论变化如图 6-27 所示。

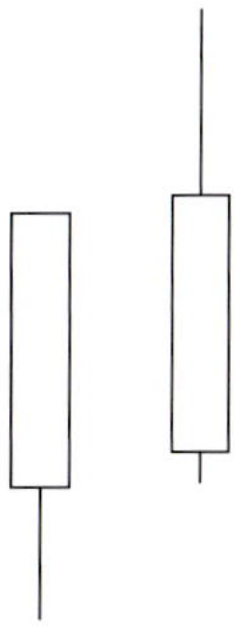

图 6-26　稳定上升型水淹异常模式

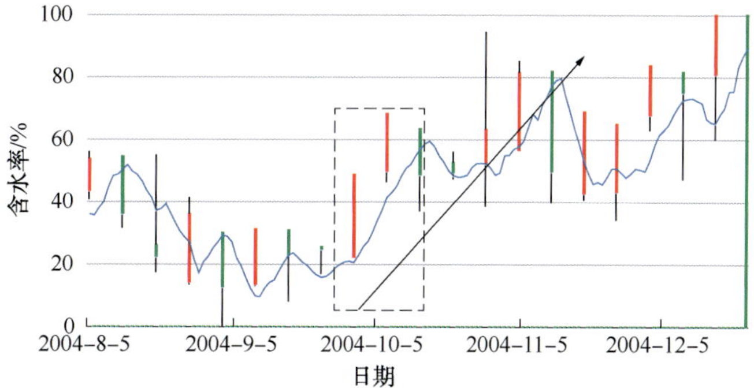

图 6-27　稳定上升型 K 线理论图

6.4 缝洞型油藏水淹预警分析与软件

6.4.1 典型井水淹预警分析

1）AA80 井水淹预警分析

AA80 井是塔河油田缝洞型油藏典型生产井，该井于 2000 年 9 月 23 日开始生产，在生产初期经历 1749 天无水产油期，直到 2005 年 6 月 25 日才开始逐渐见水。该井见水前一直保持稳定生产，平均日产油量在 45t 左右，见水后产量逐渐下降，平均日产油量降低至 15t 左右。该井见水后频繁发生水淹，生产截止到 2015 年 1 月 20 日共发生 16 次含水率突然升高引起的暴性水淹。下面以 2007 年 10 月 4 日和 2010 年 11 月 13 日为例，分析发生暴性水淹前的异常模式。

（1）2007 年 10 月 4 日。

AA80 井 2007 年 9 月 9 日前含水率在 40%以内小幅波动，9 月 17 日含水率持续上升至 79.52%，4 天后又快速下降至 23.03%并趋于平稳，生产至 10 月 4 日含水率突然上升到 100%，发生暴性水淹，如图 6-28 所示。

图 6-28 AA80 井 2007 年 10 月 4 日前后含水率变化曲线图

水淹预警模块计算得到 AA80 单元暴性水淹预警图，如图 6-29 所示，AA80 井处于暴性水淹预警状态。根据含水率 K 线特征图，水淹前 4 周出现大阳线形态 K 线图，水淹预警模型自动识别出充沛型水淹异常模式，表明含水率短期内将呈持续上升趋势，极易发生暴性水淹。识别结果与生产井监测实况一致，如图 6-30 所示。

（2）2010 年 11 月 13 日。

AA80 井 2010 年 11 月 10 日前含水率值较低且波动相对平稳，11 月 13 日突然上升至 81.09%，发生暴性水淹。虽然 1 天后含水率又快速下降至 31.16%，但 10 天后又开始剧烈波动并持续上升至 100%，此后一直保持水淹状态，如图 6-31 所示。

水淹预警模块计算得到 AA80 单元暴性水淹预警图，如图 6-32 所示，AA80 井处于暴性水淹预警状态。根据含水率 K 线特征图，水淹前 1 周出现阳锥子形态 K 线图，水淹预警模型自动识别出突破型水淹异常模式，表明含水率短期内整体将呈伴随短暂下降的震荡上升趋势，很可能发生暴性水淹。识别结果与生产井监测实况一致，如图 6-33 所示。

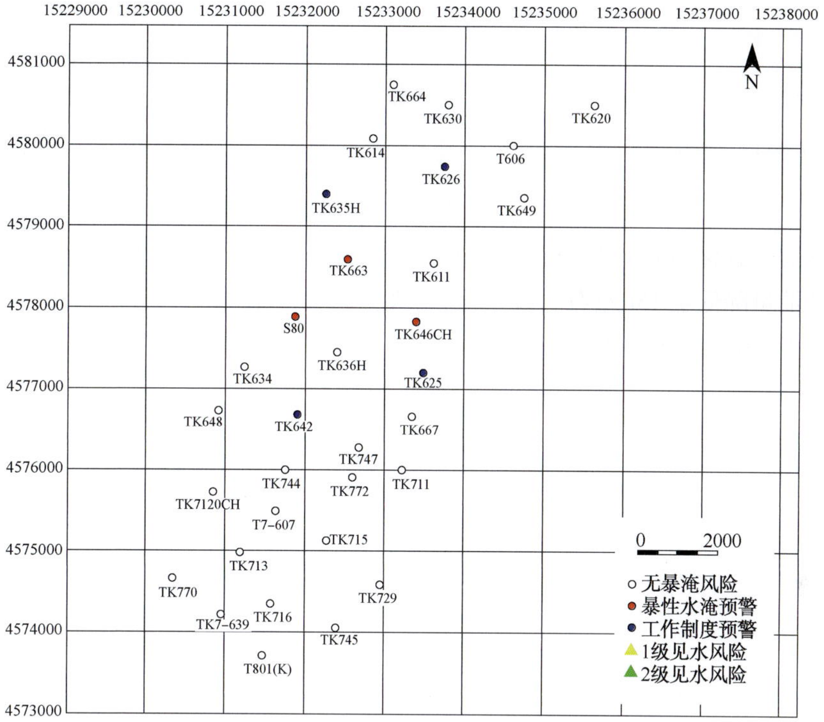

图 6-29 AA80 单元 2007 年 10 月 4 日暴性水淹预警图

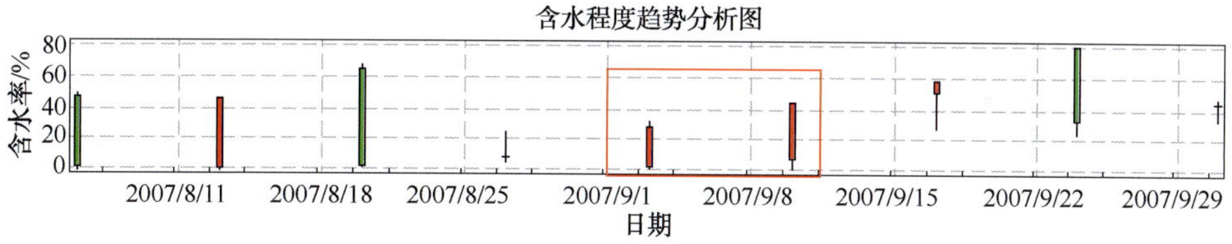

图 6-30 AA80 井 2007 年 10 月 4 日前 K 线特征图

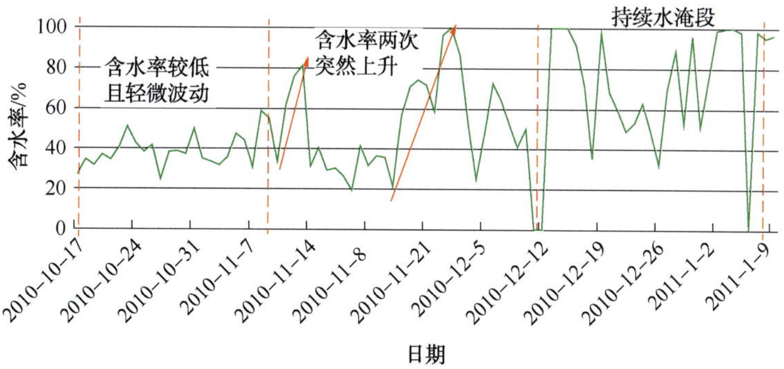

图 6-31 AA80 井 2010 年 11 月 13 日前后含水率变化曲线图

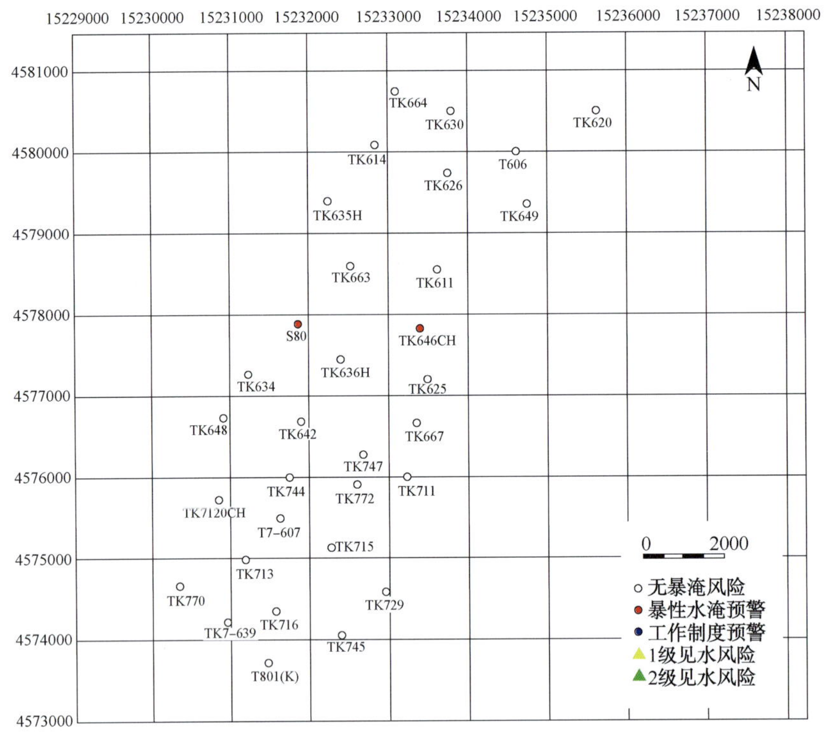

图 6-32　AA80 单元 2010 年 11 月 13 日暴性水淹预警图

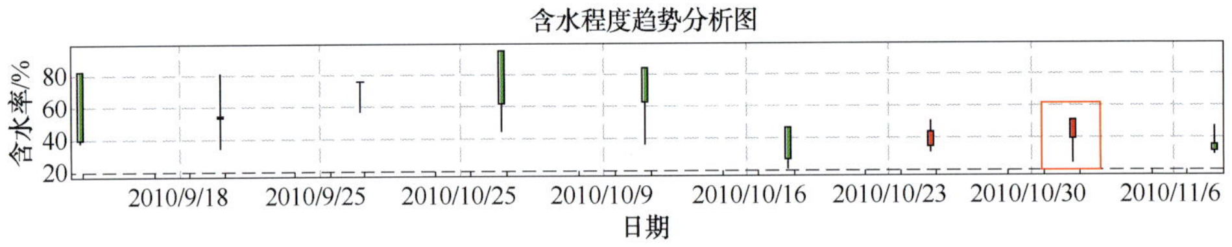

图 6-33　AA80 井 2010 年 11 月 13 日前 K 线特征图

综上所述，AA80 井 2007 年 10 月 4 日和 2010 年 11 月 13 日发生暴性水淹前，通过水淹预警模型识别的水淹异常模式能够实现对该生产井提前预警。

2）TK625 井水淹预警分析

相比 AA80 井，TK625 井的无水产油期较短。该井 2002 年 2 月 17 日开井生产，2003 年 12 月 30 日见水 10 天后含水率突变至 79.7%，日产油量从 244.4t 持续下降至 8.1t，下降幅度较大。该井生产后期频繁发生水淹，平均日产油量仅 15t 左右，生产截止到 2015 年 1 月 20 日共发生 15 次含水率突然升高引起的暴性水淹。下面以 2005 年 12 月 9 日和 2010 年 1 月 14 日为例，分析发生暴性水淹前的异常模式。

（1）2005 年 12 月 9 日。

TK625 井 2005 年 12 月 9 日前含水率值基本保持在 50%左右，波动相对平稳，3 天后含水率突然持续上升至 85.4%，发生水淹。含水率变化曲线如图 6-34 所示。

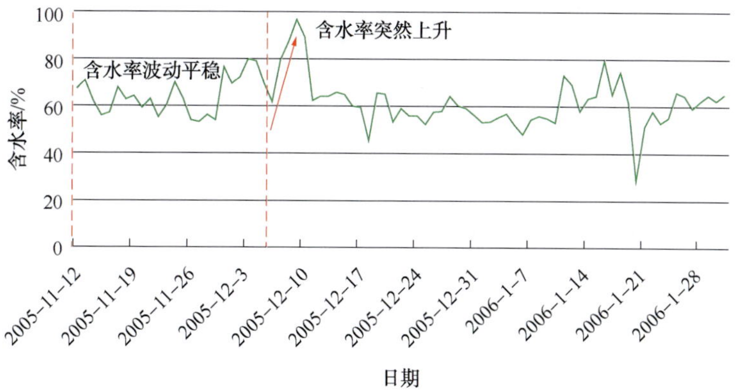

图 6-34　TK625 井 2005 年 12 月 9 日前后含水率变化曲线图

水淹预警模块计算得到 AA80 单元暴性水淹预警图，如图 6-35 所示，TK625 井处于暴性水淹预警状态。根据含水率 K 线特征图，水淹前 1 周出现连续阴倒锥子形态 K 线图，水淹预警模型自动识别出反转型水淹异常模式，表明在前一阶段基础上底水驱动能量出现明显的反转加速上升信号，含水率将由下降趋势反转为快速上升趋势，可能发生暴性水淹。识别结果与生产井监测实况一致，如图 6-36 所示。

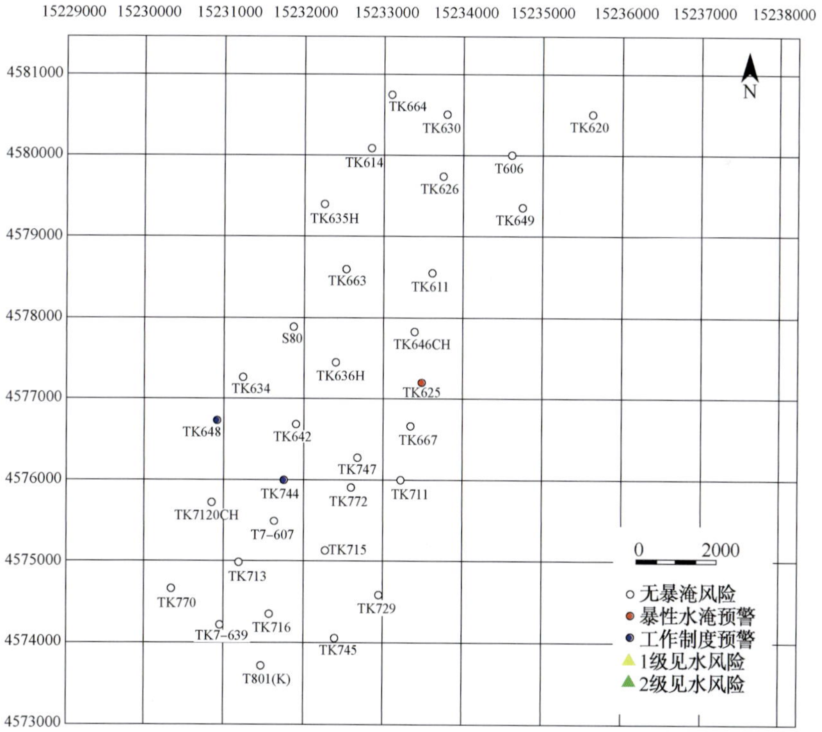

图 6-35　AA80 单元 2005 年 12 月 9 日暴性水淹预警图

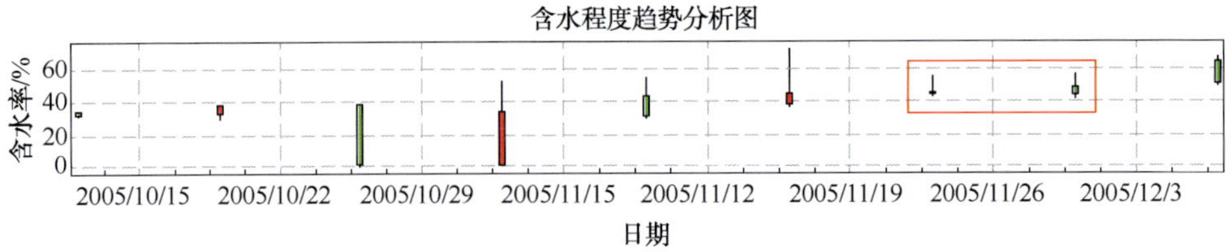

图 6-36　TK625 井 2005 年 12 月 9 日前 K 线特征图

（2）2010 年 1 月 14 日。

TK625 井 2010 年 1 月 13 日前含水率波动相对平稳，基本无异常变化，1 天后含水率突然持续上升至 92%，发生暴性水淹，此后一个月内含水率剧烈波动且持续水淹。含水率变化曲线如图 6-37 所示。

图 6-37　TK625 井 2010 年 1 月 14 日前后含水率变化曲线图

水淹预警模块计算得到 AA80 单元暴性水淹预警图，如图 6-38 所示，TK625 井处于暴性水淹预警状态。根据含水率 K 线特征图，水淹前 3 周出现阳锥子形态 K 线图，水淹预警模型自动识别出突破型水淹异常模式，表明含水率短期内整体将呈伴随短暂下降的震荡上升趋势，很可能发生暴性水淹。识别结果与生产井监测实况一致，如图 6-39 所示。

综上所述，AA80 井和 TK625 井能够通过水淹异常模式识别及预警模型在发生暴性水淹前自动识别异常模式，实现缝洞型油藏生产井暴性水淹提前预警。

6.4.2　软件平台

生产预测及水淹预警软件可实现各类静动态数据的管理，具有油藏生产预测计算、水淹预警计算、计算结果的可视化等功能，实现从动态数据输入、水淹点筛选、各生产因素预测、水淹预警计算到结果分析全过程软件化。软件基于 VS2010、MFC 开发环境，使用 C++语言和 TeeChart 开发，使用环境为 Windows10，一共提供 4 大模块，编码 5 万行，使用手册 1 份。

1）主界面

本软件操作平台（主界面）模仿 Petrel 风格，窗口顶部是菜单栏和工具栏，下部是状态栏，主体部分左侧是数据管理区，中间是图形显示区，右边是各类操作控制

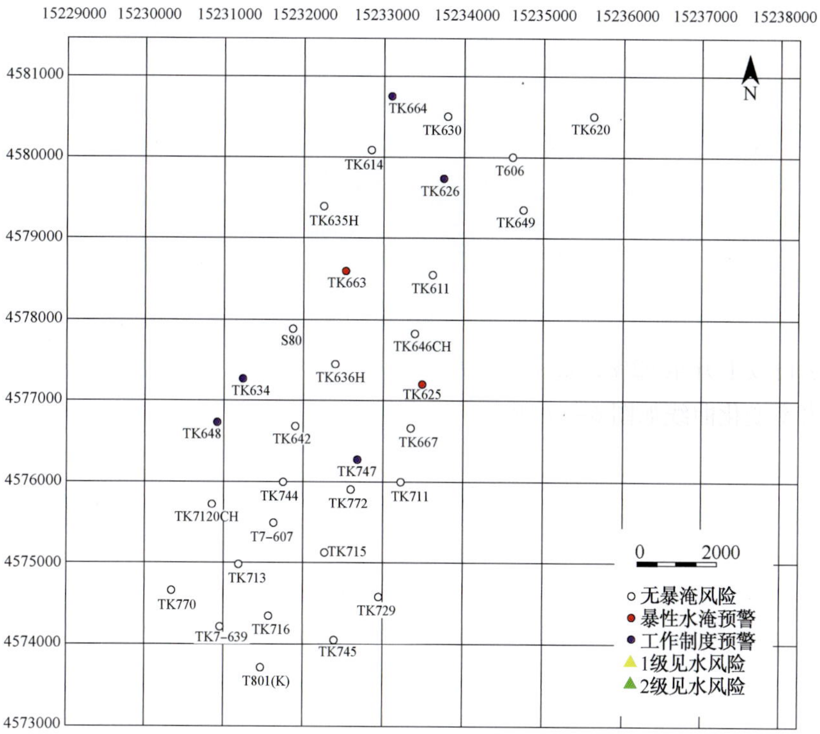

图 6-38　AA80 单元 2010 年 1 月 14 日暴性水淹预警图

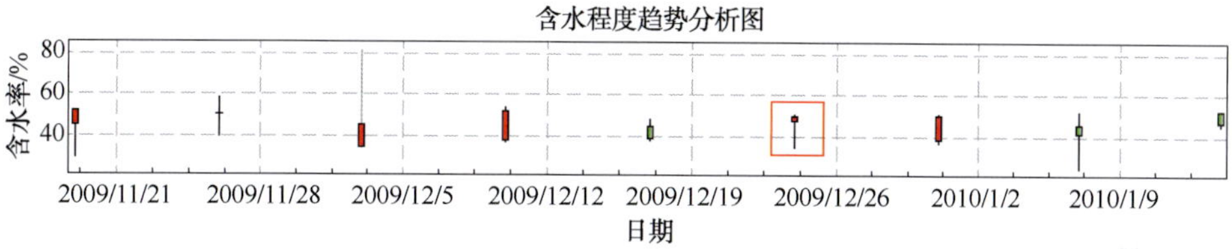

图 6-39　TK625 井 2010 年 1 月 14 日前 K 线特征图

面板，如图 6-40 所示。

2. 水淹预警模块

水淹预警模块是对生产井提供见水风险评价等级，绘制单井预警点前 2 个月的油压、油水多重分形波动曲线，预警点前 4 个月的含水率波动曲线以及预警点前 1 年的 K 线变化图；提供预警点前 2 个月的油压、油水多重分型值；提供预警前 2 个月的工作措施情况；提供当前阶段整个单元的暴性水淹预警图。水淹预警模块的主要操作如下：

（1）点击“预测预警计算”菜单下的“水淹预警”子菜单，或点击工具栏中的“水淹预警”按钮启动。

（2）在“输入”的“区块”中选择需要进行水淹预警分析的区块，并在“采生产井”中选择要水淹预警分析的井名。

（3）在“预警日期”中选择要预警的日期。

（4）点击“读取数据”，即可从数据库读取该区块数据；读取数据结束后，弹出

图 6-40　主界面

“读取数据完毕”提示框，再点击“见水风险评价计算”即可。在进度条中可以观察计算的进度。

（5）点击“确定”，即可得到当前阶段见水风险评价等级，油压、油水波动程度，当天前 2 个月油压、油水多重分形变化曲线，前 4 个月含水率的变化曲线，前 1 年的 K 线变化图。

（6）点击“单元水淹预警计算”，得到整个单元当前阶段的暴性水淹预警图，以及各个发生暴性水淹井的预警信息，如图 6-41 所示。

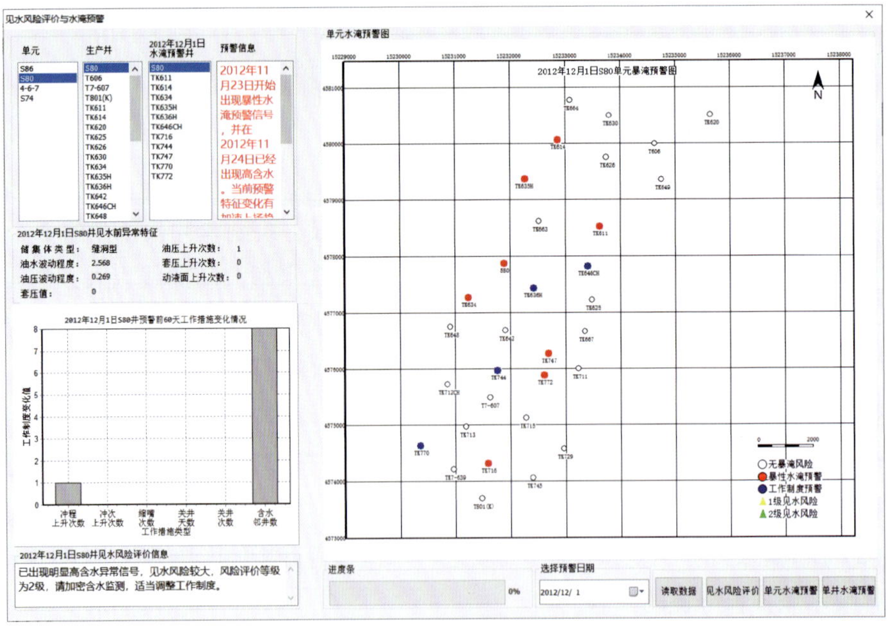

图 6-41　水淹预警模块图

7 油气开发中的人工智能技术发展战略

世界新一轮油气科技革命和智能化产业变革是千载难逢的历史机遇，以大数据与人工智能技术为基础，打造技术快速迭代能力，加快建设原创技术策源地，营造良好基础创新生态，成为原始创新和核心技术的需求提出者、创新组织者、技术供给者。人工智能技术大大提高了油气勘探开发数据监测、诊断、分析的时效性和准确性，石油工程企业要充分认识人工智能技术发展的时机，及早进行科学规划，在新一轮竞争中争取优势地位，在复杂油气藏精细描述与生产优化方面形成技术系统发展的策源地。人工智能技术一般遵循“机遇优先”的发展规则，依托于信息技术的新产品将形成一定的“锁定效应”，形成标准和使用习惯，自动生成市场壁垒。另外，数据的使用过程是增值过程，随着处理数据的范围和频次增多，效益会不断增高。进入较早的强势技术犹如宇宙里的黑洞，会最大可能地吸纳更多的资源，并将资源转化成财富，竞争力会越来越强。

7.1 数字孪生油田建设

数字孪生油田是充分利用物理模型、传感器更新、运行历史等数据，集成多学科、多物理量、多尺度、多概率的数字仿真过程，在虚拟空间中完成映射，从而反映相对应的实体油田的全生命周期过程。具体包括三个方面：

(1) 数字孪生模型。全面利用地球物理测试、井下高精度传感器、油气生产指标、油藏监测等数据，集成与模拟油藏多物理场，形成了油气藏全物理量、多尺度、全生命周期的三维油田数字孪生模型。

(2) 生产开发全过程与实时性。反映油藏历史状态、目前时刻油田开发状态，展示油藏动态演化及开发全过程。

(3) 开发方案设计与优化。基于油藏数字孪生模型，有效预测与验证不同开发方案、不同生产措施效果，定期跟踪与优化，提出新的调整方案，降低开发方案部署盲目性，提升工程技术合理性，数字化与可视化形式实现地质与工程全面协同，高效开发油藏与实现油田提高采收率。

数字孪生油田建设的几个要点：

(1) 建立统一的地质模型和油藏动态模型，实现油气资源的透明化、精细化，提高储量经济价值。准确的地质模型和油藏模型是进行油气田开发方案设计的基础。

大数据及人工智能技术有望将地震、测井、地质、施工、生产及室内实验等多类型的数据进行深度融合，提取多类型数据中的有用信息，不断校正、完善地质模型和油藏模型，使模型能够准确再现油藏实际，为合理设计开发方案提供必要的物质基础。大数据和人工智能的实施载体是融合多维、多尺度、全过程数据的油气藏模型，基于数据驱动的油气藏模型可开展油气田方案优化和调整，从而实现数据的价值。

（2）方案设计、生产管理的实时化与一体化，加强大数据分析应用，建立分层次和整体优化模型，实现开采自动化、模型化、可视化和智能化。依靠先进的数据管理和数据挖掘技术，寻找大数据中隐藏的有用信息，将每天收集到的数据（包括地震数据、测井数据、钻井参数、压裂参数等），转变为实时信息，帮助油藏工程师调整现行方案，并依靠自动化井控设备对油藏开发实施精准调控。

（3）实施过程中需要发展数据感知采集、全面认知、实时协同优化技术。加大全部物理数据的智能化操控与采集，实施数字化转型发展，油田全面数据化感知与采集。寻找与实践一条比较快捷的智能化收集系统与智能操控系统，为数字化转型升级建设智能油田打好基础。对真实油藏物理问题进行建模与数模，利用获取的大数据对模型进行训练，实现机器学习与认知；功能上利用大数据人工智能，实施智能分析及时发现业务过程中可能出现的问题，预警、告警，智能分析，实现生产运行过程的智能操控；效果上做好人、财、物智能化，降低成本，提高效益。油田做好全面最优，功能上将数字、智能技术植入油田业务深度融合形成一体化模式，效果上构建健康、安全、绿色的无人油田，实现可装在手机里的5G油田。

7.2 智能优化理论与技术的发展

（1）基于机器学习的加速优化问题。机器学习代理模型辅助生产优化方法广受关注，使用代理模型代替优化过程中部分油藏数值模拟计算大幅度，有助于提升计算资源利用效率从而加速优化。加强人工神经网络、遗传算法的介入，全局加局部代理模型机器学习方法逼近油藏数值模拟，全局代理模型借助优化求解器平滑局部最优值，而局部代理模型在当前最优解附近区域建立准确的近似模型加速优化收敛。

（2）大规模协同优化方法问题。井数多、时间步数多是实际油藏优化时典型的大规模优化问题，随着模型形成千万甚至上亿网格量，代理模型的精度将会显著降低。协同优化是解决大规模优化问题的有效方法，基于分而治之的思路，将一个大规模优化问题分解成若干小的子问题，然后分别优化各个子问题，同时优化变量被分解成若干小的低维子变量，其基础框架包括：大规模问题分解，将原始的大规模问题分解为一系列规模更小、更易求解的子问题；子问题群协同优化，使用优化算法协同优化子问题群，得到原问题的最优解。

大规模问题分解需要满足不破坏问题相关性且子问题与子问题之间无交互性或具有弱交互性。对于大规模油藏生产优化问题，可以将原油藏分解为一系列流动单元，流动单元间无干涉或存在弱干涉作用。原始的大规模油藏优化调控转变为多个流动单元的协同调控，为每个流动单元构建相应的低维度代理模型，有效缓解维数灾难问题。受到维数灾难的影响，传统进化算法收敛速度慢，而代理辅助方法能够更加充分地利用数值模拟资源得到较优的开发方案。得益于解空间规模的有效缩减，分治算法的收敛性能显著优于无分治算法得到更高经济效益的开发方案。对于包含有多个流动单元的大规模油藏生产优化问题，分而治之算法提供了一种新的和行之有效的求解思路。

(3) 多目标生产优化问题。梯度法用来解决多目标鲁棒生产优化问题，然而梯度法需要明确变量函数关系并且算法效果极易受到连续性的影响，致使优化效果变差。与梯度算法不同，无梯度算法由于其良好的全局搜索性能广受关注。使用机器学习模型(如高斯过程、分类器等)辅助多目标优化方法，在有限的计算资源下，该策略可高效求解多目标优化问题并成功应用于鲁棒生产优化问题。如何将技术前沿的机器学习模型嵌入适配的多目标优化算法形成精准高效的多目标生产优化策略，是未来研究多目标生产优化的大趋势。

(4) 复杂约束优化问题。实际油藏生产优化过程需要考虑多种约束条件以满足优化方案在现场的实用性，典型的约束条件包括一般线性边界约束与强非线性状态约束。边界约束主要考虑控制变量为注采量和井底压力的上下边界，状态约束主要考虑将数值模拟器的输出结果作为约束条件加以限制。油藏约束生产优化为典型的强非线性、不等式多变量、多条件约束问题，且目标函数和约束条件均为计算耗时的昂贵求解问题。油藏约束生产优化主要针对两方面的难题进行处理：一方面是如何解决目标函数和约束条件计算耗时问题；另一方面是如何针对不同的约束条件提高约束优化的效率。基于伴随梯度结合拉格朗日惩罚函数的方法是最常用的方法，通过获取目标函数和约束条件的梯度信息并构建带有约束项的新目标函数进行优化，基于伴随的方法需要编写嵌入油藏数值模拟器的梯度读取程序，这对于大部分商业数值模拟器是无法实现的。无导数优化方法处理油田生产约束优化问题，能够通过随机搜索可行解且无须侵入模拟器而具有显著优势，但是通常需要耗费大量的计算资源。基于代理辅助的约束生产优化方法被认为是目前效率较高以及普适性较好的一种方法。针对目标函数以及约束条件分别构建代理模型，并利用约束技术进行模型的耦合求解。

(5) 基于代理辅助的约束生产优化方法问题。目前该研究相对较少，应从以下几个方面展开研究：代理模型精度仍需提高，尤其是非线性极强的油藏模型；提出高效的约束处理技术，多种约束条件的存在导致最优解可能位于可行域边界以及多个离散可行域等复杂情形；约束与计算成本共存，导致问题难度大大增加，需要利用机器学习方法探索更加高效的处理方法。

7.3 人工智能技术的发展战略

与国外人工智能相比，我国的人工智能技术还有差距，近期发展要强化认识，跟跑学习，特别要提升各级管理层的认识与知识水平，以业务应用为主，跟进关键基础研究，以点带面，逐步应用推广，要配套制度建设，构建科学完善的人工智能应用体系。采取近期发展战略和远期发展战略相结合，点、线和面相结合的原则，在顶层设计、数据管理、研发布局、人才培养等方面统筹考虑，实现系统协同发展。具体包括以下几个方面。

（1）强化顶层布局。一是在行业层面，使各大油企能够统一认识，有效协同，充分发挥社会主义市场经济条件下的新型举国体制优势；二是在企业层面，应坚持业务导向、问题导向、目标导向，一体化设计、一体化组织、一体化推进，打通数据流，重构业务流，实现企业管理模式创新、变革、转型；三是在专业层面，应“软”“硬”兼施，以建推用，以用促建，以用为先，迭代推进。

（2）加强数据治理。“数据大”不等于“大数据”，标准规范的数据和训练样本库是人工智能应用的基础，人工智能应用应当将数据治理放到首位，统一数据标注，推进数据互通，加强数据治理，进一步建立数据信任机制和管理模式，提升数据共享的规范性与合规性。

（3）实现核心算法自主。经过了信息化建设阶段，油气行业已经形成且每时每刻都在形成的海量数据已经基本可控，网络和节点支撑了一定的算力，应加强对核心算法的研究攻关，形成具有自主知识产权的算法体系，为石油工业智能化发展提供基础支撑。

（4）重视人才培养与引进。数据工程师与油田工程师之间往往存在“听不懂、说不清、合不来”现象，在数字化向智能化转化的进程中，导致不同程度存在“建得多、用得少”的问题。同时，由于油田开发和人工智能这两个领域所涵盖的学科太广，复合型人才培养难度大、周期长。因此，应当加强校企合作、石油企业与 IT 企业的深度合作来培养复合型人才。

（5）推进合作共享。应探索建立“跨行业、跨企业、跨专业”的创新联合体，推进油企与 IT 企业之间、传统油企之间、不同专业之间的跨界融合，实现边界突破，构筑完善的石油工业智能技术研发体系。

参考文献

[1] 李阳. 塔河油田碳酸盐岩缝洞型油藏开发理论及方法 [J]. 石油学报，2013，34(01)：115-121.

[2] 李阳，薛兆杰，程喆，等. 中国深层油气勘探开发进展与发展方向 [J]. 中国石油勘探，2020，25(01)：45-57.

[3] 李阳，康志江，薛兆杰，等. 中国碳酸盐岩油气藏开发理论与实践 [J]. 石油勘探与开发，2018，45(04)：669-678.

[4] 李阳. 碳酸盐岩缝洞型油藏开发理论与方法[M]. 石油工业出版社，2023：1-200.

[5] 李阳，廉培庆，薛兆杰，等. 大数据及人工智能在油气田开发中的应用现状及展望 [J]. 中国石油大学学报(自然科学版)，2020，44(04)：1-11.

[6] 王光付. 溶洞型碳酸盐岩油藏高效开发实践——以塔河油田 11 区为例 [J]. 石油与天然气地质，2008，29(05)：703-708.

[7] 计秉玉，郑松青，顾浩. 缝洞型碳酸盐岩油藏开发技术的认识与思考——以塔河油田和顺北油气田为例 [J]. 石油与天然气地质，2022，43(06)：1459-1465.

[8] 李阳. 缝洞型碳酸盐岩油藏提高采收率理论与关键技术[M]. 石油工业出版社，2023：1-300.

[9] 康志江，李阳，计秉玉，等. 碳酸盐岩缝洞型油藏提高采收率关键技术 [J]. 石油与天然气地质，2020，41(02)：434-441.

[10] 匡立春，刘合，任义丽，等. 人工智能在石油勘探开发领域的应用现状与发展趋势 [J]. 石油勘探与开发，2021，48(01)：1-11.

[11] 张凯，赵兴刚，张黎明，等. 智能油田开发中的大数据及智能优化理论和方法研究现状及展望 [J]. 中国石油大学学报(自然科学版)，2020，44(04)：28-38.

[12] 李阳，薛兆杰. 中国石化油藏地球物理技术进展与探讨 [J]. 石油物探，2020，59(02)：159-168.

[13] 闫星宇，李宗杰，顾汉明，等. 基于深度卷积神经网络的地震数据溶洞识别 [J]. 石油地球物理勘探，2022，57(01)：1-11+264. DOI：10. 13810/j. cnki. issn. 1000-7210. 2022. 01. 001

[14] 潘建国，李劲松，王宏斌，等. 深层-超深层碳酸盐岩储层地震预测技术研究进展与趋势 [J]. 中国石油勘探，2020，25(03)：156-166.

[15] 李凡异，魏建新，狄帮让，等. 碳酸盐岩溶洞的“串珠”状地震反射特征形成机理研究 [J]. 石油地球物理勘探，2012，47(03)：385-391+354+518. DOI：10. 13810/j. cnki. issn. 1000-7210. 2012. 03. 005

[16] 王勤聪，李宗杰，孙雯. 塔河油田碳酸盐岩储集层地球物理识别模式[J]. 新疆石油地质. 2002(05)：400-401.

[17] 韩革华，漆立新，李宗杰，等. 塔河油田奥陶系碳酸盐岩缝洞型储层预测技术[J]. 石油与天然气地质. 2006(06)：860-870.

[18] 杨子川，李宗杰，窦慧媛. 储层的地震识别模式分析及定量预测技术初探——以塔河油田碳酸盐岩储层为例[J]. 石油物探. 2007(04)：370-377.

[19] 许杰，赵永勤，杨子川. 应用波形分析技术预测塔河油田缝洞型储集层[J]. 新疆石油地质. 2007(06)：756-760.

[20] 杨平. 哈6三维区碳酸盐岩储层"串珠状反射"研究[D]. 中国石油大学，2010.

[21] 李阳，范智慧. 塔河奥陶系碳酸盐岩油藏缝洞系统发育模式与分布规律 [J]. 石油学报，2011，32(01)：101-106.

[22] 李阳，金强，钟建华等. 塔河油田奥陶系岩溶分带及缝洞结构特征 [J]. 石油学报，2016，37(03)：289-298.

[23] 李阳. 塔河油田奥陶系碳酸盐岩溶洞型储集体识别及定量表征 [J]. 中国石油大学学报(自然科学版)，2012，36(01)：1-7.

[24] 王光付. 碳酸盐岩溶洞型储层综合识别及预测方法 [J]. 石油学报，2008，(01)：47-51.

[25] Yann Lecun, Yoshua Bengio, Geoffrey Hinton. Deep Learning [J]. Nature. 2015, 521 (7553): 436.

[26] K. Fukushima. Neocognitron: A Self Organizing Neural Network Model for A Mechanism of Pattern Recognition Unaffected by Shift in Position[J]. Biological cybernetics. 1980, 36(4): 193-202.

[27] David E. Rumelhart, Geoffrey E. Hinton, Ronald J. Wiliams. Parallel Distributed Processing [M]. MIT Press, 1986.

[28] Y. Lecun, L. Bottou, Y. Bengio, et al. Gradient - based Learning Applied to Document Recognition[J]. Proceedings of the IEEE. 1998, 86(11): 2278-2324.

[29] Ross Girshick, Jeff Donahue, Trevor Darrell, et al. Rich Feature Hierarchies for Accurate Object Detection and Semantic Segmentation[C]. Proceedings of the IEEE conference on computer vision and pattern recognition. 2014: 580-587.

[30] Ross Girshick. Fast R-CNN[C]. Proceedings of the IEEE international conference on computer vision. 2015: 1440-1448.

[31] S. Ren, K. He, R. Girshick, et al. Faster R-CNN: Towards Real-Time Object Detection with Region Proposal Networks[J]. IEEE Trans Pattern Anal Mach Intell. 2017, 39(6): 1137-1149.

[32] Wei Liu, Dragomir Anguelov, Dumitru Erhan, et al. SSD: Single Shot MultiBox Detector [J]. 2015.

[33] Joseph Redmon, Santosh Divvala, Ross Girshick, et al. You Only Look Once: Unified, Real-Time Object Detection [C]. The IEEE Conference on Computer Vision and Pattern Recognition. 2016.

[34] 李阳，侯加根，李永强. 碳酸盐岩缝洞型储集体特征及分类分级地质建模 [J]. 石油勘探与开发，2016，43(04)：600-606.

[35] 何治亮，孙建芳，郭攀红，等. 碳酸盐岩储集层知识库构建方法及其在缝洞型油藏地质建模中的应用 [J]. 石油勘探与开发，2021，48(04)：710-718.

[36] 何治亮，赵向原，张文彪，等. 深层-超深层碳酸盐岩储层精细地质建模技术进展与攻关方

向 [J]. 石油与天然气地质，2023，44(01)：16-33.
[37] 邓晓娟，李勇，刘志良，等. 多尺度缝洞型碳酸盐岩油藏不确定性建模方法 [J]. 石油学报，2018，39(09)：1051-1062.
[38] 王鸣川，段太忠，计秉玉. 多点统计地质建模技术研究进展与应用 [J]. 古地理学报，2017，19(03)：557-566.
[39] 李永强，侯加根，刘钰铭，等. 基于岩溶模式的溶洞储集体三维地质建模 [J]. 中国石油大学学报(自然科学版)，2016，40(05)：43-50.
[40] 李红凯，康志江. 碳酸盐岩缝洞型油藏溶蚀孔洞分类建模 [J]. 特种油气藏，2015，22(05)：50-54+153.
[41] 乔占峰，沈安江，郑剑锋，等. 基于数字露头模型的碳酸盐岩储集层三维地质建模 [J]. 石油勘探与开发，2015，42(03)：328-337.
[42] 胡向阳，李阳，权莲顺，等. 碳酸盐岩缝洞型油藏三维地质建模方法——以塔河油田四区奥陶系油藏为例 [J]. 石油与天然气地质，2013，34(03)：383-387.
[43] 王兆峰，方甲中，唐资昌，等. 缝洞型碳酸盐岩油藏地质建模和油藏数值模拟研究 [J]. 石油天然气学报，2012，34(09)：1-5+10.
[44] 张允，康志江，马郡伟，等. 深层离散裂缝油藏多尺度流固耦合数值模拟方法 [J/OL]. 地学前缘，1-8[2023-12-1
[45] 康志江，赵艳艳，张允，等. 缝洞型碳酸盐岩油藏数值模拟技术与应用 [J]. 石油与天然气地质，2014，35(06)：944-949.
[46] 康志江. 缝洞型复杂介质油藏数值模拟方法 [J]. 大庆石油地质与开发，2013，32(02)：55-59.
[47] 康志江，张冬梅，张振坤等. 深层缝洞型油藏井间连通路径智能预测技术 [J]. 石油与天然气地质，2023，44(05)：1290-1299.
[48] 张振坤，张冬梅，康志江，等. 缝洞型油藏井间三维连通路径多目标搜索算法设计 [J]. 地球科学，2023，48(08)：3031-3043.
[49] 胡广杰，杨庆军. 塔河油田奥陶系缝洞型油藏连通性研究[J]. 石油天然气学报，2005，27(2)：227-229.
[50] 计秉玉. 油田开发指标预测方法综述 [J]. 大庆石油地质与开发，1999，(02)：21-24+55.
[51] 张冬梅，林子航，康志江，等. 基于 EEMD 高斯过程自回归模型的缝洞型油藏开发动态指标预测 [J]. 地质科技情报，2019，38(03)：256-263. DOI：10. 19509/j. cnki. dzkq. 2019. 0328
[52] 赵辉，油气藏开发智能调控优化技术及工业化应用. 湖北省，长江大学，2019-04-11.
[53] 李颖，赵辉，康志江，等. 考虑关停井情况的井间动态连通性反演方法 [J]. 天然气与石油，2015，33(05)：46-51+58+10.
[54] 赵辉，康志江，张允，等. 表征井间地层参数及油水动态的连通性计算方法 [J]. 石油学报，2014，35(05)：922-927.
[55] 王吉祥，张冬梅，康志江，等. 基于 LSTM 的缝洞型油藏水淹异常模式识别及预警 [J]. 地质科技通报，2021，40(05)：316-322. DOI：10. 19509/j. cnki. dzkq. 2021. 0032
[56] 夏振，张冬梅，康志江，等. 基于 LMD 和高斯估值 MLR 模型的注采动态连通性评价 [J].

地质科技情报，2016，35(06)：230-234.

[57] 赵辉，唐乙玮，康志江，等. 油藏开发生产优化近似扰动梯度升级算法 [J]. 中国石油大学学报(自然科学版)，2016，40(02)：99-104.

[58] 杨敏. 塔河油田4区岩溶缝洞型碳酸盐岩储层井间连通性研究[J]. 新疆地质，2004，22(2)：196-199.

[59] 闫长辉，周文，王继成. 利用塔河油田奥陶系油藏生产动态资料研究井间连通性[J]. 石油地质与工程，2008，22(4)：70-72.

[60] 易斌，崔文彬，鲁新便，等. 塔河油田碳酸盐岩缝洞型储集体动态连通性分析[J]. 新疆石油地质，2011，32(5)：469-472.

[61] 康志宏，陈琳，鲁新便，等. 塔河岩溶型碳酸盐岩缝洞系统流体动态连通性研究[J]. 地学前缘，2012，19(2)：110-120.

[62] Heffer K J，Fox R J，McGill C A，et al. Novel Techniques Show Links between Reservoir Flow Directionality，Earth Stress，Fault Structure and Geomechanical Changes in Mature Waterfloods[J]. SPE Journal，1997，2(2)：91-98.

[63] Albertoni A，Lake L W. Inferring Interwell Connectivity from Well-Rate Fluctuations in Waterfloods [J]. SPE/DOE Improved Oil Recovery Symposium. SPE Journal，2002，6(1)：6-16.

[64] Yousef A A，Gentil P H，Jensen J L，et al. A Capacitance Model to Infer Interwell Connectivity from Production and Injection Rate Fluctuations[C]. SPE Journal，2006，9(06)：630-646.

[65] F Liu，JM Mendel，AM Nejad. Forecasting Injector/Producer Relationships From Production and Injection Rates Using an Extended Kalman Filter[J]. Spe Journal，2009，14(4)：653-664.

[66] MN Panda，AK Chopra. An Integrated Approach to Estimate Well Interactions[C]. SPE 39563，1998，1-14.

[67] Alabert F G，Modot V. Stochastic Models of Reservoir Heterogeneity：Impact on Connectivity and Average Permeabilities [C]. SPE Annual Technical Conference and Exhibition. SPE Journal，1992，355-370.

[68] Malik Z A，Silva B A，Brimhall R M，et al. An Integrated Approach to Characterize Low-Permeability Reservoir Connectivity for Optimal Waterflood Infill Drilling[C]. Low Permeability Reservoirs Symposium. SPE Journal，1993，119-128.

[69] Canas J A，Malik Z A，Wu C H. Use of Hydraulic Interwell Connectivity Concepts in Reservoir Characterization[C]. Permian Basin Oil and Gas Recovery Conference. SPE Journal，1994，935-942.

[70] Refunjol B T. Reservoir characterization of North Buck Draw field based on tracer response and production/injection analysis[D]. University of Texas at Austin，1996.

[71] Jansen F E，Kelkar M G. Non-stationary estimation of reservoir properties using production data [C]. SPE Annual Technical Conference and Exhibition. SPE Journal，1997，131-138.

[72] Soeriawinata T，Kelkar M. Reservoir Management Using Production Data[J]. SPE Mid-Continent Operations Symposium. SPE Journal，1999，1-6.

[73] Tian C，Horne R N. Inferring Interwell Connectivity Using Production Data[C]. SPE Annual Technical Conference and Exhibition. SPE Journal，2016，1-11.

[74] Xiaodao Chen, Dongmei Zhang, Lizhe Wang et a1. Design Automation for Interwell Connectivity Estimation in Petroleum Cyber-Physical Systems[J]. IEEE Transactions on Computer-Aided Design of Integrated Circuits and Systems, 2016, 36(2): 255-264.

[75] Sayarpour M, Zuluaga E, et a1. The Use of Capacitance-Resistive Models for Rapid Estimation of Waterflood Performance and optimization[C]. SPE 110081, 2007, 1-13.

[76] AA Yousef, JL Jensen, LW Lake. Integrated Interpretation of Interwell Connectivity Using Injection and Production Fluctuations[J]. Mathematical Geosciences, 2009, 41(1): 81-102.

[77] Kaviani D, Jensen J L, Lake L W. Estimation of Interwell Connectivity in The Case of Unmeasured Fluctuating Bottomhole Pressures[J]. Journal of Petroleum Science & Engineering, 2012, 90-91: 79-95.

[78] Mirzayev M, Jensen J L. Measuring Interwell Communication Using the Capacitance Model in Tight Reservoirs[C]. SPE Western Regional Meeting, 2016.

[79] Jamali A, Ettehadtavakkol A. Application of Capacitance Resistance Models to Determining Interwell Connectivity of Large - scale Mature Oil Fields [J]. Petroleum Exploration and Development, 2017, 44(1): 132-138.

[80] Holanda R W, Gildin E, Jensen J L. A Generalized Framework for Capacitance Resistance Models and A Comparison with Streamline Allocation Factors[J]. Journal of Petroleum Science and Engineering, 2018, 162: 260-282.

[81] Wang D, Li Y, Zhang J, et al. Improved CRM Model for Inter-Well Connectivity Estimation and Production Optimization: Case Study for Karst Reservoirs[J]. Energies, 2019, 12(5): 816.

[82] 赵辉，李阳，高达等. 基于系统分析方法的油藏井间动态连通性研究[J]. 石油学报，2010，31(4)：633-636.

[83] Hui Z, Zhijiang K, Haitao S, et al. An Interwell Connectivity Inversion Model for Waterflooded Multilayer Reservoirs [J]. Petroleum Exploration and Development, 2016, 43(1): 106-114.

[84] 赵艳艳. 缝洞型油藏井间连通程度定量评价方法及其应用[J]. 西安石油大学学报(自然科学版)，2017，32(3)：68-72.

[85] 金志勇，刘启鹏，韩东，等. 非线性时间序列井间连通性分析方法[J]. 油气地质与采收率，2009，16(1)：75-77.